深基坑支护新技术

——加筋水泥土桩锚支护设计与工程应用

徐至钧　李宪奎　李景　编著

中国水利水电出版社
www.waterpub.com.cn

内 容 提 要

本书介绍加筋水泥土桩锚支护等深基坑支护技术的发展、加固机理、工程应用实例和造价分析等。全书共14章，内容包括：深基坑支护工程的技术进步与发展，加筋水泥土桩锚支护技术概述，水泥土的加固机理，水泥土的主要物理、力学指标，水泥土搅拌桩支挡结构的设计与计算，水泥土搅拌法的施工与质量检验，水泥土搅拌桩工程应用实例，加筋水泥土桩锚支护的工程设计、施工、监测、工程验收及工程应用实例，深基坑支护技术工程造价分析，扩大支盘搅拌劲芯桩技术等。

本书工程案例丰富，有很强的应用性，可供设计、施工和科研单位相关工程技术人员使用，也可供高等院校基坑工程、土木工程等专业的师生参考。

图书在版编目（CIP）数据

深基坑支护新技术：加筋水泥土桩锚支护设计与工程应用 / 徐至钧，李宪奎，李景编著. -- 北京：中国水利水电出版社，2012.8

ISBN 978-7-5170-0103-4

Ⅰ. ①深… Ⅱ. ①徐… ②李… ③李… Ⅲ. ①深基坑支护 Ⅳ. ①TU46

中国版本图书馆CIP数据核字(2012)第204873号

书　　名	深基坑支护新技术——加筋水泥土桩锚支护设计与工程应用
作　　者	徐至钧 李宪奎 李景 编著
出版发行	中国水利水电出版社 （北京市海淀区玉渊潭南路1号D座 100038） 网址：www.waterpub.com.cn E-mail：sales@waterpub.com.cn 电话：（010）68367658（发行部）
经　　售	北京科水图书销售中心（零售） 电话：（010）88383994、63202643、68545874 全国各地新华书店和相关出版物销售网点
排　　版	中国水利水电出版社微机排版中心
印　　刷	北京市北中印刷厂
规　　格	184mm×260mm 16开本 12.25印张 290千字
版　　次	2012年8月第1版 2012年8月第1次印刷
印　　数	0001—3000册
定　　价	**25.00**元

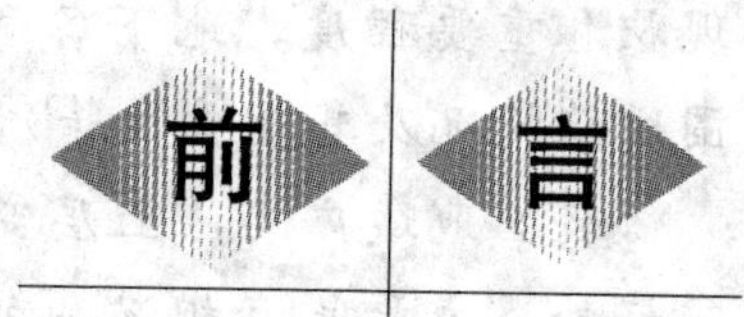

随着大规模工程建设的发展，我国在深基坑设计施工方面也不断进步。根据地质条件和各种影响因素，基坑支护形式有多种维护墙和支撑体系可供选择。采用计算机设计结果精确，目前已基本达到国际水平，但仍有一些问题需要进一步研究和提高。

我国基坑支护技术的发展大体上可分为三个阶段，第一阶段，从简单的钢板桩支护起步，到从国外引进复杂的地下连续墙支护，之后又结合国情采用改良的地下连续墙施工支护技术——柱列式灌注桩排桩加锚杆支护，并且在软土地区发展和采用了钢构架及混凝土构架内支撑和锚杆支护技术。在这一阶段，基坑支护工程复杂，支护笨重，工程的造价高，施工进度受到影响。

第二阶段，出现了简便快速的土钉墙支护，实现基坑支护的喷、锚、网，使基坑支护的施工速度加快、用料减少、工程造价降低，以后又从土钉支护发展到采用复合土钉墙即土钉加锚杆，基坑支护施工高度达到 20m，但在城市内施工深基坑，往往因周围施工环境比较恶劣，场地周围邻近建筑物、道路及地下管线、电缆等，所以又出现了深基坑的逆作法，在地下基础施工的同时还可以进行地上建筑物的施工，并利用地下结构自身的柱、梁、楼板作为地下基坑的支撑，既稳妥又经济。

第三阶段，地下结构支护的发展又出现加筋水泥土深层搅拌支护和加筋水泥土桩锚支护技术，并可根据工程的实际情况采用不同的组合体，如悬臂式、人字形、门架式、复合式、多排式、后仰式锚拉支护、水平咬合拱圈支护等，基坑支护从复杂笨重变为施工简单快速、工程造价明显降低，基坑支护新技术得到大力发展。

基坑工程是近 30 多年来土木工程领域新发展起来的一门新学科，它包括基坑支护结构的设计和施工、地下水控制、基坑土方开挖、工程监测和周围环境保护等，涉及工程地质、土力学和基础工程、结构力学、工程结构、施工技术等学科，是一门综合性学科。再加上基坑工程实践性强，影响基坑工程的不确定因素多（如土工参数的准确性、气候影响、计算假定、施工条件和队伍的素质等），周围环境的多样性（如邻近房屋的结构和基础形式、结构现状和重要程度，地下各种管线的种类、距离、埋深、材质和接头形式，周围道路情况及其重要性等），都使基坑工程成为风险性较大的一种工程。

我国地域广阔，土层变化大。如我国东南沿海一带除少数城市地质条件较好外，主要是海相沉积的软土地层，不少地区以淤泥及淤泥质土为主，土质松软、地下水位高、含水量饱和、土的渗透系数大、土壤内摩擦角和粘聚力小、具有蠕变特性。对大城市而言，建筑物密集、地下管线众多、交通网络纵横、环境保护要求较高，给基坑工程设计和施工带来很多困难。因此，进行基坑工程的设计和施工要结合具体情况，因地制宜，不能生搬硬套，否则会带来严重后果。当前深基坑支护的工程造价、建设工期明显降低，并大幅度减少工程事故，有效解决制约我国深基坑工程建设中面临的工程造价高、建设工期长、基坑支护事故多的问题。我国在深基坑工程方面，总体水平有很大提高，基本上达到国际先进水平。

本书重点介绍加筋水泥土桩锚支护技术及工程应用实例，内容包括深基坑支护工程的技术进步与发展，水泥土搅拌桩工程应用实例，加筋水泥土桩锚支护的工程设计、工程施工与监测、工程验收和应用实例以及深基坑支护技术工程造价分析等，旨在总结和推广这一新技术，实用性与应用性很高。

本书由教授级高级工程师徐至钧、专利发明人李宪奎以及李景博士编著，参加本书编写工作的还有李鹤、李涛、付细泉、张勇、徐昊、赵尧钟、林婷、张睿等。

在撰写本书过程中，使用了一些科研、教学及工程单位的研究成果和技术总结，在参考文献中已尽量注明出处，但难免有遗漏，在此谨向原作者表示深切的谢意。

由于作者水平所限，书中不妥之处，尚祈读者不吝指正。

编者

2011年12月于深圳

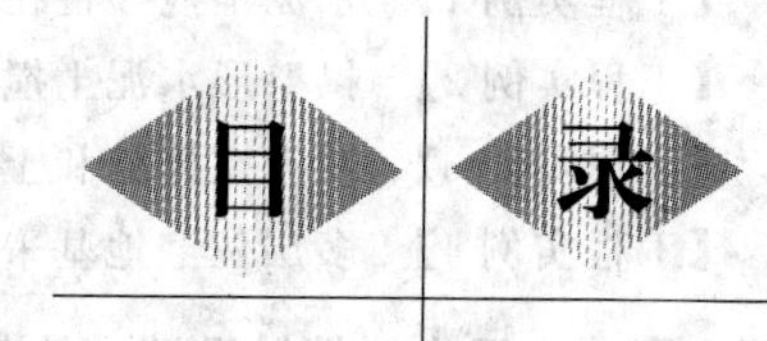
目 录

第 1 章 深基坑支护工程的技术进步与发展

随着我国工业和城市建设的发展，重型厂房、高层建筑以及各种大型地下设施日益增多，这些建筑物的基础大多埋置很深，荷载很大，设计要求也愈来愈高。同时，由于受到城市中原有建筑物与正常生产活动的限制，往往在极其狭窄的场地或在密集的建筑群中施工。特别是在软土条件下，施工中所面临的困难更为突出，采用深基坑施工的传统方法常常不能解决这些问题，例如沉井、沉箱、桩基以及板桩支护、井点降水开挖等传统施工方法，有的由于施工用地面积大、影响范围广，或者由于造价高，有噪声、振动等公害，或者由于难于确保相邻建筑物的安全等缺点，在上述不利的施工条件下往往使方案选择或实施都感到很大困难。面临日益增长的建设规模和社会需求，基坑支护工程从简单到复杂，又从复杂发展到简单，发展迅速，经过近 30 多年的推广与改进，现已在深基坑施工中采用多种支护手段，为土木建筑工程界所广泛采用。

1.1 基坑工程技术的发展

从 20 世纪 80 年代中期以来，随着我国国民经济的快速发展和人民生活水平的提高，各项建设工程以前所未有的规模和速度发展，在很大程度上改变了我国的城乡面貌。以高层和超高层建筑为例，建造了高 383.9m、81 层的深圳地王商业大厦，高 389.3m、80 层的广州中天广场和高 492m、101 层的上海环球金融中心 等规模宏大、结构新颖、技术难度大的建筑物。仅上海的高层建筑即已超过 4600 幢，在世界大城市中屈指可数。此外，还进行了大量的市政工程建设，如大桥、地铁、隧道、高架道路等。这些大规模的工程建设和与之相应的科学研究，都有力地促进了基坑工程学科的发展。

基坑工程是近年来土木工程领域发展起来的一门新学科，它包括基坑支护结构的设计和施工、地下水控制、基坑土方开挖、工程监测和周围环境保护等。

基坑工程学科涉及工程地质、土力学和基础工程、结构力学、工程结构、施工技术等学科，是一门综合性学科。再加上基坑工程实践性强，影响基坑工程的不确定因素多（如土工参数的准确性、气候影响、计算假定、施工条件和队伍的素质等），周围环境的多样性（如邻近建筑物的结构和基础形式、结构现状和重要程度，地下各种管线的种类、距离、埋深、材质和接头形式，周围道路情况及其重要性等），都使基坑工程成为风险性较大的一种工程。

我国地域广阔，土层变化大。如我国东南沿海一带除少数城市地质条件较好外，主要是海相沉积的软土地层，不少地区以淤泥及淤泥质土为主，土质松软、地下水位高、含水量饱和、土的渗透系数大、土壤内摩擦角和粘聚力小、具有蠕变特性。对大城市而言，建筑物密集、地下管线众多、交通网络纵横、环境保护要求较高，给基坑工程设计和施工都带来很多困难。因此，进行基坑工程的设计和施工要结合具体情况，因地制宜，不能生搬硬套，否则会带来严重后果。我国在深基坑工程方面虽然近年来也发生过一些失效事例，但总体水平有很大提高，已达到国际水平。

目前，高层建筑基础埋置很深，地下室一般是2～3层，有的地下室为4～6层，所以，基坑支护工程庞大。基坑支护工程是一门系统工程，又是一门风险工程，工程技术人员应充分认识基坑支护工程的特点，在设计和施工时，既要保证整个支护结构在施工过程中的安全，又要控制结构的变形及其周围土体的变形，以保证周围建筑和地下管线的安全。在安全前提下，设计既要合理，又要降低造价、方便施工、缩短工期。因此，基坑设计和施工技术人员要不断地总结成功经验，努力提高设计和施工水平。

1.2　建筑深基坑的支护类型

1.2.1　钢板桩支护

20世纪80年代修建的高层建筑的地下室一般是1～2层基坑，埋深最多4～7m，因此基坑支护绝大多数采用钢板桩支护。钢板桩支护的优点是施工简便，速度快，而工程造价低。进入20世纪90年代，高层建筑的地下室发展到3～5层，再用钢板桩支护，已不能满足支护工程的安全要求，所以基坑支护频频发生失效。据统计，在软土地区基坑支护失效每年达1/4左右，在其他地区基坑失效也达10%～15%以上。当时主要是设计和施工都缺乏经验。之后原建设部下发文件规定当基坑深度达到7m时，各地必须对基坑支护方案经过专家评审后，方能施工。

1.2.2　地下连续墙支护

1950年在意大利米兰，连续钻孔成墙的排桩式地下连续墙施工成功，引起世界各国的注意，这一技术被纷纷引进。起先，这种地下连续墙仅作为土坝的防渗心墙，后来很快发展成为深基础和地下构筑物施工中的一项重要手段。其中，意大利在1954～1963年间就浇筑了约200万m^2的地下连续墙；法国在1956年前，只施工完成1000m^2的地下连续墙，但到1968年，施工完成的地下连续墙就上升到100万m^2。这一时期，成槽工艺也有了很大的改进。如西欧较著名的有意大利的采用导板抓斗和冲击钻成槽的伊科斯（ICOS）法、单斗挖槽的埃尔塞（ELSE）法，法国的冲击回转式钻机成槽的索列汤舍（Soletanche）法，西德的反循环法等。

拉美以墨西哥为代表，从法国引进地下连续墙支护技术后，发展很快，1967～1968年在首都墨西哥城的地下铁道建造中，采用地下连续墙，以16个月的工期，高速度地完成了全长41.5km的地下铁道，创造了高速度施工的记录。

日本于1959年引进这一新技术，并结合本国的具体情况，成功研制了许多本国独创的地下连续墙的新工艺专利，发展极为迅速，有后来居上之势。较著名的有BW工法，为多头钻切削式成槽机；TBW法，为双头滚刀式成槽机；TM法，为凿刨式成槽机等，大量地用于各种地下设施和按抗震要求设计的深基础施工中。1959～1969年的11年中，日本浇筑了约250万m^2的地下连续墙。

美国于 1963 年才开始使用地下连续墙，到 1969 年浇筑完成的地下连续墙仅有 9.5 万 m^2。但为了赶超其他国家，1974 年美国在伊利诺大学举办了世界性地下连续墙专题讨论会，并出版了有关专著，以期引起美国工程界的注意。

前苏联迟至 1966 年开始试制导板抓斗。波兰于 1970 年开始在厂房基础中采用地下连续墙。此外，澳大利亚和东南亚各国也都先后采用了这一新技术。

1958 年，我国在山东月子口水库和河北密云水库（现隶属于北京市）土坝工程中采用了排桩式素混凝土地下连续墙作为防渗心墙，并获得成功。之后地下连续墙支护技术在全国各地 50 多项水利工程中推广采用，总计成墙面积约达 35 万㎡，最大深度为 65.4m，最大厚度为 1.3m，所用造孔设备为红旗 20 型及 22 型冲击式钻机。

1974 年，我国已将地下连续墙施工推广到工业与民用建筑、城建和矿山等建设项目中。以后煤炭部试用排桩式地下连续墙于地下水位较高的覆盖层中修建竖井成功。此后两年多时间内，这一技术即已在 17 座竖井中使用，最深为 57m。上海市隧道建设工程公司成功研制了液压导杆抓斗，并在上海冲积软土淤泥层中开挖了深达 30m 的槽段，然后搁置一年多，进行长期观测，槽段维持稳定不塌。北京市市政三公司也采用排桩式地下连续墙建成一座直径 10m、深 12.5m 的顶管工作井。交通部各工程局也都致力于地下连续墙技术的研究，其中第一航务工程局在塘沽新港，以 4 台潜水电钻并联组成四钻头成槽机，成功地完成了岸坡抗滑墙工程。广东省则率先将地下连续墙技术应用到施工环境较复杂的大型锻锤振动基础上。

1977 年，上海市基础工程公司又试制成功了导板抓斗成槽机和 SF—60 型多头钻成槽机，并结合工程完成了四项较为典型的试验性施工任务，效果较好。这四项试验性施工任务是：①某修船港池，长 70m，宽 17m，港池开挖深 8m，成墙深度为 lm，部分为 26m（26m 部分地下墙兼作升船机墩柱桩基）。②某钢厂高炉车间冲渣池，长 60m，宽 18m，深 6～6.5m，成墙深度为 12.5m。值得注意的是该工程的施工环境极差，位于密集的重要建筑群中，离高炉仅 10m，距专用泵房仅 6m，与运行频繁的出钢专用铁路线相隔仅 5m，场地极为狭窄。③某轧钢厂沉渣池，施工条件极为不利，工程位于车间内部，设有 50t 级桥式行车。后述两项工程在如此不利与复杂的施工环境与条件下，采用地下连续墙施工，没有影响邻近基础，并在施工期间保证了这些生产设施的正常工作。④甬江管道工作井，直径 16m，开挖深度 20.5m，墙深达 26m，并在深度 16.3m 处墙体内预留了直径 2.6m 的孔洞。以上工程施工速度快，质量高，全面完成了各项技术经济指标。而 SF—60 型多头钻成槽机经过原国家建委召开现场技术鉴定会正式鉴定通过，专家们一致认为其工艺及机组已达到实用阶段，其主机性能已基本赶上国际上先进的 BW 多头钻，适合在沿海软土及无大粒径的松散无黏性土层中使用，已成为主要的特种基础施工手段。

但地下连续墙也存在不足之处，主要有以下几个方面。

(1) 在岩溶地区，含有较高承压水头的夹层细、粉砂地层不能适用地下连续墙；对于沿海、河口三角洲处于不稳定流态软黏土以及具有动水渗流的细、粉砂层，如不辅以其他措施，则很难成槽。

(2) 对于小型的独立单体深基坑支护以及深度不大的地下构筑物，如采用地下连续墙，设备笨重，操作不灵活，则工程造价较高，不如其他施工方案经济。

(3) 施工技术要求高。如果施工掌握不当、成槽机械选用欠妥，均易造成超挖浪费和成墙表面粗糙等缺陷，致使地下连续墙完工后，增加大量的表面光洁处理工作量，有时甚至墙段下端不能连锁合拢，带来开挖基坑时的困难。

(4) 槽段接头处的质量控制比较复杂，尤其对于整体性要求很高的结构，更是如此。

(5) 如组织管理不善，易于造成施工现场泥泞不堪，影响施工场地条件和周围的环境。

(6) 若地下连续墙单纯用于基坑开挖中的临时性支护措施，则不如采用板桩，后者可以拔出重复利用。

1.2.3 改良的地下连续墙——柱列式灌注桩排桩支护

地下连续墙由于施工设备笨重、工程造价高，所以采用小型钻机或冲扩桩机，用柱列式间隔布置，包括桩与桩之间有一定净距的疏排布置形式和桩与桩相切的密排布置形式，实际上是改良的地下连续墙。为降低工程造价和施工方便，柱列式灌注桩作为挡土围护结构也有很好的刚度，但各桩之间的连系差，必须在桩顶浇筑较大截面的钢筋混凝土帽梁加以可靠连接。为了防止地下水并夹带土体颗粒从桩间空隙流入（渗入）坑内，应同时在桩间或桩背采用高压注浆、设置深层搅拌桩、旋喷桩等措施，或在桩后专门构筑防水帷幕（图 1-1）。灌注桩施工较连续墙简便，可用机械钻孔或人工挖孔，成本大大低于地下连续墙，可以不用大型机械，又无打入桩的噪声、振动和挤压周围土体带来的危害。人工挖孔桩的施工费用低，可以多组并行作业，成孔精度（垂直中心偏差）也高，但桩径截面较大。灌注桩围护结构在建筑主体结构外墙设计时也可视为外墙中的一部分参与受力（承受侧压），这时在桩与主体侧墙之间通常不设拉结筋并用防水层隔开。当坑底下卧坚硬岩层

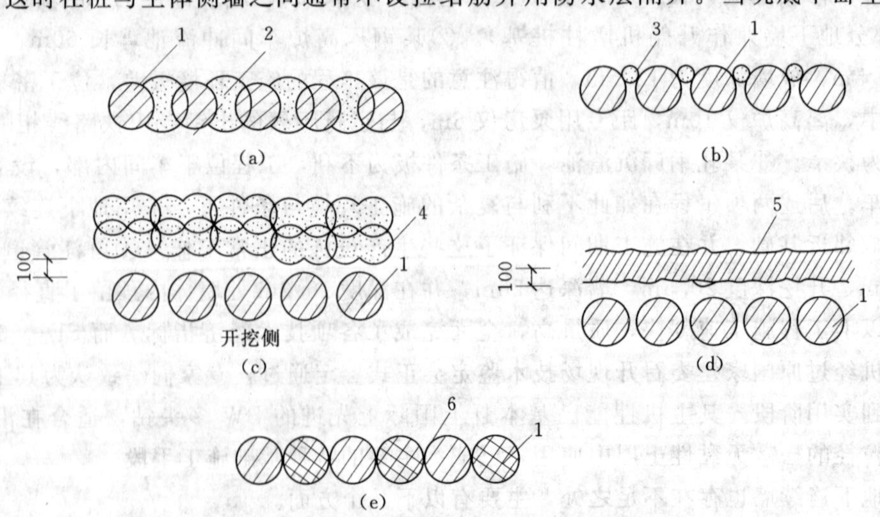

图 1-1 柱列式排桩支护形式

(a) 灌柱桩与高压密注浆；(b) 灌柱桩与高压旋喷；(c) 水泥搅拌桩与灌注桩；(d) 注浆帷幕与灌注桩；(e) 灌注桩与桩间搭接部分

1—灌注桩；2—桩高压密注浆；3—桩间高压旋喷；4—水泥搅拌桩；5—注浆帷幕；6—桩间搭接部分

时，采用挖孔桩还可在底部设置竖向锚杆将桩体与岩层连成整体而减少嵌入深度。排桩支护形式分为悬臂式排桩支护和支锚式排桩支护，而支锚式又分单点支锚和多点支锚（图 1－2）。在大多数情况下悬臂式柱列桩适用于安全等级为三级的基坑支护工程，支锚式柱列桩适合于一、二级安全等级的基坑支护工程。但如在地下水位以下的砂层或软土中施工且出水量丰富时，人工挖孔就比较困难，而且容易引起土体流失，从而造成地层沉陷，这时应采用套管钻孔、泥浆护壁和水下浇注混凝土。在做好隔水防渗的前提下，钻孔灌注桩围护结构也可用于深层软土中的支护，如上海港汇广场基坑工程采用直径 1000mm 钻孔灌注桩，用两排深层搅拌桩止水，开挖深度 15m。上海国际航运大厦基坑深 11.5～13.5m，用直径 1000mm 和直径 1100mm 钻孔灌注桩，以水泥搅拌桩和间隙高压注浆作为防水帷幕，造价比地下连续墙节约 1000 万元。灌注桩在京、广等地的深基坑工程中应用得最为普遍，尤其是人工挖孔桩，经常成为首先考虑的方案。例如北京东方广场基坑深度为 16m，采用人工挖孔桩作挡土结构，桩长 18.5m，桩径分别为 1m、1.2m、1.5m，桩间距为 1m、1.8m、1.5m，设置了 3 道锚杆，锚杆钻孔孔径为 200mm，采用Φ 40＋1 Φ 32 粗钢筋制作，最大设计轴力为 1656kN。广东地区还用人工挖孔桩的施工方式构筑地下连续墙体，如深圳地王大厦基坑（深 15.75m）的围护墙。柱列式灌注桩的工作比较可靠，但要重视帽梁的整体拉结作用，在基坑边角处，帽梁应连续交圈。当灌注桩围护结构要求起到抗水防渗作用时，必须做好桩间和桩背的深层防水搅拌桩或旋喷桩；用一般的钻孔压密注浆方法不易保证止水，并曾引发过多起重大事故。柱列式灌注桩支护结构的监测项目见表 1－1。

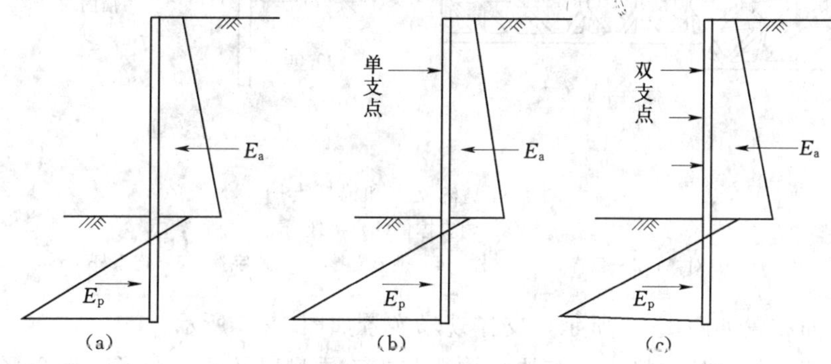

图 1－2　排桩支护

(a) 悬臂式；(b) 单点支锚式；(c) 多点支锚式

表 1－1　　不同安全等级支护结构的监测项目

序号	监 测 项 目	柱列式灌注桩支护等级		
		一级	二级	三级
1	支点力	应测	宜测	不规定
2	排桩倾斜	应测	宜测	不规定
3	排桩钢筋应力	应测	宜测	不规定
4	排桩桩顶水平位移	应测	必测	应测
5	邻近建筑物沉降观测	应测	必测	应测

1.2.4　内支撑和锚杆支护

作为基坑围护结构墙体的支承，内支撑（水平横撑、角撑、斜撑等）和锚杆（斜锚杆、锚碇板拉杆等）的作用对于保证基坑稳定和控制周围地层变形极为重要（图1-3和图1-4）。大量的内支撑多用直径600mm以上的钢管或大截面的组合型钢作为横撑，中间用立柱（型钢）支承，两端搁置在围护结构墙体上的牛腿并支撑于墙面。支撑的水平间距应考虑到柱列式灌注桩的间距大小，支撑端部可以分叉同时抵住两个或三个桩体（图1-5）。

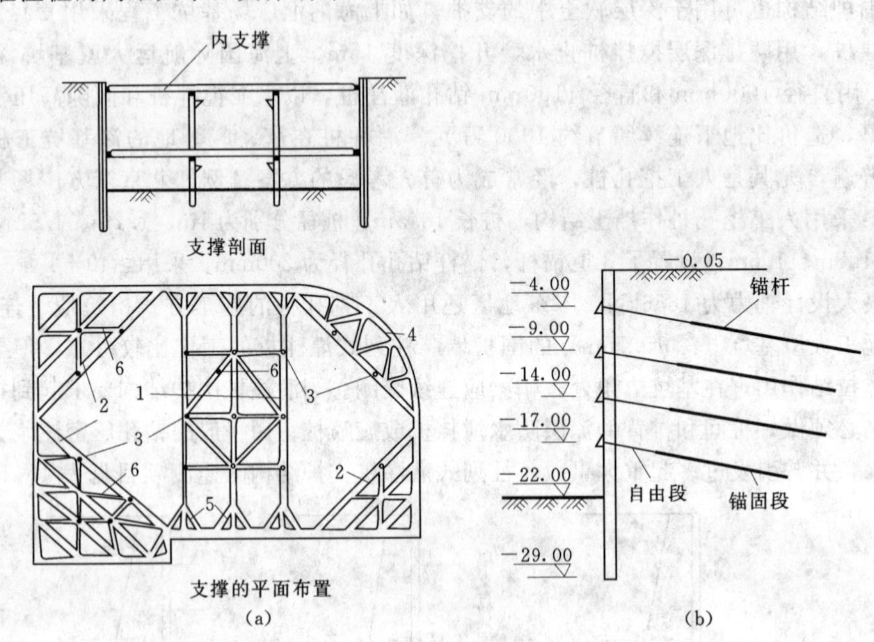

图1-3　内支撑和锚杆支护

(a) 内支撑；(b) 锚杆

1—对撑；2—角撑；3—立柱；4—拱形支撑；5—八字撑；6—连系杆

支撑平面布置如图1-4所示，支撑现场实景如图1-5所示。

支撑与墙体相抵处的垫板（楔块）构造与施工质量以及温差变形，将会严重影响支撑的纵向刚度，在挪威奥斯陆地铁施工中，曾实测得到支撑的纵向刚度竟只有理想刚度$\frac{EA}{L}$（E、A、L分别为支撑的弹性模量、截面积和长度）的1/50，所以内支撑应该施加预应力以消除各种可能间隙。支撑的端部连接以及用千斤顶施加预应力都必须严格保证能使支撑中心受压，尽量减少偶然偏心。内支撑必须经过仔细的分析计算。在上海地区曾大量应用过钢筋混凝土内支撑，工程界认为现浇钢筋混凝土支撑的刚度大，可靠程度高，控制软土地层变形较有效。但钢筋混凝土支撑的施工和拆除均很复杂，不能重复使用，而且强度发展有一个过程，不能立即起到支撑作用。钢筋混凝土支撑适合于各侧边长较为接近的基坑，对于高层建筑这样的条形平面基坑不能充分发挥其长处。

锚杆支护是一种岩土主动加固和稳定技术，作为其技术主体的锚杆，一端锚入稳定的土（岩）体中，另一端与各种形式的支护结构物连接，通过杆体的受拉作用，调用深部地

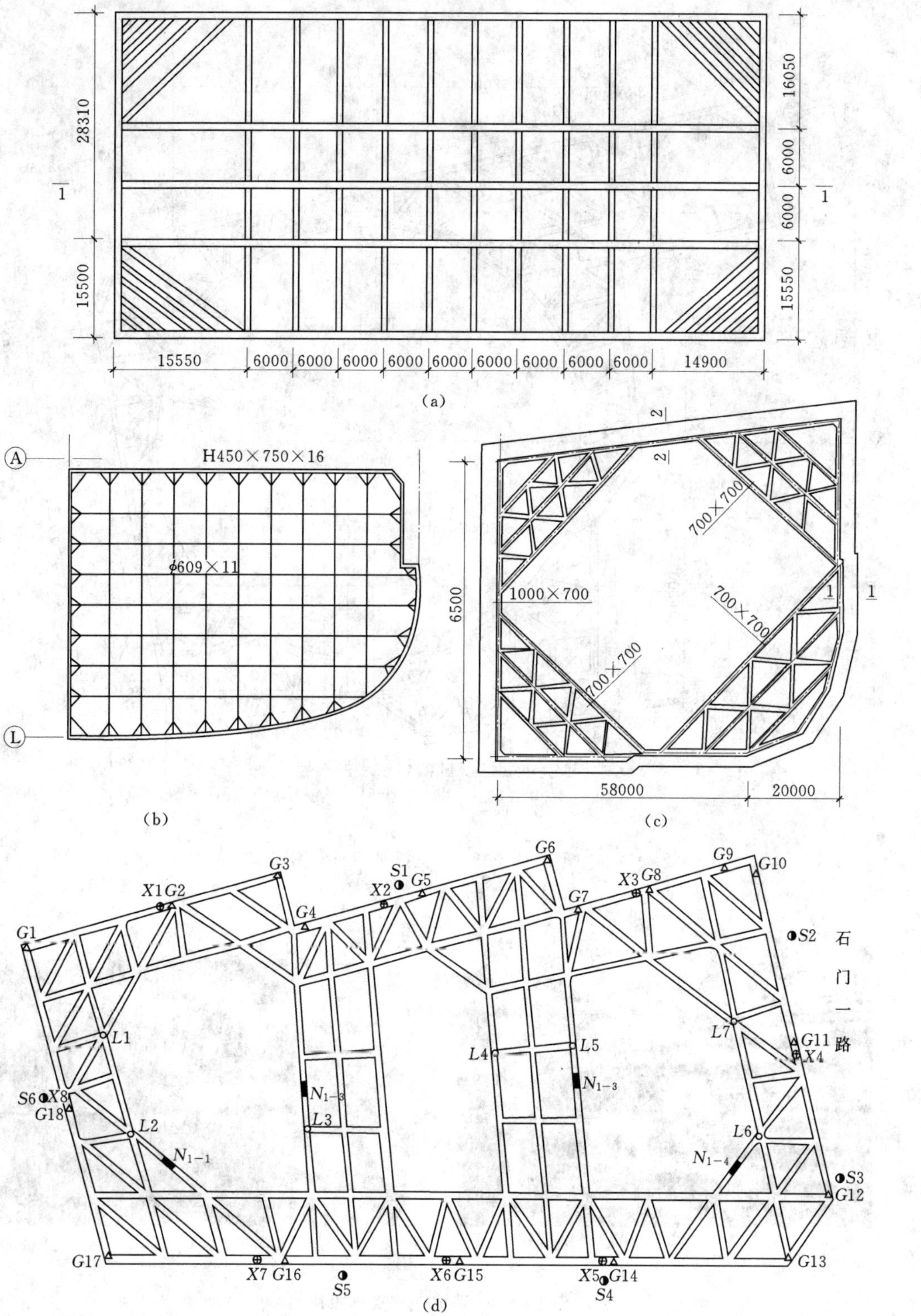

（a）

（b）

（c）

（d）

图 1-4（一）　支撑平面布置图

（a）角撑与对撑；（b）对撑与角撑；（c）边桁架内支撑；（d）边桁架和对撑的内支撑；

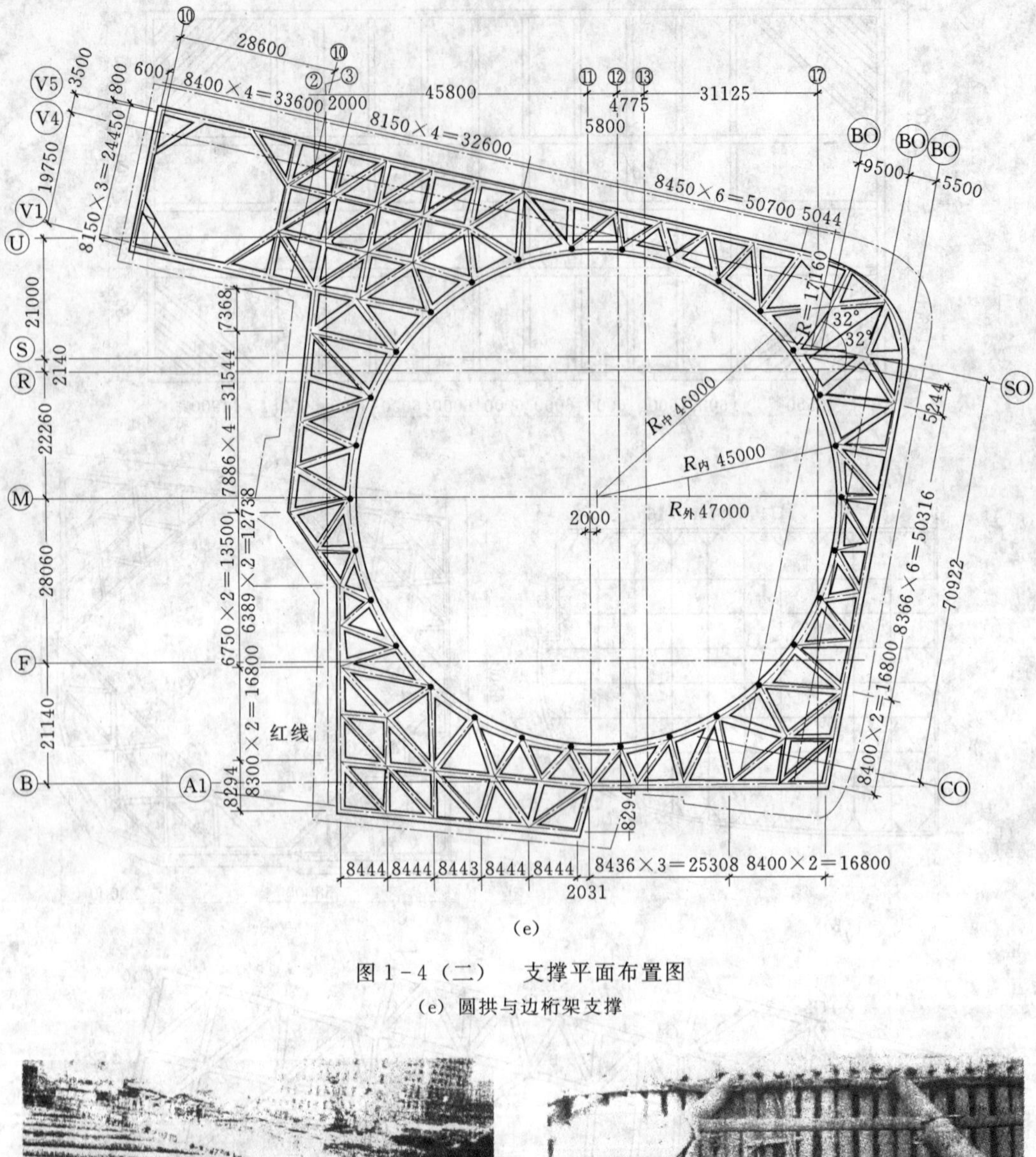

(e)

图1-4（二） 支撑平面布置图

(e) 圆拱与边桁架支撑

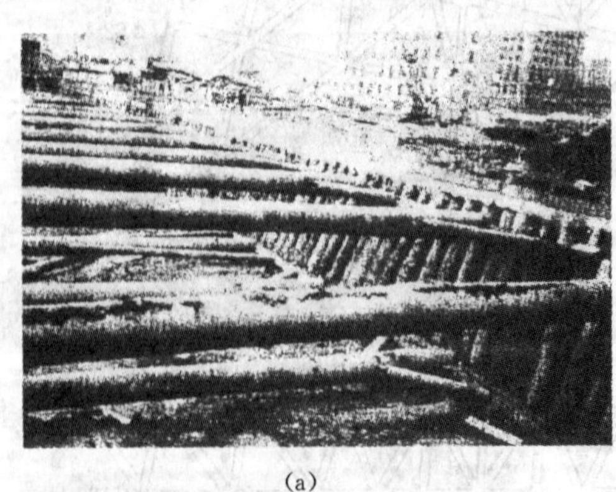

(a)

(b)

图1-5 基坑支撑实景照片

(a) 基坑支撑一角；(b) 基坑支撑概貌

层的潜能，达到基坑和建筑物稳定的目的。鉴于深基坑支护的特点和目前的工程实践经验，本书主要是针对粘结型预应力土层锚杆提出的。这种锚杆的基本特点是：长度一般大于15m，设计轴向拉力一般大于200kN，借助于粘结材料实现锚固作用，通常对其施加预应力，应用对象主要是各类土层。岩石中的锚杆适应性强，基本不受基坑深度的限制；机动灵活，可与多种其他支护形式配套使用，这是锚固支护的两大特点。因此，锚固技术在深基坑中的应用具有显著的技术经济效益。根据目前国内外深基坑锚固支护工程应用的实践经验，锚杆可与各种支挡桩（人工挖孔灌注桩、钻孔灌注桩等）组成桩锚体系，也可与各种墙（地下连续墙、土钉墙、钢筋混凝土挡墙等）组成锚杆挡墙。至于选择何种形式，则应根据具体情况，在进行全面的技术经济比较后决定之。

锚杆技术在国内已有长足的发展，并积累了丰富的工程实践经验。背拉锚杆宜斜向插入深部的强度较高的土体中，但过大的倾角可能增加墙体的竖向沉降并削弱锚杆的效能。即使在软黏土中，采用二次挤裂注浆和扩孔注浆等方法也可以做出有效的锚固段，这在上海等软土地区都有成功实例。软黏土中为减少锚杆蠕变，要求提高土锚的极限承载力，使锁定荷载与极限承载力的比值得以降低。采用二次高压灌浆工艺可使锚固端直径加粗（如上海太平洋饭店饱和淤泥中锚杆采用二次高压注浆，直径从一次常压灌浆的168mm增至400mm）。锁定荷载对极限承载力的比值在饱和淤泥地层中以不大于0.55为宜。采用重复张拉也有利于减少变形。锚杆通常张拉到120%～150%的设计荷载进行检验，然后锁定在75%或更大的设计荷载。锚杆将锚固端与墙面之间的土体压缩，形成一种很宽的重力式墙，其变形较内支撑墙小。

在极度软弱松散的土层中，一则因为锚固段单位面积摩擦阻力太低，难以达到实用的锚固力量级；二则因为锚杆会产生很大的徐变，甚至是有害的变形，故国内外有关规范都明确规定，永久锚杆不适用于有机质土、液限 $w_L>50\%$、液性指数 $I_L>0.9$ 和相对密实度 $D_r<0.3$ 的土层。作为临时锚杆，可以比永久锚杆稍有放松，但为慎重起见，除非上述地层经过处理，一般仍不宜采用。

国外有研究资料认为，锚杆预应力的最大设计值，为等于或稍大于Peck的经验土压力值，这时墙体位移能得到最有效控制，超过这一压力水平对减少位移的作用就不大。天津华信大厦基坑锚杆支护在开挖初期曾进行试验，在粉质黏土中如用常压注浆，锚杆极限抗拔力在200～300kN之间，锚头位移有高达80mm的；若用二次高压注浆（压力3MPa），抗拔力大都在460kN以上，位移量减少到15mm左右。所以只要基坑周围有合适的地下空间和适宜的土体，就应首先考虑背拉锚杆而不是内支撑方案。

工程实践证明，背拉锚杆限制支护变形的效果要优于内支撑。虽然锚杆的本身刚度不能与内支撑相比，但可以施加更高的预应力，而且施工安装时为设置锚杆所需的挖土深度（指低于支承点位置以下的超挖）要比内支撑小，在与墙体连接处的接触变形也小。内支撑的最大缺陷还在于占据基坑内的空间，给挖土和主体结构施工造成许多困难，干扰并影响施工进度；随着主体结构施工进展，在自下至上逐步卸去支撑时还有可能进一步增加周围地层的位移。此外，环境温度变化可对内支撑的内力产生很大影响，比如20m宽的基坑，若环境温度降低10℃，支撑就会缩短25mm使基坑变形增加，而在温度升高后，这一变形并不能完全恢复，相反会使支撑内力增加过多，所以国外报道有对支撑在高温气候下采取冷却等措施的。

国内有许多著名深基坑工程的围护墙采用锚杆支承，如北京京城大厦，坑深23m，灌注桩挡墙3层锚杆；京广中心和王府井宾馆，坑深16m，地下连续墙4层锚杆；上海太平洋饭店，坑深11.6m，4层锚索；天津华信大厦，坑深13.4m，地下连续墙一道锚杆；深圳彭年广场，坑深16m，2～3层锚杆。

1.2.5 土钉墙支护

土钉墙是一种新型的基坑支护形式，其已在国内外许多基坑支护工程中得到了成功的应用，并取得了明显的技术经济效果。土钉墙主要由钻孔注浆式土钉、原位土体和喷射混凝土面层组成，对于打入式土钉或打入注浆式土钉和不同的面层同样可以使用。土钉墙施工工艺要求土体具有临时自稳能力，以便有一定的时间施作土钉墙，因此对土钉墙适用的地质条件加以限制。

从目前的应用情况来看，土钉墙单独作为支护结构，深度一般在10m以内，所以对基坑深度加以限制；当土钉墙与其他支护结构形式联合使用时，可根据具体情况选用。对于无胶结砂层、砂砾卵石层和淤泥质土，土钉成孔困难，不宜采用土钉墙；对于不能临时自稳的软弱土层，土钉墙施工无法实现，所以不能采用土钉墙支护。从许多工程经验来看，土钉墙的破坏几乎均是由于水的作用，水使土钉墙产生软化，引起整体或局部破坏，因此规定采用土钉墙工程必须做好降水，且不宜作为挡水结构。

与地下连续墙和柱列式灌注桩挡墙不同，土钉墙支护的喷混凝土面层并不是支护结构的主体，而且整个支护是与基坑挖土过程同时完成的（图1-6）。

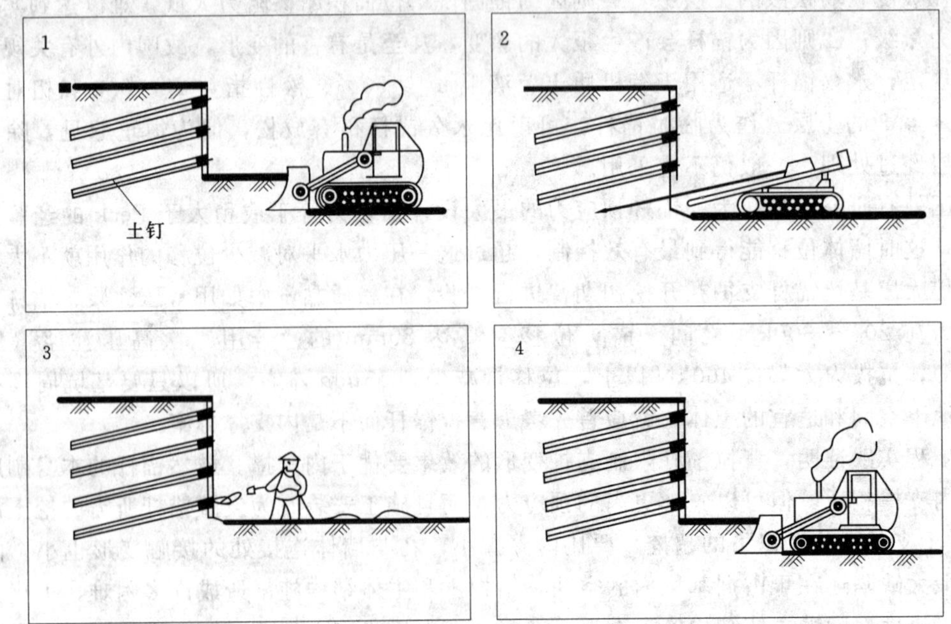

图1-6 边挖土边筑土钉墙支护

常用的土钉是钻孔注浆钉，以变形钢筋为中心钉体。在成孔困难的松散砂土、软黏土中也可击入钢管作为钉体然后注浆（管壁有出浆孔）。不注浆的击入钉可用角钢作钉体，

它能立即起到稳定土体的作用。

土钉支护的施工速度快、用料省、造价低；与桩墙支护相比，工期常可缩短一半以上，成本大概只有1/3。土钉支护可以紧贴已有建筑物施工，可以省出桩体或墙体所占有的地面。密集的土钉群与周围土体组成一整体，土钉在其中兼具加筋（如同混凝土中的钢筋）和锚拉的作用，因此，土钉支护类似重力式挡土墙而又不完全相同。土钉也只有在土体发生变形的条件下，通过与土体之间的界面粘着力使其受拉并起作用，因而又不同于主动压紧土体的预应力锚杆。

尽管土钉是被动受力部件，但土钉支护的变形却并不大，与一般的内支撑桩墙支护相当。国内一些工程实践表明，土钉支护的最大水平位移还往往小于同样土体条件下的桩支护，这显然与土钉支护的特殊施工方法有关。土钉支护施工对土体的搅动小，分层（通常1～1.5m）、分段（通常不超出5m）小步开挖并紧接着迅速支护（喷射混凝土和设置土钉），这种步步为营的施工工序对控制变形起到了极为关键的作用。由于土体状况多变并难以准确预测，土钉支护的这一优势使其具有较高的安全可靠性。国内在建筑物密集的城市地区用于直立基坑的土钉支护深度已有一些达到16～18m，其中包括复合土钉支护。比较典型的工程如北京庄胜广场基坑（135m×270m），最大挖深16.2m，砂黏土和细砂地层，用14排土钉；北京万富大厦基坑，深16.8m，细粉砂和砂黏质粉土地层，用11排土钉，支护面层兼作为主体结构外墙的外模；北京通港大厦基坑（50m×70m），深17m；广州东风路安信工程基坑，深16～18m，局部软塑粉质黏土，复合土钉支护；这些基坑均紧邻建筑物、道路或管线，支护最大水平位移都控制在基坑深度的0.1%～0.3%以内。目前，土钉支护在北京地区的发展也十分迅速，从1995年开始已有500多个基坑支护中采用土钉墙或加复合锚杆，在许多场合大有取代桩支护的趋势。

为了严格控制支护变形和在不良地层（如夹有局部软黏土层）中施工，土钉支护可以和预应力锚杆联合使用，这种复合土钉支护对于高层建筑这样深大基坑且使用期又较长的基坑更为适合。土钉长度分布及土钉墙混合支护方案如图1-7所示。

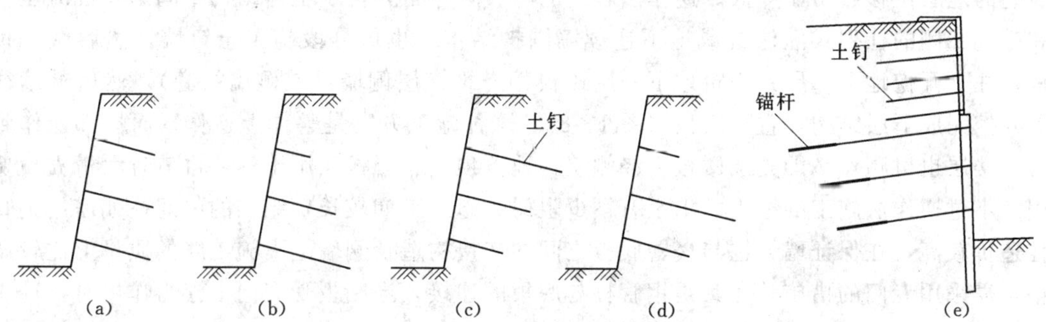

图1-7 土钉长度分布及土钉墙混合支护方案

(a) 等长分布；(b) 上短下长；(c) 上长下短；(d) 中下部长些；(e) 土钉与锚杆联合支护

与土钉支护施工方法十分相似的还有一种称为锚杆幕墙的支护，也是从上到下分层开挖，设置较密间距的预应力锚杆并分层现浇混凝土墙面（厚20～30cm）。锚杆幕墙支护后来又发展到用预制混凝土板作为墙面。上述钉、锚支护的共同特点是边开挖、边支护，但锚杆从安装到施加预应力尚需有一个过程，而土钉可以较为迅速地发挥支护作用。联合使用土钉和锚杆则可以优势互补。当联合使用锚杆和土钉时，预应力锚杆的长度应该至少超过土钉长度的 1/3。锚杆、土钉施工机具和微型桩的施工机具基本相同，三者联合成复合土钉支护可以解决多数地质条件下的大型基坑支护的需要。但土钉和锚杆必须占据周边地下空间，使其应用受到限制；基坑暴露时间也不宜太长，土体变形会很大，造成不安全感；当有丰富地下水时，土钉墙支护的施工不宜采用。

1.2.6　深基坑工程的逆作法施工

深基坑的逆作法是指在地下基础施工的同时，还可以进行地上建筑物的施工，待上部建筑施工到若干层后，地下各层基础工程也已全部竣工。

逆作法一般在城市内建筑高层时，周围施工环境比较恶劣，场地四周邻近建筑物、道路及地下管线，不能因任何施工原因而遭到破坏，为此在开挖基坑施工时，通过发挥地下结构本身对坑壁产生支护作用的能力，即利用地下结构自身的桩、柱、梁、板作为支撑，既稳妥又经济。在国外早已使用逆作法施工，国内也已有 90 多例，目前已趋向成熟。例如北京王府井大厦地上 14 层、地下 3 层，地处繁华地区，与原王府井百货大楼仅距离 85mm。在地下部分施工中仅用半年时间就完成了地下 3.8 万 m^2 的施工面积，创出国内单层面积最大的逆作法施工的新记录。

深基坑逆作法由于地下各层楼盖的强大水平刚度，其对四周围护墙或桩的作用可以视作水平方向为不动铰支点，因此在所有的支护方法中其效果是最好的一种。尤其适用于基坑周围环境特别困难的情况下，如相邻建筑物极为靠近，坑周土质非常软弱，地下水较高且水压力较大，对周围道路、管线的变形有严格限制等情况。深基坑逆作法的适用深度不限，目前我国已在地下六层的深基坑中采用逆作法。在国外，凡是超深基坑，层数很多的大型地下工程，均采用逆作法施工。

当用逆作法施工时，主体结构的顶板和楼板兼作施工阶段的围护结构支承，基坑开挖引起的地层位移可明显降低。逆作法施工的一般顺序是先构筑主体结构中间钢管混凝土柱和基坑二侧的柱列式灌注桩或地下连续墙围护结构，也可分段施工土钉墙，然后做好顶板，往下开挖地下一层并构筑地下一层楼板，浇筑该层侧墙（或侧墙衬套），然后继续往下开挖完成下层结构，直至底板（图 1-8）。这种施工方案是整体上逆作，而局部逆作到每一楼层也可顺作，即先浇楼板后浇侧墙，地下顶层、楼板均用土模，可节省大量支模费用。不过逆作法施工的挖土、出土有不少阻碍，施工工期较长，结构的中间柱如需用钢管柱造价较高，在保证墙、柱与楼、底板之间的连接构造及侧墙上下施工缝的质量上比较严格，需采用专门的措施；尤其是钢管柱与底板的连接，当底板受有向上浮力作用时，这一节点将受到很大的剪力作用。

1.2.7　加筋水泥土深层搅拌支护

加筋水泥土深层搅拌法支护基坑，具有如下的独特优点：

（1）最大限度地利用了原土。

（2）搅拌时无振动、无噪声和无污染，可在密集建筑群中进行施工，对周围原有的建筑物及地下沟管影响很小。

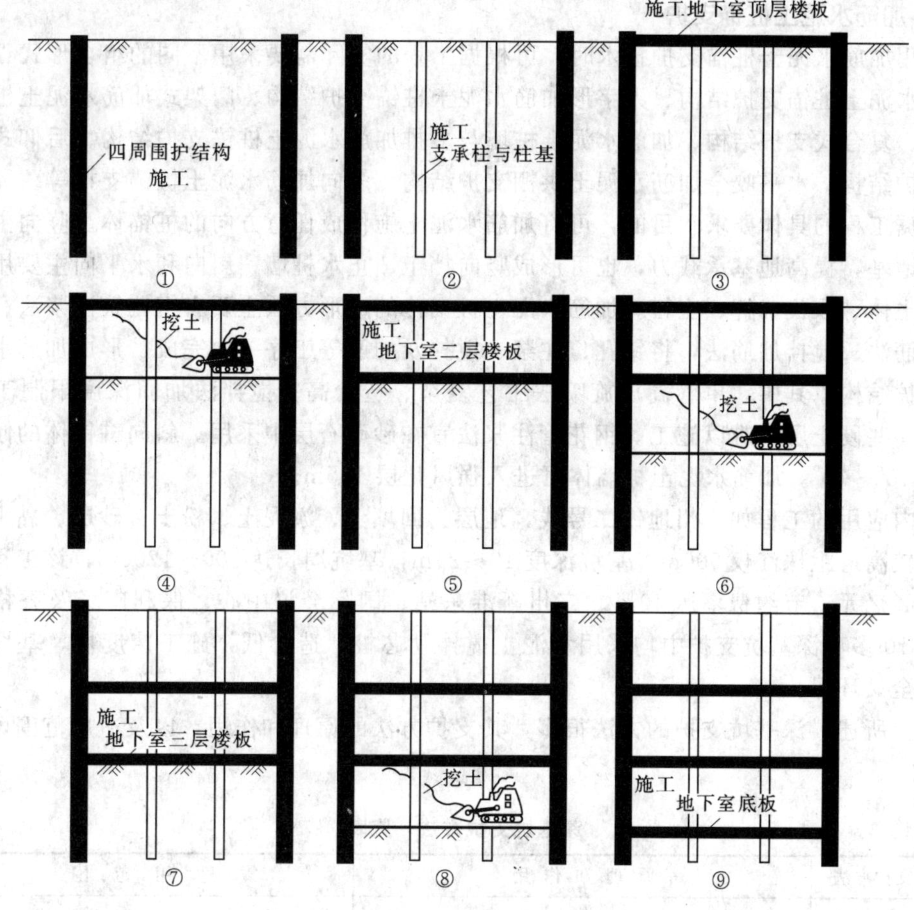

图 1-8 逆作法施工顺序示意图

（3）根据上部结构的需要，可灵活地采用柱状、壁状、格栅状和块状等平面布置支护形式。

（4）与钢筋混凝土支护结构相比，可节约钢材，并大幅度降低造价。

加筋水泥土搅拌法最适用于各种成因的饱和软黏土。水泥固化剂一般适用于正常固结的淤泥与淤泥质土（避免产生负摩擦力）、黏性土、粉土、素填土（包括冲填土）、饱和黄土、粉砂以及中粗砂、砂砾（当加固粗粒土时，应注意有无明显的流动地下水，以防固化剂尚未硬结而被地下水冲洗掉；也要考虑到钻头阻力的增大而引起搅拌机钻进的困难）等基坑支护和地基的加固。

由于加筋水泥土搅拌法具有许多独特的优点而被广泛应用。在日本，这种方法可用于建筑物的地基加固、边坡加固与稳定、隔水帷幕、防止砂土液化、桥台后背填土加固、地下构筑物地基加固、基坑坑底土加固、支挡墙体工程和提高桩基础横向反力系数等。国内在近 10 多年来，尤其是在珠江三角洲、长江三角洲等沿海软土地基中，同样被广泛应用。这些工程中，有沪宁、沪杭、深广等高速公路工程，深基坑支挡结构工程，港口码头水池的市政工程，以及建（构）筑物（如大型油罐）的软土地基加固等工程。

1.2.8　加筋水泥土桩锚支护

应用加筋水泥土桩锚支护技术时，可根据工程的实际需要采用不同的组合形式：悬臂式加筋水泥土桩锚支护结构、人字形加筋水泥土桩锚支护结构、门架式加筋水泥土桩锚支护结构、复合式支护结构、加筋水泥土桩墙与多排加筋水泥土桩锚支护结构、后仰式锚拉钢桩支护结构、水平咬合加筋水泥土拱棚支护结构、多向加筋水泥土桩锚支护等。

根据工程的具体要求和目的，可将加筋水泥土施作成任意方向的桩锚体。竖向主要用于加固地基，提高地基承载力，也可形成竖向挡土、止水桩墙；斜向和水平向主要用于加固基坑土体、取代锚杆、土钉。加筋水泥土桩锚体的成形方法主要有钢花管注浆法、高压旋喷加筋法、搅拌加筋法，将钻孔、注浆、搅拌及加筋等工序一次完成，形成加筋水泥土桩锚支护结构。其中，单管高压旋喷法工艺复杂、造价高；搅拌法加固深度限制于软土层，在一些硬土层中难以施工。钢花管注浆法宜在砂砾石层中采用。斜向桩锚体的倾角一般采用15°～70°。加筋水泥土桩墙体可进入强风化层1.5m。

国内应用的工程如广州地铁二号线，地层为回填土、淤泥土、粉土、砂层、黏土，地下水位较高，距珠江仅500m，基坑深度10～24m，基坑周长达300～1200m，该工程节约费用8.2亿元，节约费率达40%。广州新港东站、国际会议中心、保利广场及香格里拉酒店等10多项深基坑支护中均采用水泥土搅拌劲芯桩，造价低，施工速度快，基坑变形小，安全又环保。

综上所述，深基坑支护的方法很多，其支护方法的原理和作用，以及适用范围可参见表1-2。

表1-2　　深基坑支护方法一览表

序号	支护方法	原理和作用	适用范围
1	钢板桩支护	是一种施工简单、投资经济的支护方法。它由钢板桩、锚拉杆（或内支撑、锚碇结构、腰梁等）组成。由于钢板桩本身柔性较大，如支撑或锚拉系统设置不当，其变形会很大	基坑深度达7m以上的软土地层，基坑不宜采用钢板桩支护，除非设置多层支撑或锚拉杆
2	地下连续墙支护	用特制的挖槽机械，在泥浆护壁的情况下开挖一定深度的沟槽，然后吊放钢筋笼，浇筑混凝土。地下连续墙的形状多种多样，一般集挡土、承重、截水和防渗于一体，并兼作地下室外墙。其不足之处是要用专用设备施工，单体施工造价高	对各种地质条件及复杂的施工环境适应能力较强。施工不必放坡，不用支模，国内地下连续墙的深度已达36m，壁厚1m
3	排桩支护	是指队列式间隔布置钢筋混凝土挖孔、钻（冲）孔灌注桩，作为主要的挡土结构，其结构形式可分为悬臂支护或单锚杆、多锚杆结构，布桩形式可分为单排或双排布置	悬臂式支护适用于开挖深度不超过10m的黏土层，不超过8m的砂性土层，以及不超过5m的淤泥质土层
4	加筋水泥土深层搅拌支护	利用水泥作为固化剂，采用机械搅拌，将固化剂和软土强制拌和。使固化剂和软土之间产生一系列物理化学反应而逐步硬化，形成具有整体性、水稳定性和一定强度的水泥土桩墙，作为支护结构	适用于淤泥、淤泥质土、黏土、粉质黏土、粉土、素填土等土层，基坑开挖深度不宜大于6m。对有机质土、泥炭质土，宜通过试验确定

续表

序号	支护方法	原理和作用	适用范围
5	土钉墙支护	土钉是用来加固现场原位土体的细长杆件。通常采用钻孔，放入变形钢筋并沿孔全长注浆的方法做成。它依靠与土体之间的粘结力或摩擦力，在土体发生变形时被动承受拉力作用。它由密集的土钉群、被加固的土体、用喷射混凝土面层形成支护体系。由于随挖随支，能有效地保持土体强度，减少土体的扰动	适用于地下水位以上或经人工降水后的人工填土、黏性土和弱胶结砂土，开挖深度为5～10m的基坑支护。土钉墙不适用于含水丰富的粉细砂层、砂砾卵石层、饱和软弱土层。不适用于对变形有严格要求的基坑支护
6	锚杆或喷锚支护	锚杆与土钉墙支护相似，将锚杆锚入稳定土体中，外端与支护结构连接用以维护基坑稳定的受拉杆件，并施加预应力。支护体喷射混凝土称喷锚支护	锚杆可与排桩、地下连续墙、土钉墙或其他支护结构联合使用；不宜用于有机质土，液限大于50%的黏土层及相对密度小于0.3的砂土
7	拱圈支护结构	拱圈分闭合拱和非闭合供，拱圈形式包括圆拱、椭圆拱和二次曲线拱。这种拱圈挡土能承受水平方向的土压力，因拱的内力以受压力为主，弯矩很小，能充分发挥混凝土抗压强度高的特性，施工方便，节省工期	施工场地要适合拱圈布置，构造应符合圆环受力的特点，拱脚的稳定性应予足够重视，并有可靠的保证措施
8	逆作法	按施工不同程序可分全逆作法、半逆作法或部分逆作法，它以地下各层的梁板作支撑，自上而下施工，使挡土结构变形较小，节省临时支护结构（图1-8）	适用于较深基坑，对周边变形有严格要求的基坑。要预先做好施工组织方案，及各结构节点的处理
9	加筋水泥土桩锚支护	是一种有效的土体支护与加固技术，其特点是钻孔、注浆、搅拌和加筋可一次完成	支护形式分：悬臂式加筋水泥土桩锚支护、人字形加筋支护、门架式加筋支护、复合式支护等多种支护结构

深基坑的支护形式综合以上所述可见图1-9。

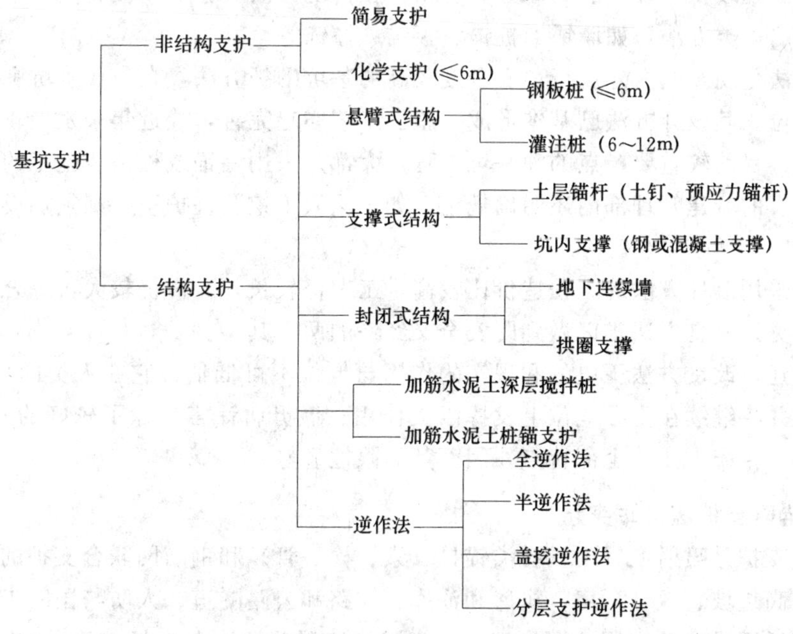

图1-9 深基坑支护形式图

1.3 深基坑支护的传统方法面临严酷现实

支护深基坑的传统方法很多。目前国内常用的有墙（地下连续墙）、桩（人工挖孔桩、机械钻孔桩等）、板（钢板桩）、撑（钢支撑等）4种主要类型。其中桩、板、墙法居多。在北京、上海、广州、深圳前几年也能见到基坑支撑法的应用。

但是，随着国家经济建设的发展，城市高楼拔地而起，地皮金贵，空间狭窄，基坑愈来愈复杂，传统方法与工程的不相适应性随之愈来愈突出。

例如，基坑沿建筑红线垂直下挖时，则地面无打板桩的空间；基坑位于住宅区近旁，则钢板桩或机械钻孔桩的有害噪声对居民干扰严重，往往引起强烈反响；基坑过深，土层自稳时间过短，则地下连续墙或难以施作，或肥厚不经济；钢支撑则更是施作困难，开挖不便，拆除费事。

特别是由于传统方法受力性能欠佳，开挖过程中易产生较大变形，甚至失稳破坏，危及邻近建筑物稳定和施工人员安全。纵观我国各大、中城市尤其是沿海城市，近年频频发生深基坑护壁工程事故以至殃及灾害的例子，更是不在少数。这就是传统方法面临的严酷现实。

人们在分析上述工程事故的原因时，无一不是从勘察、设计、施工、监理、质检、方案选择这几方面进行的。这自然有一定道理，但忽视了这种方法本身存在着的悬臂式被动受力支挡结构的不合理性及其与深基坑特别是不良地质条件下深基坑边壁显著的不相适应性这一重要因素。

1.3.1 改良方法难以两全其美

改良方法是改良传统方法的简称，它系指在传统方法墙、桩、板、支撑中引入锚固技术后而形成的一类方法，如墙锚、桩锚、板锚、撑锚等。

改良方法是现今国内外流行、安全度较高的基坑围护方法，在当代基坑围护工程中占有主导的地位。其设计方法已基本形成，施工工艺亦趋完善，故近年来发展较快。以全国大城市为例，目前较重要一点的深基坑工程，大都是采用墙锚或桩锚法施工的。为了减少工程事故，有的城建管理部门还明确规定，如采用人工挖孔桩护壁，则须加设锚杆，即采用桩锚法。

然而，采用改良方法的工程造价比较高，工期仍较长，噪声仍较大，综合经济效益欠佳。由此可见，改良方法难以做到既安全又经济的两全其美。

综上所述，改良方法历史的和现实的作用与地位不可低估，它在人类的生产活动中，已经和正在并将继续在主导地位上发挥巨大作用。但毋庸讳言，除了较好的安全性之外，它几乎保留了传统方法的全部特点，因而其局限性显然。

1.3.2 喷锚网支护法异军突起

喷锚网支护是喷射混凝土、各类锚杆（索、栓、管）和钢筋网联合支护的简称。它在国内外岩土高边坡、地下厂房、机库和油库、铁路和公路隧道、人防与国防工程坑道工事中已获得广泛而成功的应用，但作为一种高层建筑深基坑边壁支护方法，它不要一根桩、一块板、一堵墙、一根撑，完全摒弃传统方法及其被动支挡概念，确具有其新颖性。

深圳市首例喷锚网支护文锦广场大厦深基坑边壁，是在别无选择的特殊条件下建成的（参见1993年1月11日《深圳特区报》载文《我市首次采用喷锚支护技术》）。

深基坑喷锚网支护法，以尽可能保持、显著提高并最大限度地利用边壁土体固有力学强度、变土体荷载为支护结构体系的一部分为基本出发点。喷射混凝土在高压空气作用下高速喷向土层表面，在喷层与土层间产生"嵌固层效应"，同时随开挖逐步形成全封闭支护体系；喷层与嵌固层同具有加固和保护表土层使之避免风化、雨水冲刷、浅层塌方、剥落，以及防渗诸作用，锚杆内锚固段深固于滑移面之外的土体深部，外锚固段同喷网联为一体，可把边壁不稳定体"危机"转移到内锚段及其附近；钢筋网可使喷层具有更好的整体性和柔性，能有效地调整喷层与锚杆内应力分布。喷锚网主动支护土体，并与土体共同工作，具有施工简便、快速、灵活、适用性强、随挖随支、挖完支完、安全经济等特点。其工期一般比传统方法短30%，工程造价降低50%，甚至更多（如支撑法）。支护最大坑深目前已达20m。如北京在1995年，第一例庄胜广场基坑支护深14.5～16m，而至今全国已达2000多例。

喷锚网支护法不仅能有效地用于一般岩土深基坑支护，而且能同样有效地用于流沙、淤泥、厚层杂填土、富水地层等不良工程地质条件下的深基坑，还能快速、可靠、经济地对采用传统方法施作的将要和已经失稳的工程进行抢险加固或滑塌处理，体现了优质、高效、安全和经济。目前，该方法正在国内各大城市尤其是沿海城市大力组织推广应用。

1.3.3 深基坑支护的发展与逆作法的应用

喷锚网支护，一般适用于基坑深10～18m左右，土质较好可用于基坑深13～20m，更深的基坑，如采用喷锚网支护就有一定风险，而实际情况高层建筑地下室有的达到4～6层，基坑深度超过15m，最深达到26m左右，所以必须应用逆作法施工。

建筑深基坑支护采用逆作法，是以地面±0.0标高为分界线，地面以下结构自身的能力对基坑产生支护作用，来保证基坑土方的开挖并利用地下各层楼板的水平刚度成为基坑的水平支撑，逐层逆作向下施工，还可同时在±0.0层以上向上施工高层建筑，这种逆作法施工种类发展较多，有全逆作法、半逆作法、整作逆作法、分层逆作法、局部逆作法、盆状挖土逆作法、抽条挖土逆作法，等等，国内各大城市已有100多例工程实例，这种逆作法的优点是：可以缩短工程施工的总工期，基坑变形小，对相邻建筑物的影响少，可大大节省支护结构支撑等的费用，简化基坑的施工工序，所以经济效益明显，施工环境优良。在高层建筑地下室 深基坑中应用已有较多工程实践和经验，所以国家标准《建筑地基基础设计规范》（GB 50007—2011）专门列入逆作法的章节。预计今后逆作法处理深基坑施工很有发展前途。

1.3.4 不以人们意志为转移的趋势

尽管传统方法特别是改良方法在国内外深基坑的应用中仍占有主导地位，尽管人们对深基坑喷锚网支护法、逆作法等深基坑新支护法尚因不甚了解而持有疑义，还在等待和观望，尽管新方法本身从设计计算理论到施工工艺及机具尚有若干需探讨、改进和完善之处，理论落后于实践的情况十分突出，没有相应的可以遵循的设计规范或规定，致使其推广应用受到影响，但随着采用该方法所建造的工程越来越多，随着各级政府建设主管部门、建筑工程界有识之士以及土木建筑学会等的大力支持和倡导，在经受市场经济优胜劣汰的选择和考验中，深基坑新支护法和逆作法等将以更快的速度在更大范围内逐步取代传统方法和改良传统方法。这也许是一种必然的趋势，将不以人们的主观意志为转移。

1.4　深基坑支护工程的特点和施工要求

1.4.1　深基坑支护工程的特点

（1）临时性。在一般情况下，基坑支护结构是临时性的，与永久性结构对比，安全储备要求小些，但必须保证安全。业主往往有一个思想，即尽量压低基坑工程的投资，以致容易造成有多少投资就有多少安全储备。这样，容易发生事故，最终损失更大。

（2）区域性。岩土工程的区域性差异很大，而基坑工程的区域性更强。我国幅员辽阔，各地地质条件不同，必须因地制宜，贯彻具体情况具体解决原则。外地经验只作参考，甚至当地经验也不能简单照搬。

（3）复杂性。基坑支护工程的影响因素很多。土与水是基坑工程设计和施工的两个关键问题。一般而言，墙后的土压力介于主动土压力和静止土压力之间，墙前的土压力则处于静止土压力和被动土压力之间；土压力还有时空效应。因此，目前的设计采用朗肯土压力理论，可能导致偏于保守或危险。

（4）风险性。基坑支护工程的影响因素很多且复杂，多年以来，基坑事故不断发生，技术人员要增强对基坑工程风险性的意识，不可有麻痹大意和侥幸心理。

（5）多学科性。基坑工程涉及土力学、基础工程、结构力学和原位测试技术等多学科的知识，它是一门系统工程，对工程技术人员的要求很高，要不断提高技术水平。

（6）环境效应。基坑开挖会使地下水产生变化，使整个基坑的应力场改变，会引起支护结构变形、基坑和墙后土体变形，对相邻建筑和地下管线也产生影响。同样，基坑周围的荷载和建筑物荷载或者地下水流也对整个基坑工程产生反作用的影响。

1.4.2　深基坑支护工程的施工要求

根据深基坑支护工程的特点，在基坑施工中要注意以下几点。

1. 地下水控制

地下水控制方法有排水、降水和回灌等，为基坑工程施工服务。

基坑内降水时，由于围护墙有挡水作用，不影响基坑外的地下水位，可减少基坑内土壤含水量，使土壤产生固结，便于机械下基坑挖土和运土；用土模浇筑混凝土支撑与提高围护墙被动区土壤的水平向基床系数和压缩弹性刚度，可减少围护墙的变形。在地下水位高的软土地区，于基坑开挖之前多进行预降水。

基坑外降水，亦可使土壤产生固结，降低地下水位，减少土压力和水压力，对支护结构设计有利；但坑外降水，如基坑附近有建（构）筑物、道路等设施，要防止因土壤固结产生过大沉降而带来危害，必要时应采取回灌措施控制附近的地下水位。

深基坑工程降水多采用喷射井点和真空深井。土壤渗透系数小（10^{-6}cm/s及以下）、降水深度超过 9～10m 时，在软土地区多采用真空深井降水，这种井点可在同一根井管上设置两根（或多根）滤管，分别用于抽汲浅层和深层地下水，每一个真空深井的服务范围为 200～250m²。

目前降水已有成熟的计算方法和工程经验，在某些情况下地下水控制的效果是深基坑工程成败的关键之一。采用逆作法施工时，由于需在土层上铺设模板浇筑楼盖结构，降水的质量尤为重要。

2. 基坑土方开挖

基坑开挖方式直接影响支护结构的内力和变形，对基坑的稳定和安全有重要影响。基坑土方开挖应遵循开挖和支撑的顺序，即：土方开挖的顺序、方法必须与支护结构的设计工况一致，并遵循开槽支撑、先撑后挖、分层开挖、严禁超挖的原则。

大型深基坑开挖时，需有周密的施工方案，挖土要配合支撑施工，减少时间效应，控制围护墙变形；要保护工程桩、内支撑和降水设备；加快施工速度。深基坑常用的挖土方式有大开挖、盆式开挖、岛式开挖等。所谓盆式开挖是先开挖基坑中部的土方，暂时保留围护墙内侧周边的土坡，利用留土的反压抵消部分土压力，以减少支护结构的变形。所谓岛式开挖是先开挖基坑内侧周边的土方，而暂时保留基坑中部的土方，形成一个“岛”，以利边桁（框）架支撑的形成和搭设栈桥，方便挖土机下基坑挖土和汽车外运土方。

基坑土方开挖要做到分层、分块、对称、限时，便利支撑体系尽快形成并能受力，减少围护墙的变形。

大型深基坑的土方量有时达几十万立方米，加快基坑土方开挖速度是加快基坑工程施工速度的关键之一。

3. 深基坑工程施工与环境保护

支护结构在侧面荷载作用下总是会产生变形的，随之周围地面亦会产生水平向和垂直向的变位，当变位达到一定数值会对周围环境（周围邻近的建筑物、地下管线和道路等）带来危害。因此，进行基坑工程施工要保护周围环境，多数情况下支护结构的设计是由变形控制的。

压密注浆是加固地基土的重要手段之一。在进行基坑工程时，如需要可对邻近建筑物和管线基础进行注浆加固，防止变形过大。对邻近的地下管线可暂时挖出架空，使其脱离土体，不致随土体的变形而变形，亦是可选用的。

在一些特定情况下，还需采取特殊的保护措施。如上海地铁 2 号线河南中路车站（位于南京东路之下），基坑深 17m，围护墙为地下连续墙。其南侧有市级文物保护建筑东海商都，距地下连续墙近处仅 0.65m，为特级环境保护，其柱间差异沉降要求小于 15mm。施工时除采用顺作法和逆作法组合技术对钢支撑施工和复加预应力、地下连续墙墙底和中柱桩底注浆加固等措施外，为保护东海商都还于其与地下连续墙之间呈拱形打设两排树根桩并进行注浆，对其外排邻近基坑的 15 根柱子采取托换支撑加固措施，结果满足了要求，建筑物未出现裂缝，柱间差异沉降最大仅 15mm。

4. 工程监测和信息化施工

鉴于深基坑的复杂性和不确定性，理论计算还难以全面准确地反映工程进行中的各种变化，所以，在理论分析指导下有目的地进行工程监测十分必要。利用其反馈的信息和数据，一方面可及时采取技术措施防止发生重大工程事故，另一方面亦可为完善计算理论提供依据。

工程监测要编制监测方案，监测内容视工程规模、周围环境情况支护结构类型等而定。一般包括：

（1）支护结构水平变位。

（2）周围建筑物、地下管线等的变形。

（3）围护墙和支撑体系的内力。

（4）立柱的变形。

（5）土体分层位移。

（6）地下水位变化。

（7）土压力及抗力等。

在监测过程中对一些内力和变形要根据计算数据和环境保护要求见《建筑地基基础工程施工质量验收规范》（GB 50202—2002）基坑变形的监控值，应事先确定报警值。当内力、变形达到报警值时，要及时向有关人员报警，以便采取对策，防止因延误而造成事故。

当前值得注意的是，有些施工部门在基坑施工中不进行变形预测，结果造成大的灾难。为此强调对一、二级基坑必须按规范要求进行土体和支护结构的变形观测，实施信息化施工。

总之，深基坑支护结构的主要作用是挡土，使基坑在开挖和高层深基础结构的施工全过程中，能安全顺利地进行，并保证在深基础施工期间对邻近建筑物和周围的地上和地下工程不产生危害。

一般深基坑的支护结构通常是作为临时性结构的，当基础施工完毕即失去作用。当前国内深基坑工程已有大量的实践经验，创造了许多深基坑施工的新技术，取得了较大进步，如地下连续墙、排桩支护、锚固支护、深层搅拌支护、喷网锚复合土钉支护、逆作法施工等。但各种方法都不是万能的，都要结合土质条件、基坑的深度、地下水情况因地制宜地实施，不能盲目地进行施工。应该根据不同支护类型的优缺点、适用条件，科学合理地选择经济合理的方案。其中最重要的控制条件是基坑的稳定性、地面变形的控制、环境因素、地下水的控制、防止基坑隆起、管涌与流砂等岩土的工程问题。

1.5　深基坑支护的变形特征及变形控制标准

在城市地区进行深基坑支护工程施工，如何控制支护和周围地层的变形是设计和施工中的难点，支护和地层的变形问题要比其稳定性更为关键，也更难估算和解决。支护与地层发生变形的原因是多方面的，现简要介绍如下。

基坑开挖后造成地层的竖向沉降、不均匀沉降差以及因不均匀沉降造成的地表倾斜或相对角变位，都会对基坑周围的建筑物或管道设施带来危害，开挖引起的地表水平位移及土体的水平应变同样对环境安全带来危害。对一个建筑物来说，开挖引起的不均匀沉降要比建筑物自重引起的不均匀沉降更难承受，因为前者常伴随较大的地表水平应变。在悬臂桩墙支护及土钉支护中，最大水平位移发生在基坑侧墙顶部，可产生很大的地表水平应变。相对来说，撑式支护引起的地表水平应变较小。

建筑物承受地层变形的能力与建筑物的类型、构造、平面尺寸、高度以及基础的结构形式等许多因素有关。如果对不均匀沉降引起的结构内力进行计算分析，所给出的结果往往会不切实际地反映地层变形的作用，因此地层的容许变形或变形控制标准应该建立在调查实测统计分析的基础上。框架结构通常能够承受一定的地面位移，增加房屋层数使抗剪刚度增加，因而结构物倾向于发生整体倾斜；相反如增加房屋的开间和长度，则倾向于发生相对角变位而开裂。钢筋混凝土刚性箱基或筏基上的房屋结构显然要比原土基础上建造的砖石结构房屋有高得多的抵抗不均匀沉降和水平应变的能力。

地层竖向位移造成地表不均匀沉降、地表角变位和地表倾斜及其对建筑物的影响曾有较多报道，而地层水平位移或同时在竖向和水平位移作用下所带来的危害则研究得较少。许多资料中提出的建筑物承受地表变形的能力往往只考虑竖向位移并以竖向位移造成的地表角变位或地表倾斜度作为衡量指标，如用来评价基坑开挖的影响有可能低估实际的危害程度，因为基坑开挖一般引起较大的地表水平位移，不同于建筑物自重或地下水下降引起的地层变位。

由于缺乏系统的研究，目前在基坑开挖引起地层变形的控制标准上，经常是参考地下矿井开采和房屋地基沉降等方面所提供的数据。

据 Brauner 综述，各国煤矿部门对地下采矿引起的地表变形允许值见表 1-3。

表 1-3　各国煤矿部门对地下采矿引起地表变形允许值

序号	国家名称	地表应变	倾斜度（%）
1	英国	1%（长 30m 房屋）	
2	法国	1%～2%（压）0.5%（拉）	
3	德国	0.6%（压）0.6%（拉）	1～2
4	波兰	1.5%（压）1.5%（拉）	2.5
5	前苏联	2%（压）2%（拉）	4

英国国家煤炭局规定的地面应变的损害等级见表 1-4，其中以结构的长度变化作为控制标准。

表 1-4　地面应变的损害等级

序号	损害级别	结构长度改变（cm）	典型损害情况
1	很轻微，或可忽略	<3	内部墙体、天花板有轻微开裂，但外部裂缝不可见
2	轻微	3～6	内部轻度开裂，门窗不能关闭
3	中度	6～12	内外均轻度开裂，门窗不能关闭，给排水管道及煤气管道受损破坏
4	严重	12～18	管道破坏，墙体裂透，门窗变形，地板明显倾斜，楼板翘曲，梁支座有部分脱开
5	很严重	>18	

注　本表为英国国家煤炭局的规定。

美国出版的《基础工程设计手册》和其他有关资料中提出建筑物能够承受的地表沉降值用角变位 δ/L 表示，见表1-5。

表1-5　美国基础工程设计手册标准

序号	建筑结构类别	允许角变位 δ/L
1	筏板基础（厚约1～2m）上的钢筋混凝土多层刚性框架	$\frac{1}{750}$
2	带斜撑框架的危险限值	$\frac{1}{600}$
3	不允许开裂的房屋安全限值	$\frac{1}{500}$（抹灰开裂$\frac{1}{600}$）
4	吊车故障	$\frac{1}{300}$
5	圆（环形）筏基础上的高耸结构	$\frac{1}{500}$
6	墙板发生初裂限值	$\frac{1}{300}$
7	高层刚性房屋倾斜，目测可见	$\frac{1}{250}$
8	一般房屋建筑的结构危险损害	$\frac{1}{150}$
9	柔性砖墙的安全极限	$\frac{L}{H}>4$ $\frac{1}{150}$

序号	建构筑物类别	总沉降（cm）	不均匀沉降	倾　斜
10	下水道可能发生不均匀沉降	15～30		
11	砌体墙结构		2.5～5cm	
12	框架结构		5～10cm	
13	烟囱、筒仓、筏基		7.5～30cm	
14	烟囱			0.001h（h—高度）
15	吊车轨道			0.003L（L—距离）
16	地面排水			0.01L～0.02L
17	高的连续砖墙		0.0005L～0.01L $\left(\approx\frac{1}{300}\right)$	
18	单层砖厂房建筑（墙体开裂）		0.001L～0.002L	
19	抹灰开裂		0.001L $\left(\frac{1}{600}\right)$	
20	钢筋混凝土框架房屋		0.0025L～0.004L $\left(\frac{1}{150}\sim\frac{1}{170}\right)$	
21	钢筋混凝土墙板房屋		0.003L	
22	简单钢框架		0.005L	

注　1. L 为两点之间的距离，如相邻柱距；δ 为沉降差。

2. 以上数据中，对于较规则的沉降和承受不均匀沉降能力较高的建筑物取较高的限值，相反情况则取较低的限值。

美国海军装备部设计手册中概括的地面变形限值与表 1-5 所列的相同，此外对无筋承重墙提出的标准见表 1-6 和图 1-10。

表 1-6 美国海军装备部设计手册中无筋承重墙的变形限值

序号	变形特征	允许变位 $\frac{\Delta_{max}}{L}$ 或 β
1	变形下凹时，当 $L/H<3$ 当 $L/H>5$	$\frac{1}{3500}\sim\frac{1}{2500}$ $\frac{1}{2500}\sim\frac{1}{1250}$
2	变形下凸时，当 $L/H=13$ 当 $L/H=5$	$\frac{1}{5000}$ $\frac{1}{2500}$

注 1. L 为长度；H 为从基础到顶的高度。
2. 本表为美国海军装备部设计手册中的规定。

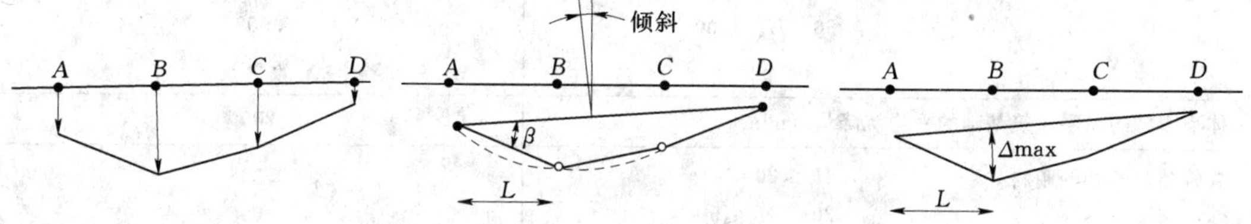

图 1-10 无筋承重墙变形示意图

上海地铁总公司根据上海软土地区深基坑工程经验，提出了 4 个级别的基坑变形控制保护标准，见表 1-7。

表 1-7 基坑变形控制保护等级

保护等级	地面最大沉降量及围护墙水平位移控制要求	环境保护要求
特级	1. 地面最大沉降量不大于 0.1%； 2. 围护墙最大水平位移不大于 0.14%； 3. K_L^O 不小于 2.2	离基坑 10m，周围有地铁、电缆沟、煤气管、大型压力总水管等重要建筑及设施必须确保安全
一级	1. 地面最大沉降量不大于 0.2%； 2. 围护墙最大水平位移量不大于 0.3%； 3. K_L^O 不小于 2.0	离基坑周围 H 范围内设有重要干线、水管、大型在使用的构筑物和建筑物
二级	1. 地面最大沉降控制在不大于 0.5%； 2. 围护墙最大水平位移不大于 0.7%； 3. K_L^O 不小于 1.5	在基坑周围 H 范围内设有较重要支线管道和一般建筑、设施
三级	1. 地面最大沉降量不大于 1%； 2. 围护墙最大水平位移不大于 1.4%； 3. K_L^O 不小于 1.2	在基坑周围 30m 范围内设有需保护建筑设施和管线、构筑物

注 1. H 为基坑开挖深度，在 17m 左右；K_L^O 为抗隆起安全系数，按圆弧滑动公式算出。
2. 本表是上海地铁总公司按上海软土层深基坑工程经验资料而提出的，供参考。

我国国家标准《建筑地基基础设计规范》（GB 50007—2011）中规定的地基变形允许值见表 1-8。

表1-8　　建筑物的地基变形允许值

变形特征		地基土类别	
		中、低压缩性土	高压缩性土
砌体承重结构基础的局部倾斜		0.002	0.003
工业与民用建筑相邻柱基的沉降差			
(1) 框架结构；		0.002l	0.003 l
(2) 砌体墙填充的边排柱；		0.0007 l	0.001 l
(3) 当基础不均匀沉降时不产生附加应力的结构		0.005 l	0.005 l
单层排架结构（柱距为16m）柱基的沉降 t（ram）		(120)	200
桥式吊车轨面的倾斜（按不调整轨道考虑）			
纵向		0.004	
横向		0.003	
多层和高层建筑的整体倾斜	$H_g \leqslant 24$	0.004	
	$24 < H_g \leqslant 60$	0.003	
	$60 < H_g \leqslant 100$	0.0025	
	$H_g > 100$	0.002	
体型简单的高层建筑基础的平均沉降量（mm）		200	
高耸结构基础的倾斜	$H_g \leqslant 20$	0.008	
	$20 < H_g \leqslant 50$	0.006	
	$50 < H_g \leqslant 100$	0.005	
	$100 < H_g \leqslant 150$	0.004	
	$150 < H_g \leqslant 200$	0.003	
	$200 < H_g \leqslant 250$	0.002	
高耸结构基础的沉降量（mm）	$H_g \leqslant 100$	400	
	$100 < H_g \leqslant 200$	300	
	$200 < H_g \leqslant 250$	200	

注　1. 本表数值为建筑物地基实际最终变形允许值。
2. 有括号者仅适用于中压缩性土。
3. l 为相邻柱基的中心距离（mm）；H_g 为自室外地面起算的建筑物高度（m）。
4. 倾斜指基础倾斜方向两端点的沉降差与其距离的比值。
5. 局部倾斜指砌体承重结构沿纵向6～10m内基础两点的沉降差与其距离的比值。

深圳市标准《深圳地区建筑深基坑支护技术规范》（SJG 05—96）中规定的支护结构最大水平位移允许值见表1-9。

表1-9　　支护结构最大水平位移允许值

安全等级	支护结构最大水平位移允许值（mm）	
	排桩、地下连续墙、土钉墙	钢板桩、深层搅拌
一级	0.0025h	
二级	0.0050h	0.0100h
三级	0.0100h	0.0200h

注　h 为基坑深度（mm）。

上海市标准《基坑工程设计规程》(DBJ 08—61—97) 中规定的各类建筑物对差异沉降的承受能力见表1-10，建筑物的基础倾斜允许值见表1-11。

表1-10　**差异沉降和相应建筑物的反应**

序号	建筑结构类型	δ/L（L为建筑物长度，δ为差异沉降）	建筑物反应
1	一般砖墙承重结构，包括有内框架的结构；建筑物长高比小于10 有圈梁 天然地基（条形基础）	达1/150	分隔墙及承重砖墙发生相当多的裂缝，可能发生结构破坏
2	一般钢筋混凝土框架结构	达1/150	发生严重变形
		达1/500	开始出现裂缝
3	高层刚性建筑（箱型基桩、桩基）	达1/250	可观察到建筑物倾斜
4	有桥式行车的单层排架结构的厂房；天然地基或桩基	达1/300	桥式行车运转困难，不调整轨面水平难运行，分隔墙有裂缝
5	有斜撑的框架结构	达1/600	处于安全极限状态
6	一般对沉降差反应敏感的机器基础	达1/850	机器使用可能会发生困难，处于可运行的极限状态

表1-11　**建筑物的基础倾斜允许值**

建筑物类别		允许倾斜
多层和高层建筑基础	$H \leqslant 24m$	0.004
	$24m < H \leqslant 60m$	0.003
	$60m < H \leqslant 100m$	0.002
	$H > 100m$	0.0015
高耸结构基础	$H \leqslant 20m$	0.008
	$20m < H \leqslant 50m$	0.006
	$50m < H \leqslant 100m$	0.005
	$100m < H \leqslant 150m$	0.004
	$150m < H \leqslant 200m$	0.003
	$200m < H \leqslant 250m$	0.002

注　1. H为建筑物地面以上高度。
　　2. 倾斜是基础倾斜方向两端点的沉降差与其距离的比值。

地下管线对沉降差的承受能力因各类管道的材料、尺寸、连接方式及新旧程度而定。采用焊接接头的钢管可以根据地基沉降曲线的曲率进行强度验算，计算时并可考虑管道与地基土的相互作用。比较困难的是承插接口或法兰接口的管道，又有内压作用，变形后易造成渗漏，这就很难通过计算进行判断。

《21世纪高层建筑基础工程》❶ 一书提出，上海对煤气管道的限制是沉降不超过1cm，

❶ 史佩栋，高大钊，钱力航.21世纪高层建筑基础工程[M].中国建筑工业出版社，2000.

日本为2cm。在实际工程中，煤气管道沉降有超过8～10cm的，关键还在于差异沉降值。上海地区对煤气管道沉降的限值以2～3cm较为现实。

《深基坑工程设计施工手册》[1]中提出煤气管道和上水管道的允许差异沉降值为1%L（L为每个管节长度）。

国内一些地区对基坑开挖提出的变形控制指标有用位移的绝对值表示的，如广州地区提出限制基坑围护墙顶部的最大水平位移不超过2～3cm或地面，最大沉降不超过2.5cm，北京地区与此类似。上海也有提出用3cm作为位移的计算控制值。在多数情况下，对房屋或管线构成危害的应是不均匀沉降（地表角变位）和地表水平应变等，所以深度较大的基坑应该允许有较大的总沉降和水平位移。另外，在施加预应力的多道锚撑式支护中，最大水平位移发生在下部，而围护墙顶部的水平位移往往很小，一是从支护本身的工作性能出发，不同支护有其正常的变形范围，过大的变形说明支护工作状态异常，比如悬臂支护的变形可以比撑式支护大得多；另一方面是从环境安全考虑，对不同的环境提出不同的控制要求。天津软土地区的工程实践是，对于8m左右深的基坑，如周围10m内有建筑物和管线，则要求支护结构最大位移不超过3～5cm，如周围无建筑物，最大位移为15～20cm。《上海地铁施工与邻近建筑物施工的环境保护要求》中提出上海软土地区通常情况下的$\delta/H=0.5\%\sim1\%$，如比值到1%则为报警值，这也是指周围无重要设施而言。

1.6 深基坑支护工程技术的进步与展望

在我国，深基坑支护的设计与施工从20世纪80年代开始，至今已有30多年的经验，基坑的支护结构从钢板桩、地下连续墙、排桩支护发展到土钉、喷网锚、复合式支护体系、加筋水泥土搅拌桩挡土、加筋水泥土桩锚支护、逆作法与半逆法、环形支护结构等，从简单到复杂，又从复杂到简单，基坑工程的设计和施工已取得很大的进步，有些方面已达到高水平。但是，在深基坑支护工程各种错综复杂的土质和土性条件下，基坑支护中的许多实际问题单纯依靠理论计算和分析往往是难以解决的。各类土层情况千差万别，即使具有各种理论分析程序软件，限于土的参数测定和建模等方面的困难，也不可能从理论上求得完善解决。众所周知，当前各类基坑支护的理论研究是滞后于工程实践的，在许多情况下还需要依赖现场实测方法，从有关试验数据（如载荷试验或工程监测的结果）中总结和探求规律性的东西。然而，这种直接监测方法也有很大的局限性，只能推广到试验条件相同或基本相似的工程；另外，也只能得出个别或局部现象，如基坑与土质之间的表面经验性关系，而难以抓住它们的内在本质。基坑支护是一门学术内涵丰富且实践性很强的工程应用学科，以理论密切联系实际，使分析成果便于为工程所用，而又基本符合具体的工程实际，是工程师们致力追求的目标。基坑设计和施工人员在基坑支护工程中，需要注意以下4个方面：

1. 深基坑支护方案的比选与选型

深基坑支护方案的确定非常重要。在基坑支护工程失误事故实例中，大部分是由于支

---

[1] 龚晓南，高有潮. 深基坑工程设计施工手册［M］. 中国建筑工业出版社，1998.

护方案不妥引起的。支护结构设计与地质情况、地下水位、土质参数及周围环境等都有密切的关系，基坑支护方案首先要考虑安全，其次是经济，应列出几个方案进行对比后优选出既经济又安全的方案，下面根据工程经验提出以下几种支护方案，见表1-12。

表1-12　　基坑支护方案选用

基坑深度（m）	地下室层数（层）	支护方案	
		土质较差	土质较好
≤7	2	1. 土钉加喷锚网； 2. 钢板桩加支撑； 3. 灌注桩加压顶梁，顶部加一层锚杆； 4. 土坑分2层开挖	1. 土钉加喷锚网； 2. 采用喷锚网支护； 3. 加筋水泥土搅拌桩支护
8～15	3～4	1. 采用喷锚网支护； 2. 灌注桩加3层锚杆； 3. 逆作法施工； 4. 土坑分3层开挖	1. 采用局部逆作法或分层逆作法； 2. 采用喷锚网支护； 3. 加筋土桩锚支护
16～22	4～5	1. 逆作法施工； 2. 台阶型支护采用喷锚网； 3. 采用喷锚网，局部加支撑； 4. 土坑在基坑边局部预留土方	1. 采用逆作法； 2. 采用台阶型支护，底层可采用灌注桩，其余可采用喷锚网； 3. 灌注桩加锚杆3道

注　1. 基坑深度包括基础底板厚度。
2. 地下水要在基坑开挖前10d做降水处理。

对表1-12的说明：

（1）一般基坑目前均在22m之内，可以不采用地下连续墙，也不能大面积采用型钢支撑，因造价太高，实际工程也不一定需要。

（2）在上海软土地区已成功实施了10m高基坑支护采用土钉加喷锚网。

（3）在北京地区，土钉加喷锚网也成功实施到18m基坑的深度。

（4）有条件的基坑工程尽量采用逆作法施工，工程费用可以减小，进度可以加快，工程事故可大大减少。逆作法分全逆作法、分层逆作法、局部逆作法、半逆作法等，根据支护工程具体情况选用。

2. 深基坑支护设计方案的评审

根据住房和城乡建设部的要求，深基坑深度大于或等于7m时，应当邀请有关专家对基坑支护设计方案进行评审，并按专家评审意见修改设计方案，做到基坑支护既安全又经济。

3. 工程监测与信息化施工

鉴于深基坑的复杂性和不确定性，理论计算还难以全面准确地反映工程进行中的各种变化，所以，在理论分析指导下有目的地进行工程监测十分必要。利用其反馈的信息和数据，一方面可及时采取技术措施防止发生重大工程事故，另一方面亦可为完善计算理论提供依据。

工程监测要编制监测方案，监测内容视工程规模、周围环境情况、支护结构类型等而定，一般包括：支护结构水平变位，周围建筑物、地下管线等的变形，围护墙和支撑体系的内力，立柱的变形，土体分层位移，地下水位变化，土压力及抗力等。在监测过程中对一些内力和变形要根据计算数据和环境保护要求参见《建筑地基基础工程施工质量验收规范》(GB 50202—2002)。

基坑变形的监控应事先确定报警值。当内力、变形达到报警值时，要及时向有关人员报警，以便采取对策，防止因延误而造成工程事故。

4. 积极推广和采用基坑支护的新技术

加筋水泥土墙是在水泥土桩中插入 H 型钢组成的（图 1-11），由 H 型钢承受侧向荷载，而水泥土则具有良好的抗渗性能，因此加筋水泥土墙具有挡土和止水双重功能。除插入 H 型钢外，亦可插入拉森钢板桩、钢管等。由于插入了 H 型钢，故设置支撑也十分方便。

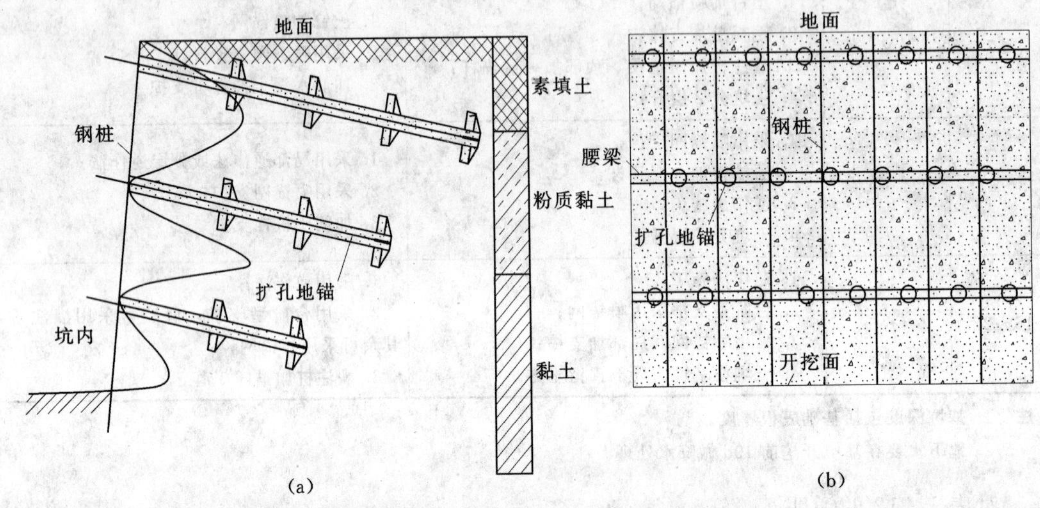

图 1-11　扩大多支盘搅拌复合支护

(a) 后仰镜框式锚拉钢桩支护结构剖面图；(b) 后仰镜框式锚拉钢桩支护结构立面图

施工时为使 H 型钢可凭借自重顺利下沉至指定标高，施工加筋水泥土墙需用三轴型全深搅拌的深层搅拌机（图 1-12）进行水泥土桩施工，且需提高水泥掺入比。该技术在上海、广州已推广应用。

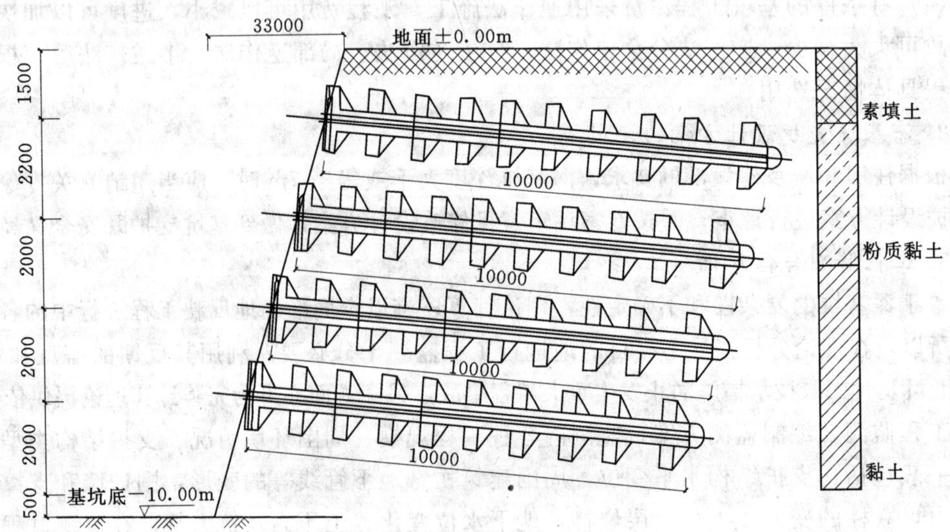

图 1-12　扩大支盘横向搅拌劲芯桩挡土墙

第 2 章 加筋水泥土桩锚支护技术概述

2.1 水泥土搅拌桩支护技术

水泥土搅拌法本是用于加固饱和软黏土地基的一种较常用的地基加固方法。它是利用水泥作为固化剂，通过特制的深层搅拌机械，边钻进边往软土中喷射浆液或雾状粉体，在地基深处就地将软土固化成为具有足够的强度、变形模量和稳定性的水泥土，从而达到地基加固的目的。这些加固土柱体与柱体间的土构成了一种复合地基；也可把深层搅拌而成的水泥土柱体，逐根紧密排列成连续壁状墙体，而作为一种挡土结构和防水帷幕。

水泥土搅拌法是深层搅拌法的一种类型，它在我国的应用也仅有二十几年的历史。目前，固化剂采用的有水泥浆液和干水泥粉，因此，水泥土搅拌法有湿法和干法之分。湿法又有多头搅拌和单头搅拌之别。在国内，搅拌的最大深度可达30m，搅拌加固的柱体直径为500～850mm。

水泥土搅拌法适应于软土地基的处理，如沿海一带的海滨平原、河口三角洲、湖盆地沉积的河海相软土。对于在这类沉积厚度大、含水量高、孔隙比大于1.0、抗剪强度低、压缩性高和渗透性差的软土地区建造建筑物时，通常都需要进行地基处理和基坑开挖。水泥土搅拌法具有施工工期短、效率高的特点；在施工过程中，有无振动、无噪声、无地面隆起、不排污、不挤土、不污染环境以及施工机具简单、加固费用低廉等优点。尤其是在深基坑支挡结构体系中，水泥土搅拌法也常用作防水帷幕，因此它是一种有效的地基处理和基坑支护方法。

1. 水泥搅拌桩挡墙支护技术的特点

水泥土搅拌法桩挡墙支护技术，具有如下的独特优点：

（1）最大限度地利用了原土。

（2）搅拌时无振动、无噪声和无污染，可在密集建筑群中进行施工，对周围原有的建筑物及地下沟管影响很小。

（3）根据上部结构的需要，可灵活地采用柱状、壁状、格栅状和块状等平面布置，布置挡土的各种形式。

（4）与钢筋混凝土桩锚挡土支护相比，可节约钢材并大幅度降低造价。

水泥土搅拌法最适用于加固各种成因的饱和软黏土。水泥固化剂一般适用于正常固结的淤泥与淤泥质土（避免产生负摩擦力）、黏性土、粉土、素填土（包括冲填土）、饱和黄土、粉砂以及中粗砂、砂砾（当加固粗粒土时，应注意有无明显的流动地下水，以防固化剂尚未硬结而被地下水冲洗掉，也要考虑到钻头阻力的增大而引起搅拌机钻进的困难）等基坑的加固。

根据室内试验，一般认为用水泥作为固化剂，对含有高岭石、多水高岭石、蒙脱石等黏土矿物的软土加固效果较好；而对含有伊利石、氯化物和水铝石英等矿物的黏性土以及有机质含量高、pH 值较低的黏性土加固效果较差。

在黏粒含量不足的情况下，可以添加粉煤灰。而当黏土的塑性指数 I_p 大于 25 时，容易在搅拌头叶片上形成泥团，无法完成水泥土的拌和。当 pH 值小于 4 时，掺入百分之几的石灰，通常 pH 值就会大于 12。当地基土的天然含水量小于 30％时，在采用干法施工时，为保证水泥充分水化，宜在搅拌喷水泥干粉的同时，掺入一定量的水。

在某些地区的地下水中含有在大量硫酸盐（海水渗入地区），因硫酸盐与水泥发生反应时对水泥土具有结晶性侵蚀，会出现开裂、崩解而丧失强度。为此，应选用抗硫酸盐水泥，使水泥土中产生的结晶膨胀物质控制在一定的数量范围内，藉以提高水泥土的抗侵蚀性能。

在我国北纬 40°以南的冬季负温条件下，冰冻对水泥土的结构损害甚微。在负温时，由于水泥与黏土矿物的各种反应减弱，水泥土的强度增长缓慢（甚至停止）；但正温后，随着水泥水化等反应的继续深入，水泥土的强度可接近标准强度。

2. 工程应用情况

由于水泥土搅拌法具有许多独特的优点而被广泛应用。这种方法可用于建筑物的地基加固、边坡加固与稳定、隔水帷幕、防止砂土液化、桥台后背填土加固、地下构筑物地基加固、基坑坑底土加固、支挡墙体工程和提高桩基础横向反力系数等。近 10 多年来在我国，尤其是在珠江三角洲、长江三角洲等沿海软土地区，这一方法被广泛应用于各类工程中，比如沪宁、沪杭、深广等高速公路工程，深基坑支挡结构工程，港口码头水池的市政工程，以及建（构）筑物的软土地基加固等工程。

在基坑支挡结构中，由于围护结构场地狭小或环境的限制，所以采用水泥土搅拌法施工过程中的"套打"技术，即在水泥土墙体中套打钢筋混凝土钻孔围护灌注桩（直径 650mm），或套打直径 300～400mm 的树根桩作为基坑竖向斜支撑基础。另外，为获得较高的抗拔和抗压承载能力，一种新型锚杆粉喷桩复合地基也得到应用。

随着搅拌机械创新开发和施工效率的进一步提高，以及施工监控自动化装置的采用，水泥土搅拌法的工艺将更趋于完善，适应性将更为广泛。可以预见，水泥土搅拌法也将越来越多地体现出它的显著优点，从而被广大工程技术人员所采用。

2.2　加筋水泥土桩锚支护技术

加筋水泥土桩锚支护是在水泥土桩中插入钢筋或钢管，使桩锚支护得到进一步发展，如图 2－1 所示。

2004 年中国工程建设标准化协会颁布了《加筋水泥土桩锚支护技术规程》(CECS147：2004)，采用这项新的技术规程，可使基坑支护工程造价、建设工期明显降低，并大幅度减少工程事故，将有效解决制约我国基坑建设面临的工程造价高、建设工期长、事故频发的瓶颈。基坑建设的难点是在砂土、粉土、杂填土、淤泥、淤泥质土等软土层开掘基坑的支护（地下工程防止坍塌的挡土支护结构）和土体加固。以往的基坑支护工程造价高，约占基坑工程总造价的 40％～50％，同时极易发生事故。近几年广州地铁、上海地铁在基坑支护施工中都发生过坍塌事故。而应用这一新技术修建的广州地铁二号线新港东站、磨碟沙站、琶洲塔站和深圳地铁科技馆、大剧院站地铁隧道等，都证明这种技术省去了钢筋混凝土工序和费用，最高可降低成本、缩短工期一半，平均降低成本、缩短工期1/3。

这一新技术把几种支挡技术融为一体，使原来需几道工序才能完成的施工一次完成。突破了锚杆不能在软土层施工的禁忌，有效阻止了土体滑移。使用这项技术，生产工程无噪声、不扰民，表明新技术克服了传统技术的局限。适应于砂土、黏性土、粉土、杂填土、黄土、淤泥质土等地质条件下的地基加固、河堤、隧道等工程的技术基坑支护和土体加固，且地质条件越差的土层越能显示其优越性。

这一新技术的推广将大大降低我国地铁建设的成本，把专利技术纳入规范、意味着此项技术已纳入国家技术标准，推荐给工程建设的设计、施工、使用单位采用，这在我国规范编制中还是第一次。

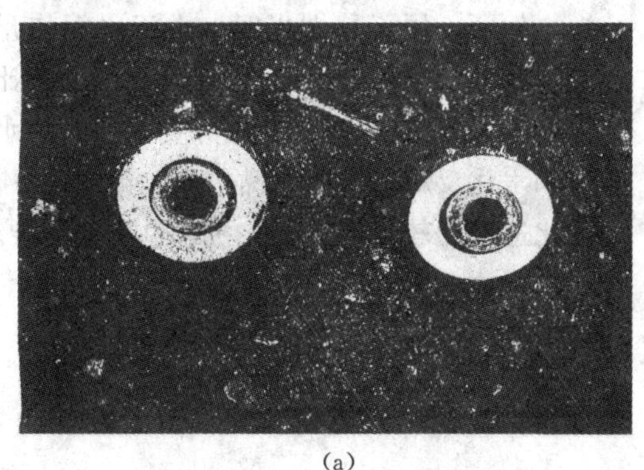
(a)

(b)

图 2-1 加筋水泥土桩截面图
(a) 扩大支盘搅拌钢管带垫帽劲芯桩；(b) 扩大支盘搅拌螺纹肋钢管劲芯桩

加筋水泥土桩锚支护技术，对于淤泥、软土地基的基坑开挖支护，地下工程的防塌陷支护、超前支护和加固以及淤泥软土地段的路基加固等，都十分有效。

加筋水泥土桩锚支护技术的特点是集旋喷与搅拌桩技术于一体，使成孔、注浆、搅拌和加筋等程序一次完成。孔径可达20～100cm，加固深度可达30m以上。它既有常规断面又有扩大头；既可竖直又可水平或任意倾斜成桩；既可代替常规锚杆、土钉，又可作为挡土、挡水的支护结构；既可用于软弱地基加固，又可用于隧道施工的超前水平土体拱棚支护，确保地下工程开挖断面规则、稳定，地面不塌陷。

本书主要是根据李宪奎的专利技术编写的。当涉及其有效专利的使用时，可按国家有关规定与李宪奎同志协商处理。

第 3 章　水泥土的加固机理

水泥土搅拌法是用固化剂水泥浆（或水泥粉）与外加剂（石膏、木质素磺酸钙等）通过搅拌机输送到软土中并加以充分拌和；于是，固化剂和软土之间产生一系列的物理反应和化学反应，改变了原状土的结构，使之硬结成为具有整体性、水稳定性和一定强度的水泥土固化材料（图 3-1）。由于土质不同，其固化机理也有差别。应用于砂性土时，水泥土的固化原理类同于建筑上常用的水泥砂浆，具有很高的强度，固化时间也相对较短。然而，用于黏性土时，由于水泥掺量的限制（7%～20%）且黏粒具有很大的比表面积并含有一定的活性物质，水泥的水解和水化反应完全处于黏土颗粒包围之下，硬化速度比较缓慢，固化机理也比较复杂。

- 固化材料
  - 固化剂
    - 水泥
      - 普通硅酸盐水泥
      - 矿渣硅酸盐水泥
    - 火山灰掺料（粉煤灰、高炉矿渣等）
  - 外加剂
    - 减水剂：木质素磺酸钙
    - 速凝（早强）剂：三乙醇胺、氯化钠

图 3-1　固化材料

3.1　一般水泥的固化原理

3.1.1　水泥的水解和水化反应

普通硅酸盐水泥主要是由氧化钙、二氧化硅、三氧化二铝、三氧化二铁及三氧化硫等组成，由这些不同的氧化物分别组成了不同的水泥矿物：硅酸三钙、硅酸二钙、铝酸三钙、铁铝酸四钙、硫酸钙等。用水泥加固软土时，水泥颗粒表面的矿物很快与软土中的水发生水解和水化反应，生成氢氧化钙、含水硅酸钙、含水铝酸钙及含水铁酸钙等化合物。

各自的反应过程如下：

（1）硅酸三钙（$3CaO \cdot SiO_2$）：在水泥中含量最高（约占全重的 50%），是决定强度的主要因素。

$$2(3CaO \cdot SiO_2) + 6H_2O \longrightarrow 3CaO \cdot 2SiO_2 \cdot 3H_2O + 3Ca(OH)_2$$

（2）硅酸二钙（$2CaO \cdot SiO_2$）：在水泥中的含量较高（占 25%左右），它主要产生后期强度。

$$2(2CaO \cdot SiO_2) + 4H_2O \longrightarrow 3CaO \cdot 2SiO_2 \cdot 3H_2O + Ca(OH)_2$$

（3）铝酸三钙（$3CaO \cdot Al_2O_3$）：占水泥重量的 10%，水化速度最快，促进早凝。

$$3CaO \cdot Al_2O_3 + 6H_2O \longrightarrow 3CaO \cdot Al_2O_3 \cdot 6H_2O$$

（4）铁铝酸四钙 $2(4CaO \cdot Al_2O_3 \cdot Fe_2O_3)$：占水泥重量的 10%左右，能促进早期强度。

$$4CaO \cdot Al_2O_3 \cdot Fe_2O_3 + 2Ca(OH)_2 + 10\ H_2O \longrightarrow 3CaO \cdot Al_2O_3 \cdot 6H_2O + 3CaO \cdot Fe_2O_3 \cdot 6H_2O$$

在上述一系列反应过程中所生成的氢氧化钙、含水硅酸钙能迅速溶于水中，使水泥颗粒表面重新暴露出来，再与水发生反应，这样周围的水溶液就逐渐达到饱和。当溶液达到饱和后，水分子虽然继续深入颗粒内部，但新生成物已不能再溶解，只能以细分散状态的胶体析出，悬浮于溶液中，形成胶体。

(5) 硫酸钙（$CaSO_4$）虽然在水泥中的含量仅占3%左右，但它与铝酸三钙一起与水发生反应，生成一种被称为“水泥杆菌”的化合物：

$$3CaSO_4 + 3CaO \cdot Al_2O_3 + 32H_2O \longrightarrow 3CaO \cdot Al_2O_3 \cdot 3CaSO_4 \cdot 32H_2O$$

根据电子显微镜的观察，水泥杆菌最初以针状结晶的形式在比较短的时间内析出，其生成量随着水泥掺入量的多寡和龄期的长短而异。由X射线衍射分析可知，这种反应迅速，反应结果把大量的自由水以结晶水的形式固定下来，这对于高含水量的软黏土的强度增长有特殊意义，使土中自由水的减少量约为水泥杆菌生成重量的46%。当然，硫酸钙的掺量不能过多，否则这种由32个水分子固化形成的水泥杆菌针状结晶会使水泥土发生膨胀而遭致破坏。所以使用得合适，在水泥土搅拌法这样一种特定的条件下可利用这种膨胀来增加地基加固效果。

3.1.2 黏土颗粒与水泥水化物的作用

当水泥的各种水化物生成后，有的自身继续硬化，形成水泥石骨架；有的则与其周围具有一定活性的黏土颗粒发生反应。

1. 离子交换的团粒化作用

软土作为一个多相散布系，当它和水结合时就表现出一般的胶体特征，例如土中含量最多的二氧化硅遇水后，形成硅酸胶体微粒，其表面带有钠离子 Na^+ 或钾离子 K^+，它们能和水泥水化生成的氢氧化钙中的钙离子 Ca^{2+} 进行当量吸附交换，使较小的土颗粒形成较大的土团粒，从而使土体强度提高。

水泥水化生成的凝胶粒子的比表面积约比原水泥颗粒大1000倍，因而产生很大的表面能，有强烈的吸附性，能使较大的土团粒进一步结合起来，形成水泥土的团粒结构，并封闭各土团之间的空隙，形成坚固的连接。从宏观上来看也就是使水泥土的强度大大提高。

2. 凝硬反应

随水泥水化反应的深入，溶液中析出大量的钙离子，当其数量超过上述离子交换的需要量后，则在碱性的环境中，能使组成黏土矿物的二氧化硅及三氧化二铝的一部分或大部分与钙离子进行化学反应。随着反应的深入，逐渐生成不溶于水的、稳定的结晶化合物：

$$\begin{matrix} SiO_2 \\ (Al_2O_3) \end{matrix} + Ca(OH)_2 + nH_2O \longrightarrow \begin{matrix} CaO \cdot SiO_2 \cdot (n+1)H_2O \\ (CaO \cdot Al_2O_3) \cdot (n+1)H_2O \end{matrix}$$

这些新生成的化合物在水中和空气中逐渐硬化，增大了水泥土的强度。而且由于其结构比较致密，水分不易侵入，从而使水泥土具有足够的水稳定性。

从扫描电子显微镜的观察可见，天然软土的各种原生矿物颗粒间无任何有机的联系，孔隙很多。拌入水泥7d时，土颗粒周围充满了水泥凝胶体，并有少量水泥水化物结晶的萌芽。1个月后，水泥土中生成大量纤维状结晶，并不断延伸充填到颗粒间的孔隙中，形成网状构造。到5个月时，纤维状结晶辐射向外伸展，产生分叉，并相互联结形成空间网状结构，水泥的形状和土颗粒的形状已不能分辨出来。

3.1.3 碳酸化作用

水泥水化物中游离的氢氧化钙能吸收水中和空气中的二氧化碳，发生碳酸化反应，生成不溶于水的碳酸钙：

$$Ca(OH)_2 + CO_2 \longrightarrow CaCO_3 \downarrow + H_2O$$

这种反应也能使水泥土增加强度，但增长的速度较慢，幅度也较小。

3.2 水泥系固化剂的固化原理

以上是使用普通硅酸盐水泥的固化原理。如果使用的是水泥系固化材料，即除水泥外尚加入部分火山灰材料或无机化合物，则其固化原理除了水泥的固化外，火山灰掺料（粉煤灰、高炉水淬炉渣等）及无机化合物（硫酸钙等）通过火山灰反应可以生成各种水化物，如硫酸铝酸钙、钙矾石、碳酸铝酸钙等。这些水化物有助于水泥土的强度增长。

为此，寻找提高水泥土强度的新型水泥系固化剂得到了关注。一种由水泥和新材料（上海宝山钢铁厂的粒化高炉矿渣）混合而成的水泥系固化剂混合料，得到了试验研究，新材料占混合料中的比例分别为60%、40%和20%。试验结果表明，当新材料掺入量为混合料的60%时，用水泥混合料加固后的土，其28d无侧限抗压强度 f_{cu2} 正是纯水泥加固土对应强度的2.79～3.31倍（表3-1）；同时，水泥固化剂中掺入新材料后，其早期强度都高于纯水泥加固土。所以，这种新型材料不同于以往在水泥加固土中所加入的那种早强剂，它不仅能提高水泥加固土的早期强度，而且后期强度也同时获得提高。

表3-1　两种加固土的无侧限抗压强度对比

纯水泥加固土		水泥混合料加固土			f_{cu2}/f_{cu1}
水泥掺入量（%）	28d无侧限抗压强度 f_{cu1}（MPa）	混合料掺入量（%）	新材料占混合料的比例（%）	28d无侧限抗压强度 f_{cu2}（MPa）	
10	0.80	10	60	2.39	2.99
11	1.20	11	60	3.35	2.79
12	1.22	12	60	3.64	2.98
13	1.39	13	60	3.90	2.80
14	1.45	14	60	4.69	3.23
15	1.51	15	60	5.00	3.31

注　新材料为上海宝山钢铁厂的粒化高炉矿渣。

从水泥加固土的机理分析可见，对软土地基水泥土搅拌加固技术来说，由于机械的切削搅拌作用，实际上不可避免地会留下一些未被粉碎的大小土团。在拌入水泥后将出现水泥浆包裹土团的现象，而土团之间的大孔隙基本上已被水泥颗粒填满。所以，加固后的水泥土中形成一些水泥较多的微区，而在大小土团内部则没有水泥。只有经过较长的时间，土团内的土颗粒在水泥水解产物渗透作用下，才逐渐改变其性质。因此在水泥土中不可避

免地会产生强度较大的和水稳定性较好的水泥石区和强度较低的土块区。两者在空间相互交替，从而形成一种独特的水泥土结构。因此可以得出定性的结论：水泥和土之间的强制搅拌越充分，土块被粉碎得越小，水泥分布到土中越均匀，则水泥土结构强度的离散性越小，其宏观的总体强度也最高。

3.3 普通硅酸盐水泥和矿渣水泥的特性及其适用条件

水泥属于水硬性无机胶结材料。随着基本建设发展的要求，水泥品种越来越多，按化学成分，水泥可分为硅酸盐水泥、铝酸盐水泥、硫铝酸盐水泥等系列，其中以硅酸盐系列水泥应用最广。硅酸盐系列水泥是以硅酸钙为主要成分的水泥熟料、一定量的混合材料和适量石膏，经共同磨细而成。按其所掺混合材料的种类和数量的不同，又有硅酸盐水泥（又称波特兰水泥）、普通硅酸盐水泥（简称普通水泥）、矿渣硅酸盐水泥（简称矿渣水泥）、火山灰质硅酸盐水泥（简称火山灰水泥）、粉煤灰硅酸盐水泥（简称粉煤灰水泥）等。

1. 普通硅酸盐水泥的特性和适用条件

普通硅酸盐水泥是一种由硅酸盐水泥熟料，再加入6%～15%混合料和适量石膏，经磨细制成的水硬性胶凝材料，其代号为P·O。

P·O水泥特性应用范围：

(1) 凝结硬化快、强度高，尤其是早期强度。可应用于重要结构的高强度混凝土工程和早期强度要求高的以及冬季施工的工程。

(2) 抗冻性能好。适用于严寒地区、遭受反复冻融的工程。

(3) 干缩性小。它不会由于干缩使混凝土表面产生很多微细裂缝而影响和降低混凝土的力学性能和耐久性。

(4) 水化热大。不宜用于大体积混凝土工程。

(5) 耐化学腐蚀性差。

(6) 耐热性差。不能用于工业高温车间的混凝上结构工程。

2. 矿渣硅酸盐水泥的特性和应用范围

矿渣硅酸盐水泥是由硅酸盐水泥熟料、粒化高炉矿渣和适量石膏磨细制成的水硬性胶凝材料，其代号（P·S）。水泥中粒化高炉矿渣掺加量按重量百分比计为20%～70%。粒化高炉矿渣是指高炉冶炼生铁时，将浮在铁液表面的熔融物，经急冷处理成粒径0.5～5mm的质地疏松颗粒材料。它又称为玻璃体，其中玻璃体含量达80%以上，因此储有大量化学潜能。

P·S水泥特性和应用范围：

(1) 耐腐蚀性好。因为矿渣水泥中掺入大量粒化高炉矿渣，水泥熟料相对减小，所以它具有较强抗硫酸盐腐蚀能力，可用于耐腐蚀要求高的水工、海港和地下工程。

(2) 水化热低。由于水泥熟料用量少，所以水化热小，宜用于大体积混凝土土木工程。

(3) 耐热性较好。因为矿渣本身就是一种耐火材料，掺入大量矿渣后，会有较好的耐热性，可用于高温车间的混凝土工程。

(4) 早期强度低，但后期强度增长较快。

(5) 抗冻性差。硬化时对湿热敏感性强，故在冬季施工时需要加强保温。

(6) 抗渗性差。

3. 两种水泥的主要力学指标

普通硅酸盐水泥和矿渣硅酸盐水泥的主要力学指标如表3-2所示。

表3-2　普通硅酸盐水泥和矿渣硅酸盐水泥的主要力学指标　单位：MPa

名称 指标		普通硅酸盐水泥（P·O）				矿渣硅酸盐水泥（P·S）			
		抗压强度		抗折强度		抗压强度		抗折强度	
		3d	28d	3d	28d	3d	28d	3d	28d
强度等级	32.5	11.0	32.5	2.5	5.5	10.0	32.5	2.5	5.5
	42.5	16.0	42.5	3.5	6.5	15.0	42.5	3.5	6.5
	52.5	22.0	52.5	4.0	7.0	21.0	52.5	4.0	7.0

第 4 章　水泥土的主要物理、力学指标

水泥土搅拌法是基于水泥对软土的加固作用。在采用这种软土地基处理方法时，需要了解在不同质量的水泥掺入以后，给软土地基的物理、力学性质所带来的变化。显然，这种物理、力学性质上的变化不仅与水泥类别、掺入量、外掺剂等因素有关，而且还与被加固软土自身的性质有关。因此，通过水泥土的室内配比试验，可以定量地反映出水泥土的强度特性的演变规律，为软土地基处理设计提供可靠的依据。

4.1　室内试验方法

1. 试验设备和规程

目前，水泥土的室内物理、力学试验尚未形成统一的操作规程，基本是利用现有的土工试验仪器和砂浆、混凝土试验仪器，按照土工、砂浆（或混凝土）的试验操作规程进行试验。

2. 试样制备

制备水泥土的试样一般有以下两种：

(1) 风干试样将现场采集的土样经风干、碾碎、过筛而成。

(2) 原状试样将现场挖取的天然状态的土立即封装在厚塑料袋内，保持其天然含水量。

3. 固化剂——水泥

水泥可用不同品种（如普通硅酸盐水泥、矿渣硅酸盐水泥、火山灰质硅酸盐水泥及其他特种水泥）和不同强度等级的（水泥）。

水泥掺入比 α_w（%），指水泥质量与被加固软土质量之比，即

$$\alpha_w=\frac{\text{掺和的水泥质量}}{\text{被加固的软土湿土质量}}\times 100\%$$

一般可根据设计要求选用 $\alpha_w-7\%\sim20\%$之间的不同掺入比进行试验。上海施工定额规定，每1%掺入比耗用水泥量19.2kg。目前每立方米水泥土中的水泥掺量一般采用200～290kg。

4. 外加剂

为改善水泥土的性能和提高其强度，根据需要选用外加剂。早强剂可选用三乙醇胺或氯化钠；减水剂可选用木质素磺酸钙；根据缓凝和增加强度的要求适当选用石膏；另外还可结合工业废料的利用，掺入不同比例的粉煤灰。

5. 试件的制作和养护

根据配方分别称土料、水泥、外加剂和水的质量，将粉状土料和水泥放在搅拌器内拌和均匀，然后用喷水设备将水均匀地喷洒在水泥土料中并进行拌和，直到均匀。在选定的

试模（70.7mm×70.7mm×70.7mm）内装入一半试料，放在振动台上振动lmin后，装入其余的试料后再振动lmin；振捣成型方法也可用人工捣实成型。最后将试件表面刮平，盖上塑料布防止水分蒸发过快。

试样成型后，根据水泥土强度决定拆模时间，一般为1～2d。拆模后的试件放入标准养护室养护。

4.2　室内水泥土配比试验的主要物理力学指标

众所周知，不同土质中掺入水泥后，所反映物理、力学性质是不全相同的；另外，水泥土的各项物理、力学性质指标（例如抗压强度、变形模量等）之间存在着一定相关关系。所以，这里我们不是孤立地、单个地叙述水泥土的物理、力学性质指标，而是系统地介绍典型的整套水泥土室内配比试验成果，以让读者全面了解水泥土的特性以及反映这些特性的各指标之间的内在规律。

（1）采集的土样为上海地区淤泥质粉质黏土（以下称软黏3）和淤泥质黏土（以下称软黏4），其主要物理、力学性质指标如表4-1所示。

表4-1　　土样主要物理力学性质指标

编号	土层名称	孔隙比 e	含水量 w（%）	重度 γ（$10kN/m^3$）	塑性指数 I_p	压缩系数 a_v（MPa^{-1}）	压缩模量 E_s（MPa）
软黏3	淤泥质粉质黏土	1.28	38.5	1.77	11.8	0.663	3.23
软黏4	淤泥质黏土	1.46	50.6	1.72	20.7	1.140	2.14

（2）固化剂为强度等级42.5的普通硅酸盐水泥。

（3）养护龄期28d。

（4）试验成果见表4-2和图4-1～图4-4。

表4-2　　水泥土的物理力学性质指标

测定内容	试样尺寸	土层	原状土	不同水泥掺入比 a_w				图名
				7%	10%	15%	20%	
含水量 w（%）		软黏3	38.5	36.1	36.4	35.8	34.1	
		软黏4	50.6	47.6	48.1	47.6	45.4	
密度 γ（g/cm^3）	面积 $30cm^2$	软黏3	1.77	1.78	1.79	1.81	1.82	
	高 2cm	软黏4	1.72	1.74	1.76	1.78	1.79	
比重 Δ		软黏3	2.72	2.74	2.75	2.76	2.77	
		软黏4	2.76	2.78	2.79	2.81	2.83	
压缩系数 a（MPa^{-1}）	面积 $30cm^2$	软黏3	0.663	0.0292	0.0270	0，0253	0.0238	图4-1
	高 2cm	软黏4	1.140	0.0347	0.0331	0，0312	0.0294	
压缩模量 E_s（MPa）	面积 $30cm^2$	软黏3	3.21	71.92	79.26	84.98	94.18	
	高 2cm	软黏4	2.14	69.16	73.11	78.21	83.33	
无侧限抗压强度 f_{cu}（kPa）	直径 3.91cm	软黏3	68.0	305.6	628.3	987.7	1184.2	图4-2
	高 8cm	软黏4	47.0	291.4	484.1	746.9	853.5	

续表

测定内容	试样尺寸	土层	原状土	不同水泥掺入比 a_w				图名
				7%	10%	15%	20%	
变形模量	面积 30cm^2	软黏 3	824.5	3.76×10^4	1.10×10^5	2.01×10^5	2.35×10^5	图 4-3
E_{50}①（kPa）	高 2cm	软黏 4	557.3	3.57×10^4	9.03×10^4	1.69×10^5	2.28×10^5	
内聚力	面积 30cm^2	软黏 3	10.8	121.4	180.0	237.0	262.7	图 4-4
c_{cu}（kPa）	高 2cm	软黏 4	15.3	132.7	179.2	210.9	244.8	
内聚力	面积 30cm^2	软黏 3	11.7	130.7	182.5	241.1	269.8	图 4-4
c'_{cu}（kPa）	高 2cm	软黏 4	16.2	139.6	195.2	226.4	257.1	
内摩擦角	面积 30cm^2	软黏 3	23.6	24.7	25.3	26.7	27.9	图 4-4
φ'（°）	高 2cm	软黏 4	15.9	20.0	22.5	24.9	26.2	
抗拉强度	面积 12cm^2	软黏 3		89.8	142.3	247.1	322.9	
σ_t（kPa）	高 2cm	软黏 4		80.7	109.1	128.1	249.2	
渗透系数		软黏 3	5.16×10^{-5}	1.01×10^{-5}	7.25×10^{-6}	3.97×10^{-6}	8.29×10^{-7}	
k（cm/s）		软黏 4	2.53×10^{-6}	8.30×10^{-7}	4.83×10^{-7}	2.09×10^{-7}	1.17×10^{-7}	

① 将 $\sigma-\varepsilon$ 曲线中，50%峰值的应力与相应的应变比值定义为变形模量 E_{50}。

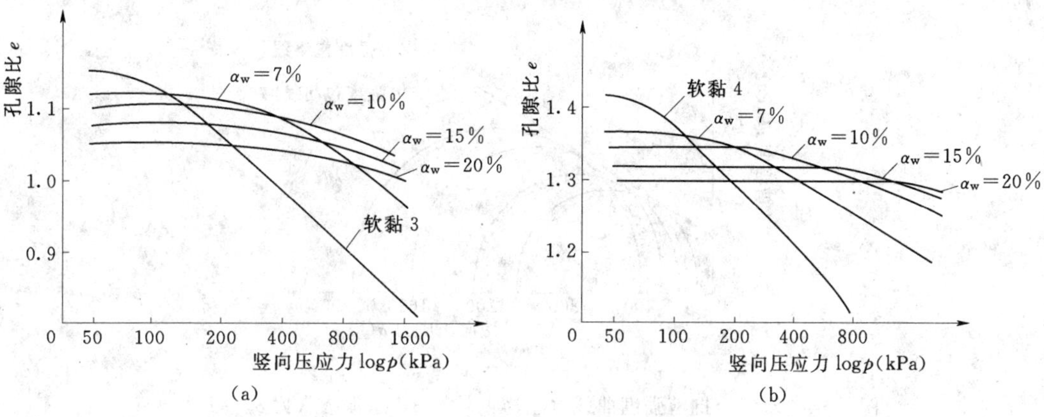

图 4-1　软土、水泥土的压缩曲线图

(a) 软黏土 3；(b) 软黏土 4

（5）成果分析：

1）水泥土的含水量略比原状土减少 2.1%～4.4%，水泥土的重度略增加 0.6%～2.8%。因此，加固体对其下部原状土不会产生过大的附加荷载和沉降。

2）水泥加固软土后，抗压强度、抗剪强度和变形模量可提高数十倍。

3）当泥掺入比 $\alpha_w=10\%\sim15\%$时，水泥土强度增长幅度较大。

4）水泥土抗压强度 f_{cu} 为 300～1200kPa 时，其抗拉强度为 σ_t 为 90～300kPa，大体上 $\sigma_t=(0.23\sim0.30)f_{cu}$。

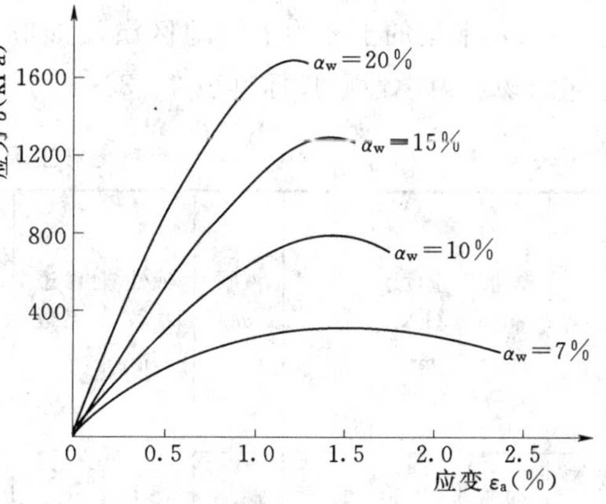

图 4-2　水泥土轴向压应力 σ 与轴向应变 ε_a 的关系曲线图

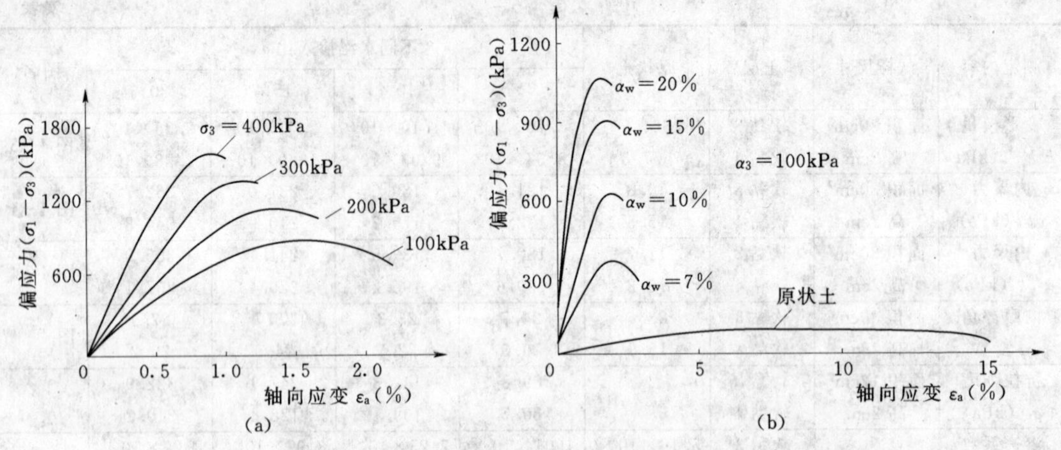

图4-3 水泥土的偏差应力($\sigma_1-\sigma_3$)与轴向应变 ε_a 的关系曲线图

(a) 软黏3,水泥掺入比 α_w=15%;(b) 软黏4,侧向应力 σ_3=100kPa

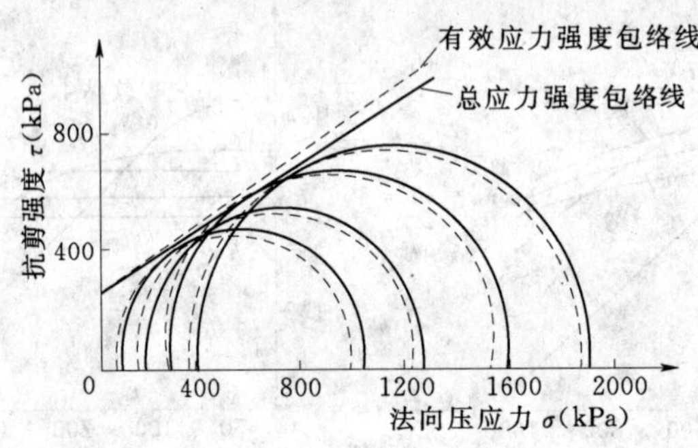

图4-4 水泥土抗剪强度曲线(土样:软黏3,水泥掺入比 α_w=15%)

4.3 上海地区淤泥质黏土配制水泥土的主要物理力学指标

(1) 采集的土样为上海地区淤泥质黏土,土样采集在地表下深度6~14m处,天然土样的物理力学性质指标见表4-3。

表4-3 天然土样主要物理力学性质指标

土名	含水量 w (%)	重度 γ (kN/m^3)	孔隙比 e	液限 w_L (%)	液性指数 I_L	水平渗透系数 k_H (cm/s)	压缩系数 α_{1-2} (MPa^{-1})	压缩模量 E_{s1-2} (MPa)	直剪固快		三轴不排水不固结		无侧限强度 f_{cu} (MPa)	容许承载力 D=1.0m [R] (kPa)
									内聚力 c (MPa)	内摩擦角 φ (°)	内聚力 c (MPa)	内摩擦角 φ (°)		
淤泥质土	49.5	17.1	1.41	43.6	>1	8.39×10^{-7}	1.17	2.1	0.014	14	0.023	0	0.037	60

(2) 固化剂为浙江德清水泥总厂生产的强度等级为42.5和52.5的普通硅酸盐水泥。

（3）外掺剂：石膏、三乙醇胺和氯化钙。

（4）养护龄期 7～90d。

（5）4 种试验模具见表 4-4。

表 4-4　4 种试验模具

试模类型	7.07cm×7.07cm×7.07cm 试模	环刀（内径 6.18cm、高 2.5cm）	环刀（内径 3.91cm、高 8cm）	环刀（内径 6.18cm、高 2cm）
用途	无侧限抗压强度试验、劈裂抗拉强度	直剪试验	三轴应力应变试验	压缩、渗透试验

（6）试验成果：

1）水泥土的物理性质（含水量、重度和渗透性）见表 4-5、表 4-6。

表 4-5　水泥土的含水量和重度

测定内容	原状土	不同水泥掺入比 α_w				
		5%	7%	10%	12%	15%
含水量 w（%）	50.0	49.6	48.9	47.7	46.9	46.1
重度 γ（kN/m^3）	17.1	17.18	17.22	17.29	17.38	17.41

表 4-6　水泥土的渗透性

试件编号	1	2	3	4	5	6
水泥掺入比 α_w（%）	7	10	15	7	10	15
龄期 T（d）	7			28		
无侧限抗压强度 f_{cu}（MPa）	0.204	0.315	0.609	0.349	0.623	1.315
渗透系数 k（cm/s）	1.21×10^{-7}	9.61×10^{-8}	8.45×10^{-8}	9.06×10^{-8}	5.65×10^{-8}	5.46×10^{-8}

2）水泥土的力学性质见表 4-7～表 4-9 和图 4-5。

表 4-7　天然土、水泥土的无侧限抗压强度

试件龄期（d）	90				
天然土的无侧限抗压强度 $f_{cu,o}$（MPa）	0.037				
水泥掺入比 α_w（%）	5	7	10	12	15
水泥土的无限侧限的抗压强度 f_{cu}（MPa）	0.266	0.560	1.124	1.520	2.270
$f_{cu}/f_{cu,o}$	7.2	15.1	30.4	41.1	61.3

说明：强度等级为 42.5 的普通硅酸盐水泥。

表 4-8　水泥土的比例极限 σ_p

试件编号	1	2	3	4	5	6	7	8	9	10	11	12	13	14
无侧限抗压强度 f_{cu}（MPa）	0.135	0.176	0.254	0.276	0.416	0.482	0.536	0.694	0.902	0.918	1.164	1.436	1.746	1.942
比例极限 σ_p（MPa）	0.110	0.156	0.200	0.240	0.388	0.444	0.412	0.532	0.708	0.696	0.920	1.100	1.380	1.383

续表

试件编号	1	2	3	4	5	6	7	8	9	10	11	12	13	14
σ_p/f_{cu} ×100（%）	81.5	88.6	78.7	87.0	93.3	92.1	76.9	77.0	78.5	75.8	79.0	76.6	79.0	71.0

说明：从无侧限压缩试验测得平均结果 $\sigma_p=(0.7\sim0.9)f_{cu}$。

表4-9　水泥土的变形模量 E_{50} 与抗压强度 f_{cu} 的关系

试件编号	1	2	3	4	5	6	7	8	9	10	11	12	13	14	15
无侧限抗压强度 f_{cu}（MPa）	0.105	0.135	0.254	0.276	0.482	0.493	0.536	0.694	0.918	0.970	1.164	1.399	1.436	1.746	1.942
破坏时应变 ε_f（%）	2.13	2.35	2.00	1.43	1.36	1.06	0.86	1.00	1.14	1.00	1.28	1.00	1.14	0.86	1.07
变形模量 E_{50}（MPa）	10.1	11.1	28.5	34.5	70.9	53.6	66.2	83.6	117.7	116.9	136.9	175.0	186.5	226.8	294.2
E_{50}/f_{cu}	96	82	112	125	147	109	123	120	128	120	118	125	130	130	152

说明：从无侧限压缩试验测得平均结果 $E_{50}=126f_{cu}$。

3）水泥强度等级、养护龄期、土的含水量和外掺剂对水泥土强度的影响见表4-10～表4-13和图4-6～图4-8。

（7）成果分析：

1）随着水泥掺入比 α_w 的增大，水泥土的重度会增加，而水泥土的含水量会减小。当 $\alpha_w=15\%$ 时，重度仅比天然原状土增加 0.3kN/m³。α_w 在5%～15%范围变化时，水泥土含水量比天然土减小0.4%～3.9%。

2）当水泥掺入比 α_w 为7%～15%时，水泥土的渗透系数一般可达到 10^{-8} cm/s数量级。这种结果对夹有薄层粉砂的淤泥质黏土层而言，减小天然土水平向渗透性有着明显的效果。

3）水泥土的无侧限抗压强度 f_{cu} 值随着水泥掺入比和养护龄期 T 的增大而增加。当 $\alpha_w=10\%\sim15\%$ 时，f_{cu} 变化为1.1～2.3MPa；而强度与龄期之间关系大体上是：$f_{cu,90}:f_{cu,28}:f_{cu,7}=1:0.6:0.4$（或 $1.67:1:0.67$）。当龄期超过90d后，水泥土强度增长缓慢。

4）水泥土的抗拉强度 σ_t 为抗压强度 f_{cu} 的7%～9%。

5）水泥土的变形模量 $E_{50}=120f_{cu}$。

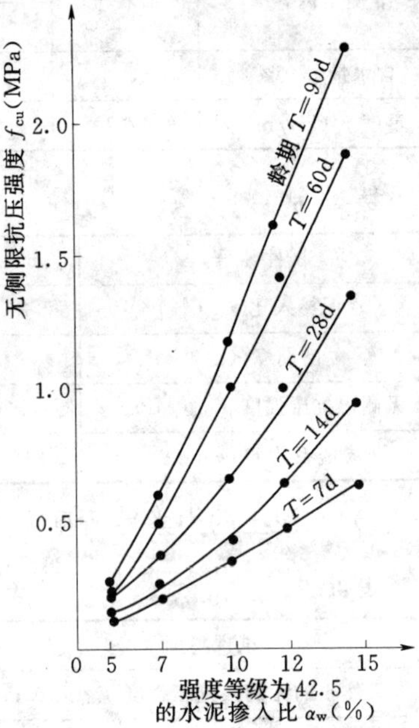

图4-5　水泥土无侧限抗压强度 f_{cu} 与水泥掺入比 α_w 的关系

表4-10　水泥强度等级对水泥土强度的影响

水泥掺入比 α_w（%）	7		10		15	
水泥强度等级	42.5	52.5	42.5	52.5	42.5	52.5
无侧限抗压强度（90d龄期）f_{cu}（MPa）	0.560	1.096	1.124	1.790	2.270	3.485
$f_{cu,52.5}/f_{cu,42.5}$	1.95		1.59		1.53	

表 4-11　　养护龄期对水泥土强度的影响

		龄期 T (d) 时的无侧限抗压强度 $f_{cu,T}$		
		$f_{cu,7}$	$f_{cu,14}$	$f_{cu,28}$
龄期 T (d) 时，无侧限抗压强度 $f_{cu,T}$	$f_{cu,7}$	1.0	—	0.56
	$f_{cu,14}$	—	1.0	0.70
	$f_{cu,28}$	1.79	1.43	1.0
	$f_{cu,60}$	—	—	1.31
	$f_{cu,90}$	3.10	2.23	1.63

表 4-12　　土的含水量对水泥土强度的影响

试件编号	1	2	3	4	5	6
水泥掺入比 α_w (%)	10					
龄期 T (d)	28			90		
土样含水量 w (%)	60	50	40	60	50	40
无侧限抗压强度 f_{cu} (MPa)	0.552	0.623	0.884	0.742	1.124	1.300

表 4-13　　外掺剂对水泥土强度的影响

水泥掺入比 α_w (%)		10				10				10	
外掺剂量（以水泥质量百分比表示）		石膏 2%				三乙醇胺 0.05%				氯化钙 2%	
龄期 T (d)		7	28	60	90	7	28	60	90	28	90
无侧限抗压强度 (MPa)	无外掺剂 f'_{cu}	0.315	0.623	0.974	1.124	0.315	0.623	0.974	1.124	0.623	1.124
	有外掺剂 f_{cu}	0.367	0.744	1.066	1.120	0.459	0.901	1.154	1.285	0.751	1.048
比值 f_{cu}/f'_{cu}		1.16	1.19	1.09	1.00	1.46	1.45	1.18	1.14	1.20	0.93

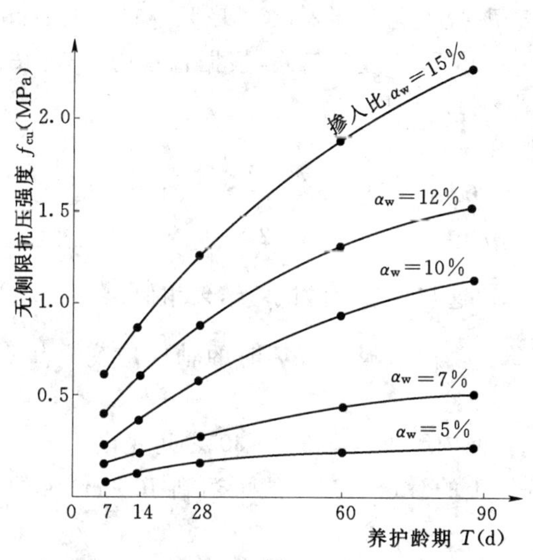

图 4-6　不同水泥掺入比情况下，水泥土抗压强度随养护龄期的变化

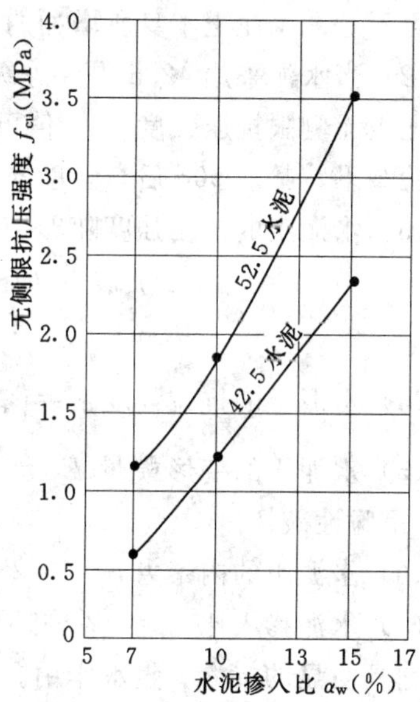

图 4-7　水泥强度等级对水泥土强度 f_{cu} 的影响

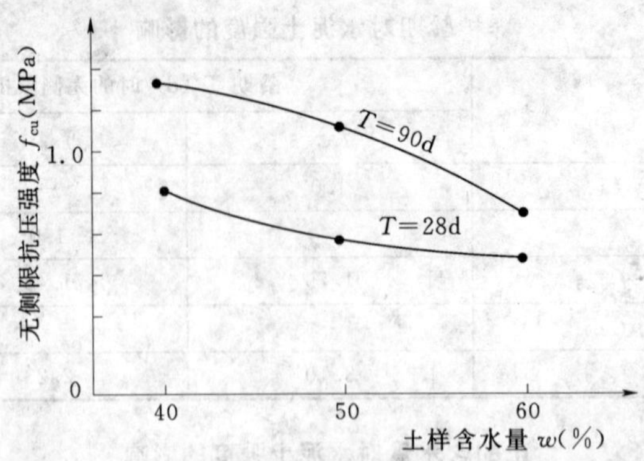

图4-8　土的不同含水量 w 对水泥土强度 f_{cu} 的影响

4.4　水泥土物理、力学指标的经验取值

从上述4个室内水泥土配比系列试验成果的介绍不难看出：水泥土的物理力学性质指标，不仅与水泥掺入比的大小有关，而且还与采集地点原状土的性质、水泥品种和掺量、养护龄期长短以及外加剂掺量等因素有关。所以，即使在同一地区的土样，由于土性质的离散性以及其他因素，如水泥品种等条件的可能改变，也会得出不同的结果。另外，在工程实践中因施工期限的紧迫，往往难以有充分时间去进行室内水泥土的配比试验，因此，在无条件进行室内试验情况下，可以参考众多系列室内试验的成果和许多工程实践的经验，提出以下可供选择的水泥土物理力学指标的经验值，作为工程技术人员参考之用。

(1) 与天然原状土相比，水泥土重度的增加值很小，因此，在计算复合地基变形量时，可不考虑水泥土本身所增加的这部分附加质量。

(2) 当水泥采用42.5强度等级的普通硅酸盐水泥、掺入比为12%～15%时，90d龄期水泥土无侧限抗压强度 $f_{cu,90}$ 值可取1.0～2.0MPa（经验值）；根据日本历时5a长期强度试验结果，龄期90d后，强度 f_{cu} 值可提高约1.1～1.3倍。

(3) 水泥土的抗压强度随养护龄期的变化，大体上为：

$$f_{cu,90} : f_{cu,28} : f_{cu,7} = 1 : 0.6 : 0.4 \quad (\text{即 } 2.5 : 1.5 : 1.0)$$

或

$$f_{cu,90} : f_{cu,28} : f_{cu,7} = 1 : 2/3 : 1/3 \quad (\text{即 } 3 : 2 : 1)$$

(4) 水泥土的抗拉强度 $\sigma_t = \left(\frac{1}{10} \sim \frac{1}{12}\right) f_{cu}$，这与混凝土的试验结果相似。

(5) 水泥土的变形模量 $E_{50} = (100 \sim 120) f_{cu}$；水泥土破坏时的轴向应变 $\varepsilon_f = 1\% \sim 2\%$，呈脆性破坏。

(6) 水泥土的内聚力 $c = (0.2 \sim 0.3) f_{cu}$，而内摩擦角在20°～30°之间变化。

(7) 水泥掺入比 $\alpha_w = 7\% \sim 15\%$ 时，水泥土的渗透系数一般可达到 10^{-8} cm/s 的数量级，它具明显的抗渗、隔水作用。

应当指出，上述的经验数值仅用于一般的软黏土，它不适用于高有机质土和泥炭土的情况。

第 5 章 水泥土搅拌桩支挡结构的设计与计算

5.1 壁状水泥土搅拌桩挡墙

水泥土搅拌桩在软土地基加固中取得了满意的效果。为了进一步开发这项技术和扩大其使用范围，在 20 世纪 80 年代中期，水泥土搅拌法从加固软基的领域延伸到并作为基坑开挖的支挡结构体系。由于水泥土搅拌桩兼有隔水和挡土两个功能，且造价经济，因此在作为基坑支挡结构体系中，它得到了广泛的应用。例如，平面布置呈格栅形的重力式支挡墙、深基坑中的 SMW（Soil Mixing Wall）工法、复合式土钉墙以及钻孔灌注桩与水泥土搅拌桩组合式的支挡结构等。

5.1.1 格栅形水泥土支挡墙的设计原则

1. 设计内容

格栅形水泥土挡墙作为基坑的围护结构时，与一般重力式挡土墙的设计基本上类同，即是先根据墙体所处的条件（地质情况、土层分布、场地周边情况和施工条件等）拟定截面尺寸（指墙体高度、墙体宽度、墙体插入基坑底以下的深度等），然后对墙体进行抗倾覆、抗滑移、墙身强度验算和墙体整体稳定性的计算。对于基坑，还要作坑底土抗隆起和抗渗流（抗管涌）的计算。如不满足规范的要求，则变更原先的截面尺寸或采取其他措施。

2. 适用范围

重力式水泥土挡墙一般用于基坑开挖深度不超过 7m、周边环境条件宽松的浅基坑。根据上海软土地区的工程经验，当开挖深度 $H_0 \leqslant 5$m 时，墙体宽度 $B=(0.7\sim0.8)H_0$，而墙体插入基坑坑底以下的入土深度 $D=(0.8\sim1.2)H_0$，于是墙体的高度 $H=(1.8\sim2.2)H_0$。

3. 格栅形挡墙的布置形式

为满足墙体整体受力和自渗要求，连续搭接的、格栅状墙体中靠近基坑两侧的前墙面厚度不宜小于 1.2m。在墙体宽度较大、设有中间隔墙时，前后肋墙宜设在同一断面处，一般肋墙、中隔墙的墙深可略浅于前墙或后墙。肋墙的间距 l_s 可作调整。搅拌桩的搭接长度一般不宜小于 200mm，在墙体圆弧段或折角处，搭接长度宜适当加大。若挡墙纵向方向很长时，在相隔一定纵向距离的位置处，可适当局部加宽墙厚，以保证墙体的稳定。在墙的顶部，通常浇捣一层厚 200mm 的钢筋混凝土压顶。由于压顶内的钢筋网片与水泥土搅拌桩顶部的预留插筋（长 1m 左右）相连接，因此混凝土压顶类似于一个封闭的圈梁（图 5-1）。

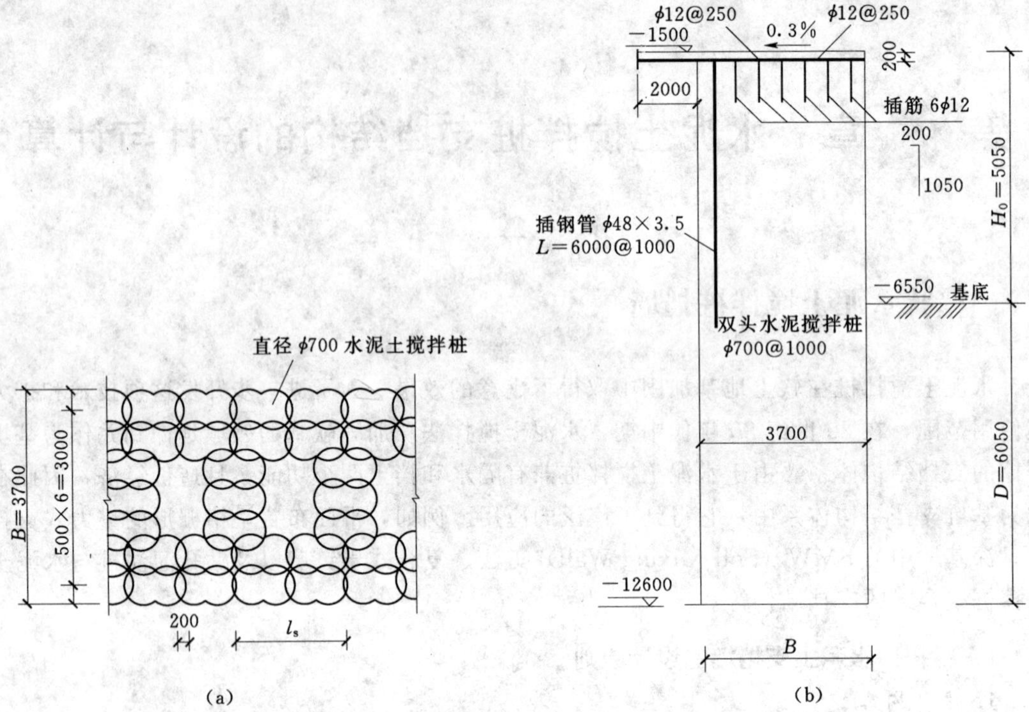

图 5-1 格栅形水泥土搅拌桩挡墙平面、剖面图
(a) 平面图；(b) 剖面图

4. 挡墙上的侧压力——土压力和水压力的计算

挡墙上的侧压力宜按土压力和水压力各自独立计算确定。此时，计算土压力的参数取值为：

(1) 地下水位以上土层取天然重度，地下水位以下土层取浮重度。

(2) 土的内摩擦角和黏聚力，一般取直剪固结快剪试验峰值的平均值。

当墙深范围内以黏性土为主时，也可简化按水土压力合算的原则计算侧压力，此时计算参数取值如下：

1) 地下水位以下土的重度取饱和重度。

2) 对地基土抗剪强度指标作适当折减，一般取直剪固结快剪试验峰值平均值的 0.7 倍计算。

主动土压力和被动土压力按朗金土压力理论公式计算。若对支挡结构水平位移有严格限制时，可采用静止土压力计算。基坑支挡墙两侧面的水压力，在不计渗流时，一般按静水压力直线分布计算；要考虑渗流作用对水压力影响时，其结果是坑外渗流方向向下。墙后水压力减小，而坑内渗流方向向上，墙前水压力增大。具体可按以下公式计算挡墙内外的水压力：

$$p_{w1}=\gamma_w h_{i1}(1-i_a) \tag{5-1}$$

$$p_{w2}=\gamma_w h_{i2}(1+i_p) \tag{5-2}$$

式中　p_{w1}，p_{w2}——坑外和坑内墙面计算点处的水压力 (kN/m^2)；

γ_w——水的重度（kN/m^3），一般取 $10kN/m^3$；

h_{i1}，h_{i2}——坑外和坑内墙面计算点距坑外和坑内计算地下水位的深度（m）；

i_a——坑外渗流近似水力坡降，取 $i_a=\dfrac{0.7h_w}{h_1+\sqrt{h_1\cdot h_2}}$；

i_p——坑内渗流近似水力坡降，取 $i_p=\dfrac{0.7h_w}{h_2+\sqrt{h_1\cdot h_2}}$；

h_w——基坑围护墙渗流作用计算水头（m），一般取坑内地下水位标高差的最不利状态；

h_1，h_2——坑外和坑内计算地下水位距围护墙墙底面的深度（m）。

根据式（5－1）和式（5－2），便可得到考虑渗流作用时作用在挡墙两侧的水压力分布图（图 5－2）。

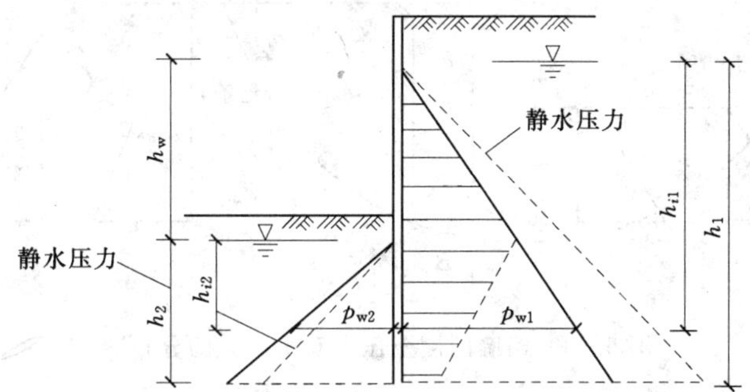

图 5－2　考虑渗流作用时，作用在挡墙上两侧的水压力分布图
（阴影部分表示合成后，在墙上净水压力分布图）

5.1.2　挡墙的侧压力计算

1. 土压力计算

土面下某一深度计算点处的主动土压力强度为

$$e_a=(\sum\gamma_i h_i+q)k_a-2c\sqrt{k_a} \tag{5-3}$$

式中　e_a——计算点处由土体自身产生的主动土压力强度（kPa），当 $e_a<0$ 时，一般取 $e_a=0$；

γ_i——计算点以上各层土的重度（kN/m^3），地下水位以上取天然重度；地下水位以下取浮重度（水、土分算时）或取饱和重度（水、土合算时）；

h_i——计算点以上各层土的厚度（m）；

q——坑外表面均布荷载（kPa），通常取 20kPa 试算；

k_a——计算点处的主动土压力系数，$k_a=\tan^2(45°+\dfrac{\varphi}{2})$；

φ，c——计算点处土的内摩擦角（°）和粘聚力（kPa），一般取直剪固结快剪试验峰值的平均值（水、土分算时），或取峰值平均值的 0.7 倍（水、土合算时）计算。

土面下某一深度计算点处的被动土压力强度为

$$e_p=(\sum\gamma_i h_i)k_p+2c\sqrt{k_p} \tag{5-4}$$

式中　k_p——计算点处的被动土压力系数，$k_p=\tan^2\left(45°+\frac{\varphi}{2}\right)$。

根据式（5-3）和式（5-4），便可得到挡墙两侧土压力的分布图（图 5-3），并由此分别求出主动和被动土压力的合力值 E_a 和 E_p。

2. 水压力计算

水压力按直线分布，从地下水面起算（基坑外一侧时），或从基坑底面起算（基坑内一侧时）；于是可绘出挡墙两侧水压力分布图（图 5-3），并由此分别求出其静水压力的合力值 E_{wa} 和 E_{wp}。

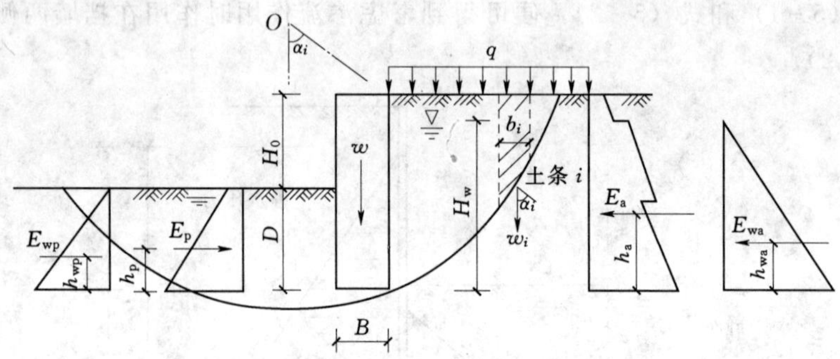

图 5-3　挡墙两侧土压力和水压力的分布图

5.1.3　抗倾覆的计算

按重力式挡墙绕墙前趾底转动计算抗倾覆的安全系数 $K_{倾}$ 为：

$$K_{倾}=\frac{稳定力矩}{倾覆力矩}=\frac{M_1}{M_2} \tag{5-5}$$

$$M_1=E_{wp}h_{wp}+E_p h_p+0.5BW$$

$$M_2=E_a h_a+E_{wa}h_{wa}$$

式中　W——墙体自重，其值为 $\gamma_0 B(D+H_0)$；

γ_0——水泥土重度，取 $18\sim19\text{kN/m}^3$；

$K_{倾}$——抗倾覆的安全系数。

5.1.4　抗滑移的计算

按重力式挡墙计算墙体沿底面滑移的安全系数 $K_{滑}$ 为

$$K_{滑}=\frac{抗滑力}{滑动力}=\frac{F_1}{F_2} \tag{5-6}$$

$$F_1=(E_p+E_{wp})+W\tan\varphi_0+c_0 B\quad 或\quad F_1=(E_p+E_{wp})+W_u$$

$$F_2=E_a+E_{wa}$$

式中　c_0，φ_0——墙底土层的粘聚力和内摩擦角，由于搅拌成桩时水泥浆液和墙底土层拌和，可取该层土试验指标的上限值；

$K_{滑}$——抗滑移安全系数；

μ——土对挡墙基底的摩擦系数，按表 5-1 选用。

表 5-1　土对挡墙基底的摩擦系数

土的类别		摩擦系数 μ
黏性土	可塑	0.25～0.30
	硬塑	0.30～0.35
	坚硬	0.35～9.45
粉土		0.30～0.40
中砂、粗砂、砾砂		0.40～0.50
碎石土		0.40～0.60
软质岩		0.40～0.60
表面粗糙的硬质岩		0.65～0.75

5.1.5　整体稳定性计算

水泥土挡墙与地基整体滑动时，一般按通过墙底的圆弧滑动面计算。当墙底以下有软弱夹层时，尚应按实际可能发生的非圆弧滑动面验算。当按总应力法确定地基土抗剪强度，并用简单圆弧条分法计算时，则墙体整体滑动稳定性的安全系数 $K_{整滑}$ 为

$$K_{整滑}=\frac{\sum_{i=1}^{n}c_i l_i+\sum_{i=1}^{n}(q_i b_i+w_i)\cos\alpha_i\tan\varphi_i}{\sum_{i=1}^{n}(q_i b_i+w_i)\sin\alpha_i} \tag{5-7}$$

式中　l_i——第 i 土条滑弧面的弧长（m），$l_i=b_i/\cos\alpha_i$；

q_i——第 i 土条地面荷载（kPa）；

b_i——第 i 土条宽度（m）；

w_i——第 i 土条重量（kN），不计渗流力时，坑内地下水位以上取天然重度计算，坑内地下水位以下部分采用浮重度；当计入渗流力时，将坑底地下水位至墙后（指坑外）地下水位范围内的土体重度，在计算分母（滑动力矩）时取饱和重度，在计算分子（抗滑动力矩）时取浮重度；

α_i——第 i 条滑弧中点的切线和水平线的夹角（°）；

c_i——第 i 条滑动面上地基土的粘聚力（kPa）；

φ_i——第 i 条滑动面上地基土的内摩擦角（°）；

$K_{整滑}$——整体稳定安全系数。

当水泥土搅拌桩墙体无侧限抗压强度不低于 1MPa 时，一般不必进行切割墙体滑弧的稳定性计算。在无侧限抗压强度低于 1MPa 时，可取 $c=$（1/10～1/15），$f_{cu}=0$、$\varphi=0°$ 作为墙体指标来进行切割墙体滑弧稳定性计算。

抗倾覆安全系数、抗滑移安全系数和整体稳定安全系数在各种规范中，其规定的数值不尽相同，如表 5-2 所示。

需要提及的是，国家标准中抗倾覆安全系数 $K_{倾}$ 规定为 1.6，乃是对永久性的挡土结构而言，对基坑临时性的支挡结构，$K_{倾}$ 取值可以适当减小。

表 5-2　　安全系数 $K_{倾}$、$K_{滑}$ 和 $K_{整滑}$ 值

安全系数		国家标准 (GB 50007—2011)	行业标准 (JGJ 120—1999)	上海规范 (DGJ 08—11—2010)
抗倾覆安全系数	$K_{倾}$	1.6	1.270	1.0570
	页次，条款	p.43；6.5.5 条	p.16；4.1.1 条	p.158；10.2.4 条
抗滑移安全系数	$K_{滑}$	1.3	未规定	1.1070
	页次，条款	p.43；6.5.5 条	p.82；条文说明	p.158；10.2.5 条
整体稳定性安全系数	$K_{整滑}$	1.2	1.3	1.3070
	页次，条款	p.29；5.4.1 条	p.28；5.5.1 条	p.155；10.1.16 条

5.1.6　坑内地基土抗隆起计算

在软弱的黏土层内，由于基坑开挖的卸载作用，导致基坑底部土体抗剪强度的破坏，基坑外侧的土体向基坑内移动，所以设计时应将挡墙插入基坑底面以下一定深度。抗隆起稳定性验算的方法，常用的有普朗特尔（L. Prandtl）、太沙基（Terzaghi）等法。现行国家标准《建筑地基基础设计规范》（GB 50007—2011）参照普朗特尔的地基承载力公式，将墙底面的平面作为计算地基极限承载力的基准面，并以此给出抗隆起的安全系数 $K_{隆}$ 为

$$K_{隆}=\frac{\gamma_2 DN_q+cN_c}{\gamma_1(H+D)+q} \tag{5-8}$$

式中　$K_{隆}$——抗隆起安全系数，$K_{隆}\geqslant 2.0$（上海规范）或 $K_{隆}\geqslant 1.6$（国家标准）；

γ_1——自地表面至墙底各土层的加权平均重度（地下水位以下取浮重度）（kN/m^3）；

γ_2——自基坑底面以下至墙底各土层的加权平均重度（地下水位以下取浮重度）（kN/m^3）；

D——搅拌桩插入深度（m）；

H——基坑开挖深度（m）；

q——地面超载（kPa）；

N_q，N_c——无量纲的承载力系数，仅与土的内摩擦角 φ 有关，可查表 5-3 或按以下公式计算：

$$N_q=\tan^2\left(45°+\frac{\varphi}{2}\right)e^{\pi\tan\varphi} \tag{5-9}$$

$$N_c=\frac{(N_q-1)}{\tan\varphi} \tag{5-10}$$

其中，c、φ 墙底处土的粘聚力（kPa）和内摩擦角（°），一般取固结快剪峰值。

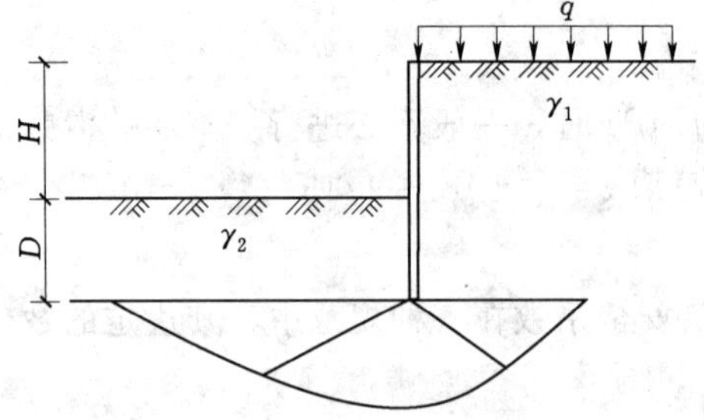

图 5-4　基坑抗隆起的计算图

基坑抗隆起的计算图如图 5-4 所示。

应当说明，全国规范计算基坑抗隆起的公式与式（5-8）相同，所不同之处是对土的内

摩擦角 φ 和粘聚力 c 的取用上稍有不同。国家标准认为软土在快剪（不固结、不排水）试验条件下得到 $\varphi=0°$，相应 $N_q=1$ 和 $N_c=5.14$，代入式（5-8）后即成国家标准表达的计算公式。众所周知，土粘聚力（$\varphi=0°$时的抗剪强度）的值是有一定限度的，所以国家标准取 $\varphi=0°$作为抗隆起计算，并要满足 $K_{隆}>1.6$ 条件，是有一定难度的。实践证实，选用式（5-8）计算，基本上可适用于各类土质条件，虽然本验算方法将墙底面作为求极限承载力的基准面是带有一定近似性，但作为基坑开挖临时性挡土结构而言是安全的。

提高基坑底面隆起稳定性的措施有以下几种：

（1）搅拌桩挡墙的墙底宜选择压缩性低的土层。

（2）适当降低墙后土面标高。

（3）在可能的条件下，基坑开挖施工过程中可采用井点降水。

表 5-3　　承载力系数 N_q、N_c

内摩擦角 φ	N_q	N_c	内摩擦角 φ	N_q	N_c
0	1.0	5.14	20	6.40	14.84
5	1.57	6.49	25	10.66	20.72
10	2.47	8.34	30	18.40	30.14
15	3.94	10.97	35	33.30	46.13

5.1.7 抗渗流（或抗管涌）计算

管涌是土的一种渗流破坏现象。在基坑两侧水位高差作用下，地下水向地基内渗流时，渗透水压力沿着水流方向以体积力形式而作用于土体，该体积力称为动水力（记作 G_D）。它表示单位体积土体中，水流作用在土颗粒上的力，它的方向与水流向一致，其值为

$$G_D=\gamma_w i \tag{5-11}$$

式中 γ_w——水的重度，$\gamma_w=10\text{kN/m}^3$；

i——水力梯度。

当基坑坑底以下的土体所承受的渗透水头压力（方向向上）大于土体浮重度（浮容重）时，土体就会向上移动，即坑底出现管涌现象。于是，可写出坑底渗流失稳临界状态（土处于悬浮状态，而失去稳定）的表达式为

$$G_D=\gamma' \tag{5-12}$$

$$\gamma'=\frac{(G_s-1)}{(1+e)}$$

式中 γ'——坑底地基土的浮重度（kN/m^3）；

G_s——坑底标高处土的密度，通常 $G_s=2.70\sim2.75\text{g/cm}^3$；

e——坑底标高处地基土的天然孔隙比。

将式（5-11）代入（5-12），且水力梯度 i 平均值用 $i=(H_w-D)/(H_w+B+D)$代入，于是抗渗流的安全系数 $K_{渗}$ 为

$$K_{渗}=\frac{\gamma'}{G_D}=\frac{(G_s-1)}{(1+e)}\times\frac{(H_w+B+D)}{(H_w-D)} \tag{5-13}$$

式中 $K_{渗}$——抗渗流的安全系数，$K_{渗}\geqslant1.10$。

5.1.8　水泥土挡墙墙身强度计算

1. 墙身压应力计算

$$1.25\gamma_0\gamma_{cs}z+\frac{M}{W}\leqslant f_{cu,T} \tag{5-14}$$

式中　γ_{cs}——水泥土墙的平均重度（kN/m³）；

z——由墙顶至计算截面的深度（m）；

M——单位长度水泥土墙截面弯矩设计值（kN·m）；

W——水泥土墙截面模量（m³）；

$f_{cu,T}$——水泥土开挖龄期 T 抗压强度设计值（kN/m²）；

γ_0——基坑的重要性系数，见表 5-3 中说明。

2. 墙身拉应力计算

$$\frac{M}{W}-\gamma_{cs}z\leqslant 0.06f_{cu,T} \tag{5-15}$$

工程实践中，为了提高水泥土墙体的抗弯和抗拉性能，在墙体一侧插入毛竹或钢管（图 5-4）。

5.2　拱形水泥土搅拌桩挡墙的设计计算

水泥土搅拌桩在深基坑支挡结构中，由于水泥土的抗拉强度较低，是抗压强度的 1/12～1/14；因此采用重力式格栅形水泥土挡墙，其墙体需要做成一定的厚度。为了充分利用和发挥材料应有的强度，一种拱形的水泥土挡墙在工程中得到应用。

5.2.1　拱形水泥土挡墙的应用及其优点

1990 年，在上海江苏路排管工程中首次应用了拱形水泥土挡墙结构形式。该工程开挖深度 9m，槽宽 4.6m，沟槽全长 160m，采用变断面的水泥土拱壁，拱壁长 12m，拱跨 4.5m，拱壁厚 1.0m（局部厚 2.0m）。拱脚处设置 2 根直径 600 的钻孔灌注桩，并设两道支撑，第一道设在－0.75m 处，为 400mm×500mm 断面的现浇钢筋混凝土支撑；第二道设在－5.5m 处，为型钢支撑。为了防止坑底涌土、涌水和减小拱壁入土深度，在槽底到桩尖范围内坑底土内，用压力注浆法事先予以加固。沟槽开挖后，坑底干燥、槽壁稳定，挖到坑底 9m 深度后，最大水平位移为 10.2mm（在坑底下 1m 处）。

此后，拱形水泥土支挡墙在多项工程中得到应用，例如安徽马鞍山钢铁厂料场的料槽、上海航空发动机制造厂 50 号冲压厂房的深地沟等。由图 5-5 可见，拱壁水泥土挡墙的荷载传递较为明确，墙外侧的荷载（土压力、水压力）通过拱壁传递到设有支撑的钻孔灌注桩上。由于沟槽两侧对称支撑，所以挡墙受力均匀而稳定。

拱形水泥土挡墙具有以下优点：

（1）利用土体自身的起拱作用减小作用于支挡结构上的土压力。

（2）结构受力合理，拱形材料基本上受压，有利于充分发挥水泥土的强度特性。

（3）减小挡墙壁厚，降低了工程造价。

因此，控制拱壁内力不超过水泥土的强度极限，并保证拱脚稳定和拱壁的整体稳定，是应当考虑的。

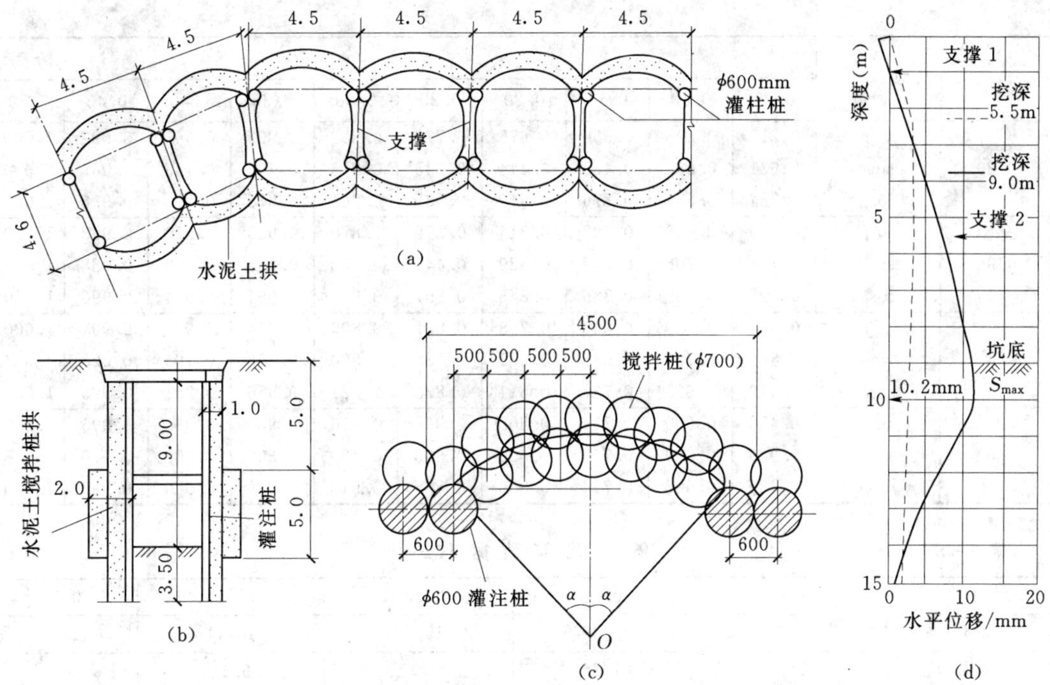

图 5-5　上海江苏路排管工程中的拱壁形水泥土支挡墙

(a) 平面图（单位：m）；(b) 剖面图（单位：m）；(c) 拱壁详图；(d) 实测槽壁水平位移

5.2.2　圆拱的几何数据

拱壁可采用圆形的和抛物线形的，但是为施工方便起见，工程中常采用圆形拱壁。表 5-4 和表 5-5 给出了圆拱的几何数据，一旦圆拱矢高（f）和圆拱半径（r）确定，则圆拱所对应的中心角（α）、拱圈弧长（s）和拱的跨距（l）都可从表 5-4 和表 5-5 中查得；另外，也可从图 5-6 中查到拱圈上任一点所对应的坐标（x，y）值，便于施工放样。

$$r=\frac{l^2+f^2}{8f}$$

$$e=r-f$$

$$s=2r\alpha_0$$

$$x=\frac{l}{2}-r\sin\alpha$$

$$y=r\cos\alpha-e$$

图 5-6　圆拱的几何结构

表 5-4　　圆拱几何数据（一）

f/l	项　目	x/l									
		0.05	0.10	0.15	0.20	0.25	0.30	0.35	0.40	0.45	0.50
0.1	y/f	0.196	0.369	0.520	0.649	0.757	0.845	0.913	0.961	0.990	1.000
	$\sin\alpha$	0.346	0.308	0.269	0.231	0.192	0.154	0.115	0.077	0.038	0
	$\cos\alpha$	0.938	0.951	0.963	0.973	0.981	0.988	0.993	0.997	0.999	1.000

续表

f/l	项　目	x/l									
		0.05	0.10	0.15	0.20	0.25	0.30	0.35	0.40	0.45	0.50
0.2	y/f	0.217	0.398	0.550	0.675	0.778	0.859	0.922	0.965	0.992	1.000
	$\sin\alpha$	0.621	0.552	0.483	0.414	0.345	0.276	0.207	0.138	0.069	0
	$\cos\alpha$	0.784	0.834	0.876	0.910	0.939	0.961	0.978	0.990	0.998	1.000
0.3	y/f	0.259	0.449	0.597	0.714	0.806	0.878	0.933	0.970	0.993	1.000
	$\sin\alpha$	0.794	0.706	0.618	0.529	0.441	0.353	0.265	0.176	0.088	0
	$\cos\alpha$	0.608	0.708	0.786	0.848	0.897	0.936	0.964	0.984	0.996	1.000
0.4	y/f	0.332	0.520	0.655	0.758	0.837	0.899	0.944	0.975	0.994	1.000
	$\sin\alpha$	0.878	0.780	0.683	0.585	0.488	0.390	0.293	0.195	0.098	0
	$\cos\alpha$	0.479	0.625	0.730	0.811	0.873	0.921	0.956	0.981	0.995	1.000
0.5	y/f	0.436	0.600	0.714	0.800	0.866	0.916	0.954	0.980	0.995	1.000
	$\sin\alpha$	0.900	0.800	0.700	0.600	0.500	0.400	0.300	0.200	0.100	0
	$\cos\alpha$	0.436	0.600	0.714	0.800	0.866	0.916	0.954	0.980	0.995	1.000

表5-5　　　　圆拱几何数据（二）

f/l	0.1	0.2	0.3	0.4	0.5
$\sin\alpha_0$	5/13	20/29	15/17	40/41	1.0
$\cos\alpha_0$	12/13	21/29	8/17	9/41	0
$2\alpha_0$	45°14′24″	87°12′20″	123°50′32″	154°38′22″	180°00′00″
s/l	1.026	1.103	1.225	1.383	1.571
r/l	1.300	0.725	0.567	0.513	0.500
e/l	1.200	0.525	0.267	0.113	0

5.2.3 双铰（无铰）等截面圆拱的内力计算

双铰和无铰等截面圆拱的内力计算表，如表5-6和表5-7所示。由表可见，拱脚处的水平推力 H 值与拱的矢 f 值有关，矢高愈高，H 值就愈小。拱圈上不同截面处的轴力和剪力不同，但最大的轴力（N）和剪力（Q）发生在拱脚处，对于地表下深度为 z、拱脚处的最大轴力和剪力可写成为：

表5-6　　　　双铰等截面圆拱计算表

设右图所示力的方向为正。除右图所示者外，其他符号为：

V_C，H_C，M_C—拱顶 C 点的剪力、轴向力及弯矩；拱的截面宽度为单位长。

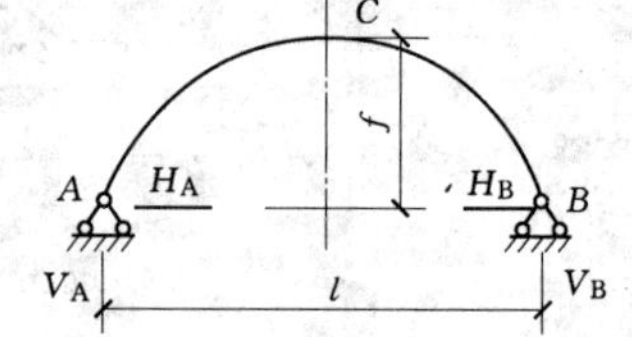

简　图	项目	f/l					乘数
		0.1	0.2	0.3	0.4	0.5	
q；A　B $V_A=V_B$；$V_C=0$；$H_A=H_B=H_C$	V_A H_A M_C	0.50000 1.24298 0.00070	0.50000 0.61053 0.00289	0.50000 0.39464 0.00661	0.50000 0.28269 0.01192	0.50000 0.21221 0.01890	ql ql ql^2

续表

简图	项目	f/l					乘数
		0.1	0.2	0.3	0.4	0.5	
$V_A=V_C$；$H_A=H_B=H_C$	V_A	0.25000	0.25000	0.25000	0.25000	0.25000	$ql/2$
	V_B	0.75000	0.75000	0.75000	0.75000	0.75000	$ql/2$
	H_A	0.62149	0.30527	0.19732	0.14135	0.10611	ql
	M_C	0.00035	0.00145	0.00330	0.00596	0.00945	ql^2

表 5-7　　等截面无铰圆拱计算表

设右图所示力的方向为正。除右图所示者外，其他符号为：
V_C，H_C，M_C—C 点的剪力、轴向力及弯矩。

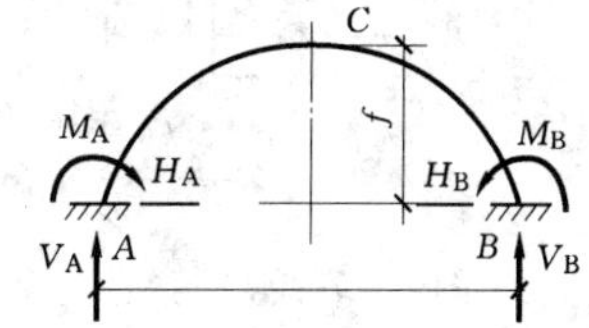

简图	项目	f/l					乘数
		0.1	0.2	0.3	0.4	0.5	
$V_A=V_B$；$V_C=0$ $H_A=H_B=H_C$；$M_A=M_B$	V_A	0.50000	0.50000	0.50000	0.50000	0.50000	ql
	H_A	1.26093	0.63782	0.43421	0.33558	0.27583	ql
	M_A	0.00131	0.00414	0.00925	0.01649	0.02467	ql^2
	M_C	0.00022	0.00158	0.00399	0.00726	0.01175	ql^2

$$\left.\begin{aligned}N_z&=V_z\sin\alpha_0+H_z\cos\alpha_0\\Q_z&=V_z\cos\alpha_0-H_z\sin\alpha_0\end{aligned}\right\}\tag{5-16}$$

式中　$\alpha_0=\sin^{-1}$（$0.5l/\mathrm{r}$）；

V_z——地表下深度为 z、拱脚处的竖向反力（kN）；

H_z——地表下深度为 z、拱脚处的水平推力（kN）。

从表 5-6 和表 5-7 中可见，竖向反力 V_z 和水平推力 H_z 的大小与 q 值有关。这里，q 值是指作用在拱壁上 z 深度处单位高度的侧向压力（主动土压力和水压力之和），其中单位高度主动土压力为 e_a [e_a 可按式（5-3）计算]，而水压力是基坑内外水压力之和，如图 5-5 和图 5-6 所示。

为了保证拱圈的稳定，拱脚处的最大轴力必须小于水泥土的抗压强度 f_{cu}，即

$$N_z\leqslant f_{cu}\tag{5-17}$$

若不满足上述条件，则可调整矢高（f）、跨距（z）、圆拱半径（r）以及水泥土中的水泥掺入量。

5.2.4 拱脚处钢筋混凝土桩水平位移和内力（弯矩、剪力）的计算

1. 计算图式

拱脚处的反力是依靠插入土中钢筋混凝土桩和设置在其上面的支撑来维持平衡的，

所以，混凝土桩的内力与桩本身的刚度、支撑构件的压缩刚度以及桩周围土的性质等有关。混凝土桩的内力计算通常按图 5-7 所示的图式进行，借助于杆系有限单元法可方便解得。

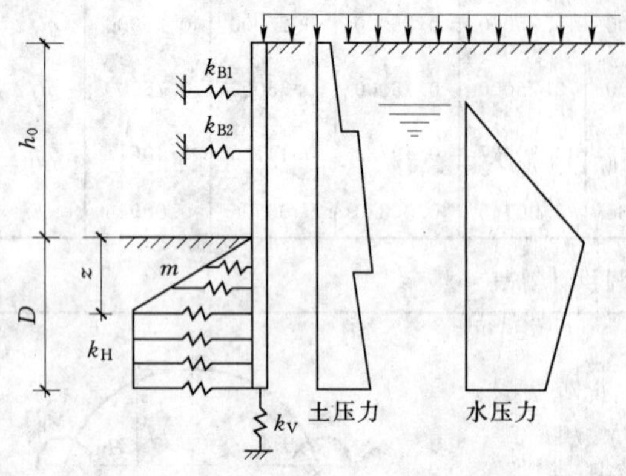

图 5-7　竖向弹性地基梁法计算图式

由图 5-7 可见，这种图式把坑内开挖面以上的内支撑（或锚碇）点以弹性支座模拟。坑内开挖面以下以水平弹簧支座模拟，水平弹簧支座的压缩刚度 K_H 沿墙面随深度变化，一般由地基土性质、坑内地基加固情况、施工条件，以及基础结构形式等因素确定，通常取开挖面处为零，开挖面影响深度内取三角形分布，其下按等值矩形分布或取梯形或阶梯形等其他分布形式。有工程实践经验时，也可对类似工程实测资料经反分析确定。围护墙底以竖向弹簧支座模拟。

2. 地基土的水平向弹簧刚度 K_H 和竖向弹簧刚度 K_V 的确定

基坑开挖面以下，水平弹簧支座和竖向弹簧支座的压缩弹簧刚度 K_H 和 K_V 可按下式计算：

$$K_H = k_H bh \tag{5-18}$$

$$K_V = k_V bh \tag{5-19}$$

式中　K_H，K_V——水平向和竖向压缩弹簧刚度（kN/m）；

k_H，k_V——地基土的水平向和竖向基床系数（kN/m^3），宜由现场试验确定，或参照类似工程经验确定；当无条件进行现场试验时，可根据地基土的性质，按表 5-8 和表 5-9 选用；水平向基床系数沿深度的变化，对开挖面以下三角形分布区内取 $k_H = mz$，m 为水平向基床系数沿深度增大的比例系数，可根据土体性质和施工条件等，按表 5-8 选用；z 为影响深度，一般取开挖面以下 3～5m，开挖面以下土质软弱或受扰动较大时取大值，反之取小值；

b，h——弹簧的水平向和竖向计算间距（m）。

表 5-8　　竖向基床系数 k_V

地基土分类	k_V（kN/m^3）	地基土分类	k_V（kN/m^3）
流塑的黏性土	5000～10000	松散的砂土（不含新填砂）	10000～15000
软塑的黏性土和松散的粉性土	10000～20000	稍密的砂土	15000～20000
可塑的黏性土和稍密～中密粉性土	20000～40000	中密的砂土	20000～25000
硬塑的黏性土和密实的粉性土	40000～10000	密实的砂土	25000～40000

表 5-9　　水平向基床系数 k_H

地 基 土 分 类		k_H（kN/m³）
流塑的黏性土		3000～15000
软塑的黏性土和松散的粉性土		15000～30000
可塑的黏性土和稍密～中密粉性土		30000～150000
硬塑的黏性土和密实的粉性土		150000 以上
松散的砂土		3000～15000
稍密的砂土		15000～30000
中密的砂土		30000～100000
密实的砂土		100000 以上
水泥土搅拌桩加固置换率 25%	水泥掺量小于 8%	10000～15000
	水泥掺量大于 12%	201000～25000

表 5-10　　比 例 系 数 m

地 基 土 分 类		m（kN/m⁴）
流塑的黏性土		1000～2000
软塑的黏性土、松散的粉性土和砂土		2000～4000
可塑的黏性土、稍密—中密的粉性土和砂土		4000～6000
坚硬的黏性土、密实的粉性土、砂土		6000～l0000
水泥土搅拌桩加固置换率 25%	水泥掺量小于 8%	2000～4000
	水泥掺量大于 12%	4000～6000

3. 基坑内支撑弹簧刚度 k_B 的确定

基坑内支撑（或锚碇）点的弹性支座压缩弹簧系数 k_B，应根据支撑体系的布置、支撑构件的材质、轴向刚度、是否施加预应力等条件确定。当支撑体系为平面整体结构时，宜按平面整体计算支撑构件的压缩弹簧系数。对单构件支撑结构，可按下式计算：

$$k_B = \frac{2\alpha EA}{l_S} \tag{5-20}$$

式中　k_B——内支撑的压缩弹簧系数（kN/m）；

α——与支撑松弛有关的折减系数，一般取 0.3～1.0；支撑施工时加预压力时，可取 1.0；

E——支撑结构材料的弹性模量（kN/m²）；

A——支撑构件的截面积（m²）；

z——支撑的计算长度（m）；

S——支撑的水平间距（m）。

第 6 章　水泥土搅拌法的施工与质量检验

水泥土搅拌法主要有两种类型的施工方法，即湿法（水泥浆喷射搅拌法）和干法（水泥粉喷射搅拌法）。

6.1　水泥浆喷射搅拌法施工

6.1.1　施工机械设备及其主要性能

1. 施工机械的类别

目前，水泥浆喷射搅拌的施工机械种类繁多，有陆上和水上施工机械之分。按机械传动方式可分为转盘式和动力头式；按喷射方式又有中心管喷浆和叶片喷浆方式等。

转盘式机械多半是用地质钻机的转盘改制而成，它的优点是传动设备装在底盘上，重心低和比较稳定，但往往不易组成多轴的搅拌。浆液通过叶片上若干个小孔喷出，使水泥浆与土体混合均匀，对大直径叶片和连续搅拌是合适的，但因喷浆孔小而易被浆液堵塞，且加工制造较为复杂。中心管输浆方式中的水泥浆是从两根搅拌轴之间的另一中心管输出，在叶片直径小于 1m 时，并不影响搅拌均匀度，而且它可适用多种固化剂，除纯水泥浆外，还可用水泥砂浆，甚至掺入工业废料等粗粒固化剂。不同形式的机械有它自身的优点和缺点。

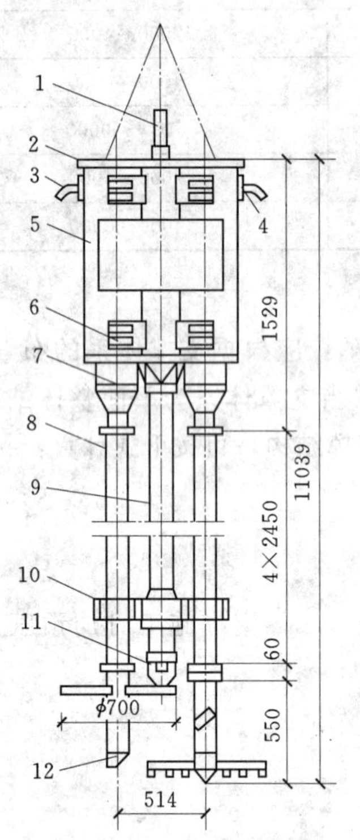

图 6-1　SJB—1 型深层双轴搅拌机
1—输浆管；2—外壳；3—出水口；4—进水口；5—电动机；6—导向滑块；7—减速器；8—搅拌轴；9—中心管；10—横向系板；11—球形阀；12—搅拌头

除了有陆上的水泥浆喷射搅拌机械之外，还有水上相应施工机械，我国交通部第一航务工程局 1992 年开发了第一条水上搅拌船。在日本，海上的水泥浆喷射搅拌机械船发展很快，且有很多不同的门类。

2. 国内的浆喷搅拌机械

（1）SJB—30 型深层双轴搅拌机。SJB—30 型（即原来的 SJB—1 型）深层搅拌机是由冶金部建筑研究总院和交通部水运规划设计院合作研制，并由江苏省江阴市江阴振冲器厂生产的双搅拌轴、中心管输浆的水泥搅拌专用机械（图 6-1）。目前又生产出 SJB—40 型搅拌机。

（2）GZB—600 型深层单轴搅拌机。该机是由天津机械施工公司利用进口钻机改装而成的单搅拌轴、叶片喷浆方式的搅拌机［图 6-2（a）］。GZB—600 型深层搅拌机在搅拌头上分别设置搅拌叶片和喷浆叶片，两层叶片相距 0.5m，成桩直径 600mm。喷浆叶片上开有 3 个尺寸相同的喷浆口［图 6-2（b）］。

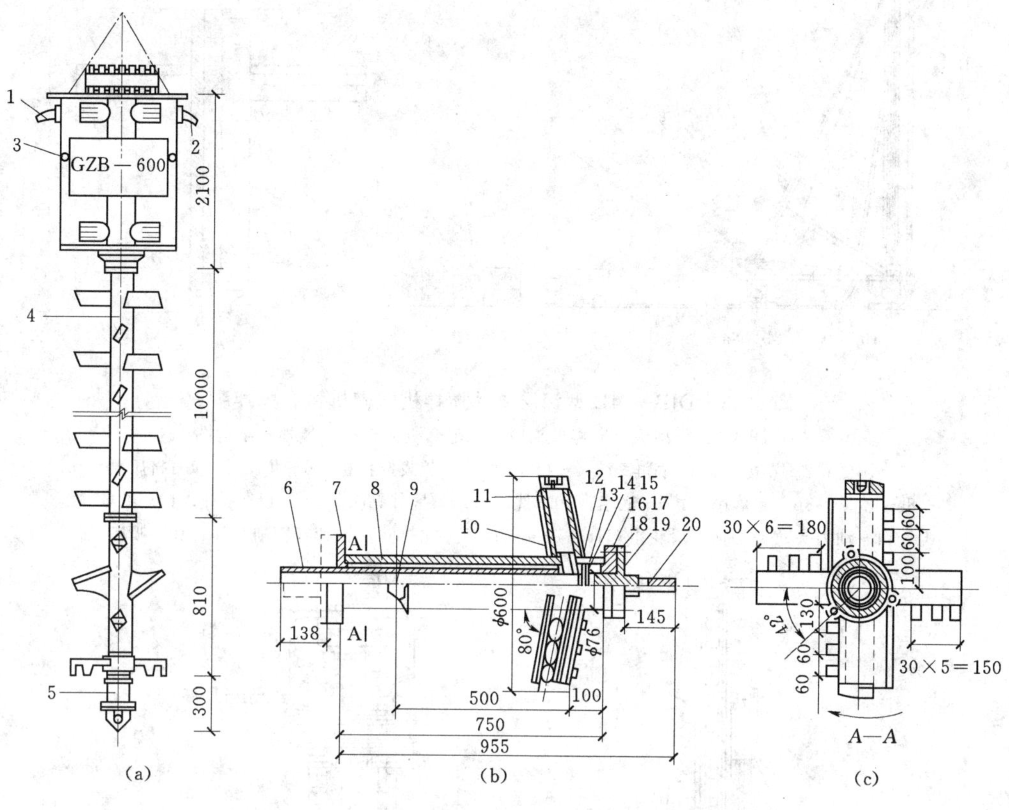

图 6-2 GZB—600 型深层单轴搅拌机及叶片喷浆搅拌头

(a) GZB—600 型深层搅拌机；(b) 叶片喷浆搅拌头

1—电缆接头；2—进浆口；3—电动机；4—搅拌轴；5—搅拌头；6—输浆管；7—上法兰；8、13—搅拌轴；9—搅拌叶片；10—喷浆叶片；11—输送管；12—堵头；14—胶垫；15—螺栓；16—螺母；17—垫圈；18—下法兰；19—上法兰；20 螺旋锥头

（3）DJB—14D 型深层单轴搅拌机。它是由浙江有色勘察研究院与浙江大学合作，在北京 800 型转盘钻机基础上改制而成［图 6-3（a）］。其主机系统包括动力头、搅拌轴和搅拌头。搅拌头上端有一对搅拌叶片，下部为与搅拌叶片互成 90°，直径 500mm 的切削叶片，叶片的背后安有 2 个直径 8～12mm 的喷嘴［图 6-3（b）］。

（4）GDP—2 型和 GDPG—72 型深层双轴搅拌机械。它们是由上海探矿机械厂生产的，前一种是采用液压步履运行方式，后一种是采用滚管运行方式，两者加固的最大深度为 18m，成桩直径 700mm，加固面积为 0.71m^2。

（5）ZKD65—3 型和 ZKD85—3 型深层三轴搅拌机械。它们是 2002 年上海探矿机械厂为配合地下基坑支挡墙 SMW（Soil Mixing Wall）工法而开发研制的专用机械［图 6-4］。钻孔的最大深度（和钻孔直径）分别为 30m（直径 650mm）和 27m（直径 850mm），在钻孔内可插入工字形钢，以提高水泥土搅拌桩的抗弯刚度。

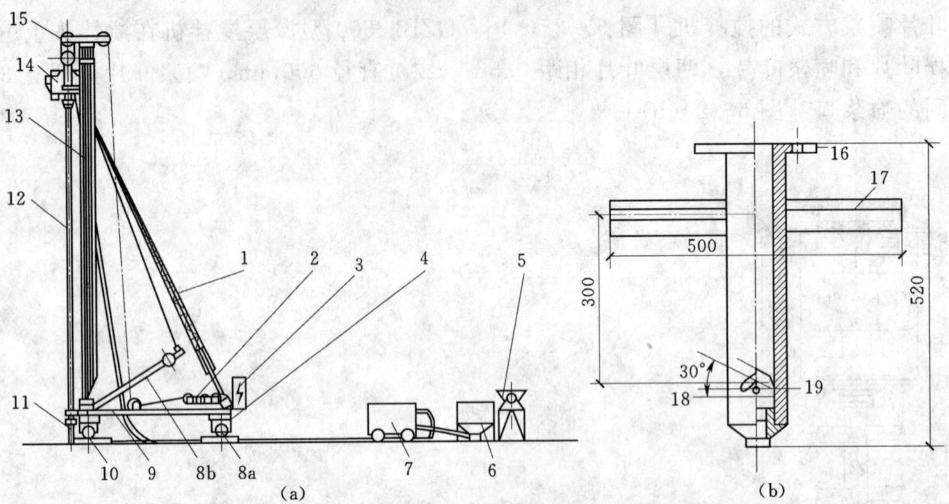

图 6-3 DJB—14D 型深层单轴搅拌机配套机械和搅拌头

(a) DJB—14D 型深层搅拌单轴搅拌机配套机械；(b) 搅拌头结构图

1—副腿；2—卷扬机；3—配电箱；4—操作台；5—灰浆搅拌机；6—集料斗；7—挤压泵；8a—轨道；8b—起落挑杆；9—底盘；10—枕木；11—搅拌钻头；12—主动钻杆；13—钻塔；14—动力头；15—顶部滑轮组；16—法兰盘；17—搅拌叶片；18—切削叶片；19—喷嘴

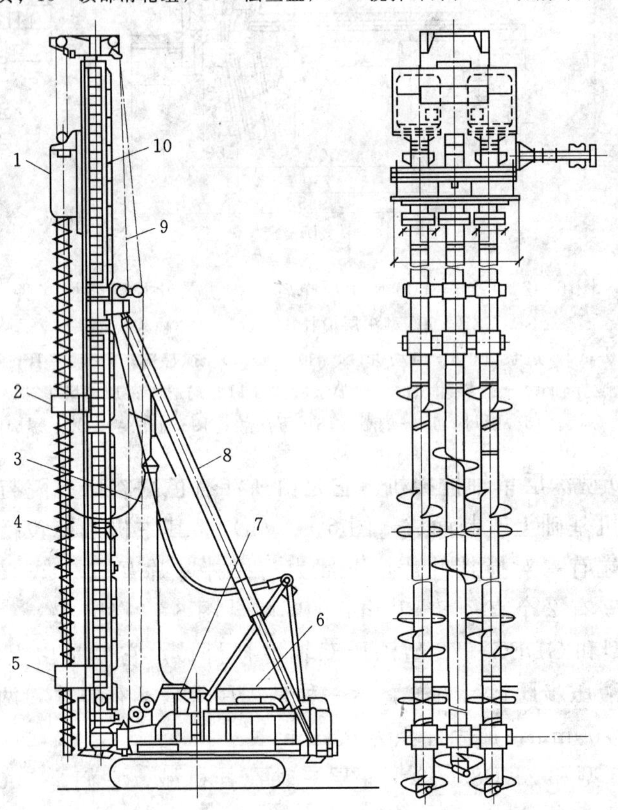

图 6-4 ZKD85—3 型深层三轴搅拌机（成孔直径 850mm，钻孔深 27m）

1—动力头；2—中间支承；3—注浆管电线；4—钻杆；5—下部支承；6—电气柜；7—操作盘；8—斜撑；9—钻机用钢丝绳；10—立柱

以上提到的各种深层搅拌机械的技术参数见表 6-1。

表 6-1　　深层搅拌机械技术参数

技术参数（一）

水泥浆喷深层搅拌机类型		SJB—30	GZB—40	SGZ—600	DJB—14D
深层搅拌机	搅拌轴数量（根）	2（ϕ129mm）	2（ϕ129mm）	1（ϕ129mm）	1
	搅拌叶片外径（mm）	700	700	600	500
	搅拌轴转速（r/mim）	43	43	50	60
	电动功率（kW）	2×30	2×40	2×30	2×22
起吊设备	提升能力（kN）	>100	>100	150	50
	提升高度（m）	>14	>14	14	19.5
	提升速度（m/min）	0.2～1.0	0.2～1.0	0.6～1.0	0.95～1.20
	接地压力（kPa）	60	60	60	40
固化剂制备系统	灰浆拌制台数×容量（L）	2×200	2×200	2×500	2×200
	灰浆泵量（L/min）	HB6—350	HB6—350	AP—15—B281	UBJ$_2$33
	灰浆泵工作压力（kPa）	1500	1500	1400	1500
	集料斗容量（L）	400	400	180	
技术指标	一次加固面积（m^2）	0.71	0.71	0.283	0.196
	最大加固深度（m）	10～12	15～18	10～15	19.0
	效率（m/台班）	40～50	40～50	60	100
	总质量（t）	4.5	4.7	12	4

技术参数（二）

水泥浆喷深层搅拌机类型		GDP—72	GDPG—72	ZKD65—3	ZKD85—3
深层搅拌机	搅拌轴数量（根）	2		3	
	搅拌叶片外径（mm）	700		650	850
	搅拌轴转速（r/min）	46		17.6	16.0
	电动功率（kW）	2×37		2×45	2×75
起吊设备	提升能力（kN）	>150		250	
	提升高度（m）	23		>30	
	提升速度（m/min）	0.64～1.12	0.37～1.16	杆中心距 450mm	杆中心距 600mm
	接地压力（kPa）	38	—		
移动系统	移动方式	步履	滚筒	履带	
	纵向行程（m）	1.2	5.5		
	横向行程（m）	0.7	4.0		
技术指标	一次加固面积（m^2）	0.71		0.87	1.50
	最大加固深度（m）	18		30	27
	效率（m·台班）	100～120			
	总质量（t）	16			

6.1.2　施工工艺

水泥浆搅拌法的施工工艺流程如图 6－5 所示。

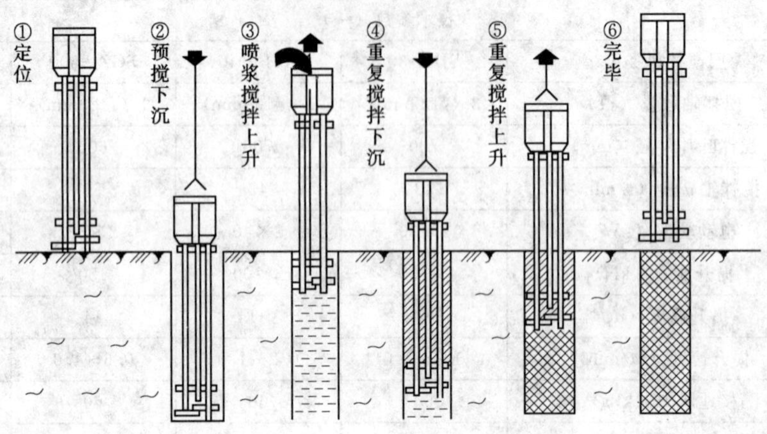

图 6－5　水泥土搅拌法施工工艺流程

（1）定位搅拌机运行到指定的桩位处，对中并保证桩架垂直。当地面起伏不平时，应调整基座保持水平。

（2）预搅下沉起动搅拌机电动机，放松起重机钢丝绳，使搅拌机沿导向架搅拌切土下沉，下沉的速度可由电动机的电流监测表控制。如果下沉速度太慢，可从输浆系统补给清水以利钻进。

（3）制备水泥浆等搅拌机下沉到一定深度时，即开始按设计确定的配合比拌制水泥浆，待压浆前将水泥浆倒入集料斗中。

制备水泥浆的目的是根据设计单位提供的水灰比和水泥掺入比这两个参数，计算出：

1）每 $1m^3$ 水泥土加固体中应注入的浆液体积量（m^3）。

2）浆液的密度（g/cm^3）。

例如，已知水灰比为 0.55，水泥掺入比 14％时，$1m^3$ 水泥土中耗用的水泥量为 14％×19.2kg＝268.8kg＝0.2688（t）。当水和水泥的密度分别取 $1.0g/cm^3$ 和 $3.09/cm^3$ 时，则 $1m^3$ 水泥土中应注入浆液量 V 为

$$V=0.2688\times0.55+(0.2866/3.0)=0.1478+0.0896=0.2374(m^3)$$

而浆液的密度 ρ 为

$$\rho=(0.1478+0.2688)/0.2374=1.755(g/cm^3)$$

（4）提升喷浆和搅拌，搅拌机下沉到达设计深度后，开启灰浆泵将水泥浆压入地基中，边喷浆边旋转，同时严格按照设计确定的提升速度提升搅拌机。一般提升速度不超过 0.8m/min。

（5）重复上、下搅拌，搅拌机提升至设计加固层的顶面标高时，集料斗中的水泥浆应正好排空。为使软土和水泥浆搅拌均匀，可再次将搅拌机边旋转边沉入土中，至设计加固深度后再将搅拌机提升出地面。

（6）清洗各集料斗中注入适量清水，开启灰浆泵，清洗全部管路中残存的水泥浆，直

至基本干净，并将粘附在搅拌头上的软土清洗干净。

（7）移位重复上述（1）～（6）步骤，再进行下一根桩的施工。

由于搅拌桩顶部与上部结构的基础（或承台）接触受力较大，因此通常还可对桩顶1.0～1.5m范围内再增加一次喷浆，以提高其强度。

6.1.3 施工注意事项

（1）现场场地应予于整平，必须清除地上和地下一切障碍物。明浜、暗塘及场地低凹时应抽水和清淤，分层夯实回填黏性土料，不得回填杂填土或生活垃圾。开机前必须调试，检查桩机运转和输浆管畅通情况。

（2）根据实际施工经验，水泥土搅拌法在施工到顶端0.3～0.5m范围时，因上履压力较小，搅拌质量较差。因此，施工的桩顶标高应比设计确定的基底标高再高出0.3～0.5m，待开挖基坑时，再将上部桩身质量较差的0.3～0.5m桩段凿去。

（3）搅拌桩的垂直度偏差不得超过1%，桩位布置偏差不得大于50mm，成桩直径和桩长不得小于设计值。

（4）施工前应确定搅拌机械的灰浆泵输浆量、灰浆经输浆管到搅拌机喷浆口的时间和起吊设备提升速度等施工参数，并根据设计要求通过工艺性成桩试验，确定搅拌桩的配比等各项参数和施工工艺。宜用流量泵控制输浆速度，使注浆泵出口压力保持在0.4～0.6MPa，并应使搅拌提升速度与输浆速度同步。

（5）制备好的浆液不得离析，泵送必须连续。拌制浆液的罐数、固化剂和外掺剂的用量以及泵送浆液的时间等应有专人记录。

（6）为保证桩端施工质量，当浆液达到出浆口后，应喷浆持续30s，使浆液完全到达桩端。特别是设计中考虑桩端承载力时，该点尤为重要。

（7）预搅下沉时不宜注水，当遇到较硬土层下沉太慢时，方可适量注水，但应考虑注水成桩对桩身强度的影响。

（8）可通过复喷的方法增加水泥与土拌和均匀性以及实现桩身强度为变参数的目的。钻头下、上往返一次称为一搅，喷浆一般在钻头旋转提升同时进行，一般要求做到“一喷二搅”或“两喷二搅”。一喷二搅是指钻头卜钻到设计深度后上提，重复两次，其中第一次上提时喷浆，最后一次提升搅拌宜采用慢速提升。当喷浆口到达桩顶标高时，宜停止提升，搅拌数秒，以保证桩头均匀密实。

（9）施工时因故停浆，宜将搅拌机下沉至停浆点以下0.5m，待恢复供浆时再喷浆提升。若停机超过3h，为防止浆液硬结堵管，宜先拆卸输浆管路，予以清洗。

（10）壁状加固时，桩与桩的搭接时间不应大于24h，如因特殊原因超过上述时间，应对最后一根桩先进行空钻留出榫头以待下一批桩搭接，如间歇时间太长（如停电等），与第二根桩无法搭接时，应在设计和建设单位认可后，采取局部补桩或注浆措施。

（11）施工的钻机上，应配置和安装经有关部门认可的水泥浆量计量装置，自动记录每根桩各次钻头下钻深度、提升高度和水泥浆液用量（m^3/每延米桩）的整个过程(图6-6)。

（12）现场实践表明，进行基槽开挖时，水泥土搅拌桩（承重桩）桩顶和桩身已有一定的强度，若用机械开挖基坑，往往容易碰撞损坏桩顶，因此在基底标高以上0.3m宜采

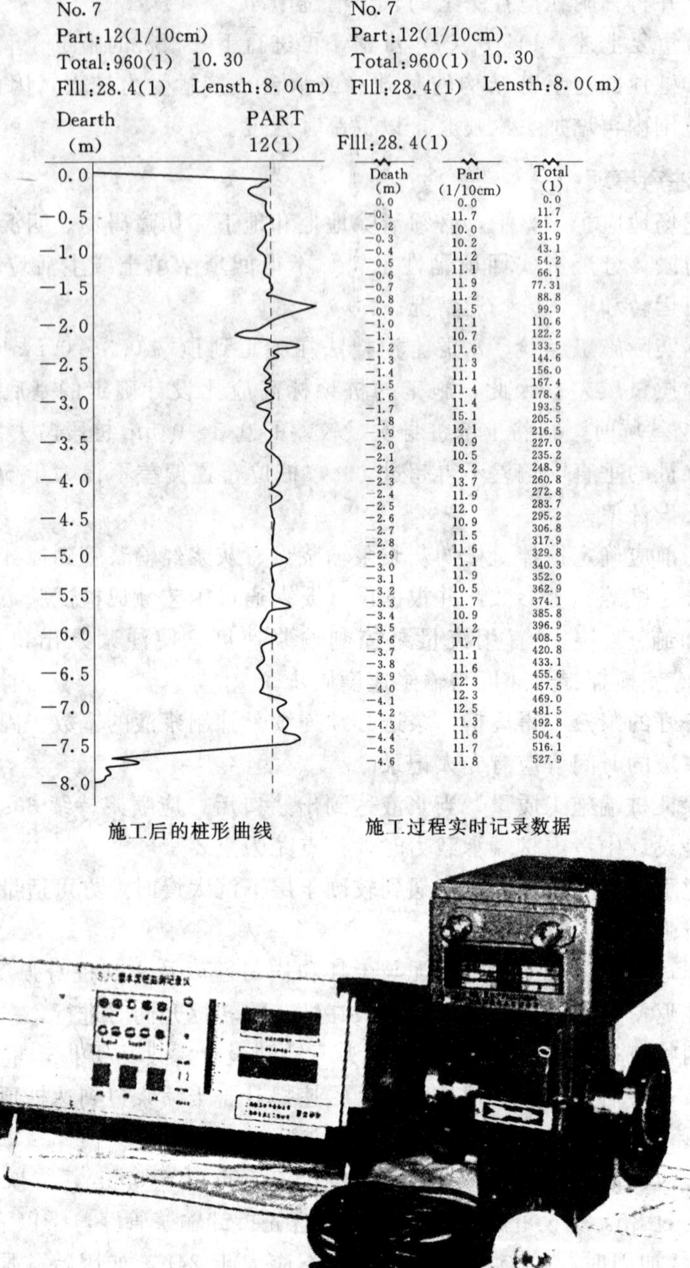

Death (m)	Part (1/10cm)	Total (1)
0.0	0.0	0.0
-0.1	11.7	11.7
-0.2	10.0	21.7
-0.3	10.2	31.9
-0.4	11.2	43.1
-0.5	11.1	54.2
-0.6	11.9	66.1
-0.7	11.2	77.31
-0.8	11.5	88.8
-0.9	11.1	99.9
-1.0	10.7	110.6
-1.1	11.6	122.2
-1.2	11.3	133.5
-1.3	11.1	144.6
-1.4	11.4	156.0
-1.5	11.4	167.4
1.6	15.1	178.4
-1.7	12.1	193.5
-1.8	10.9	205.5
-1.9	10.5	216.5
-2.0	8.2	227.0
-2.1	13.7	235.2
-2.2	11.9	248.9
-2.3	12.0	260.8
-2.4	10.9	272.8
-2.5	11.5	283.7
-2.6	11.6	295.2
-2.7	11.1	306.8
-2.8	11.9	317.9
-2.9	10.5	329.8
-3.0	11.7	340.3
-3.1	10.9	352.0
-3.2	11.2	362.9
-3.3	11.7	374.1
-3.4	11.1	385.8
-3.5	11.6	396.9
-3.6	12.3	408.5
-3.7	12.3	420.8
-3.8	12.5	433.1
-3.9	11.3	455.6
-4.0	11.6	457.5
-4.1	11.7	469.0
-4.2	11.8	481.5
-4.3		492.8
-4.4		504.4
-4.5		516.1
-4.6		527.9

施工过程实时记录数据

图 6－6　SJC 型水泥土搅拌桩浆量监测记录仪实样和自动打印的数据

用人工开挖，以保护桩头质量。这点对保证处理效果尤为重要，应引起足够的重视。

每一个水泥土搅拌桩施工现场，由于土质差异、水泥的品种和标号不同，因而搅拌加固质量有较大差别。所以在正式施工前，应进行数根施工工艺性的试桩，其目的是：①提供满足水泥设计掺入量的各种操作参数；②验证搅拌均匀程度及成桩直径；③了解下钻及提升的阻力情况，并采取相应的措施。

6.2 水泥粉喷射搅拌法施工

施工机械有单搅拌轴和双搅拌轴两种。它们都是利用压缩空气通过水泥供给机的特殊装置，经过高压软管和搅拌轴（中空的）将水泥粉输送到搅拌叶片背后喷嘴口喷出，旋转到半周的另一搅拌叶片把土与水泥搅拌混合在一起。这样周而复始地搅拌、喷射、提升，于是在土体内就形成一个圆形的水泥土柱体，而与水泥材料分离出的空气通过搅拌轴周围的空隙上升到地面释放掉。水泥粉喷射搅拌法的施工设备如图 6-7 所示。

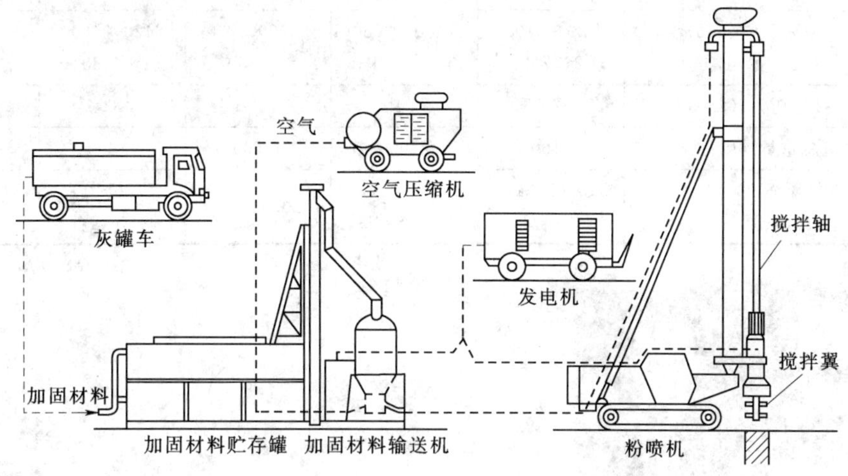

图 6-7 水泥粉喷射搅拌法的施工设备

6.2.1 施工机械设备及其主要性能

主要设备有：搅拌主机、水泥材料供给机（包括材料贮存罐、输送机）、空气压缩机、搅拌翼和动力装置。

1. 国外施工机械

国外施工机械以日本为代表的 DJM 系列的施工机械，其技术性能如表 6-2 所示。有关 DJM2070 型的施工机械的实样，如图 6-8 所示。由图可见，日本施工整套机械中，材料的贮存罐和材料输送机这两部分最为庞大，以 DJM2070 型机械为例，前者的外形尺寸（长、宽、高）为 7.0m×2.5m×2.6m，贮存水泥量 30t，罐重 8t；而后者材料输送机的外形尺寸为 4.4m×2.5m×3.65m，重 5.1t，供料能力为 2 台×(20～120) kg/(min·台)。

表 6-2 日本 DJM 系列施工机械的技术性能

分类	项 目	类型及规格				
搅拌机	搅拌机型号	DJM1037	DJM1070	DJM2050	DJM2070	DJM2090
	搅拌轴直径（mm）	800	1000	1000	1000	1000
	搅拌轴根数（根）	1	1	2	2	2
	搅拌轴回转速度（r/min）	5～50	5～50	16.5～54	24，48(50Hz)	32，63(50Hz)

续表

分类	项 目	类型及规格				
搅拌机	搅拌轴最大转矩（kN·m）	10.0	20.0	15.2	20.0	25.2
	最大加固深度（m）	15	20	20	23	30
	钻进、提升速度（m/min）	0～7.0	0～7.0	0～4.0	0.5～3.0	0.5～3.0
	搅拌驱动方式	电动机—液压	电动机—液压	柴油发动机—液压	电动机	电动机
基础机械	移动方式	附卧式滑动垫板	附卧式滑动垫板	履带式	履带式	履带式
	规格尺寸（mm）（长×宽×高）	320×3100×1700	7150×3080×2000	5090×3290×2860	6420×4600×4485	9227×4920×6800
	接地压力（kPa）	25	24	63	83	113
搅拌机总重量（kg）		1100	24000	41500	67000	85500
空气压缩机（m^3/min）		10.5（700kPa）一台	10.5（700kPa）一台	10.5二台	（700kPa）10.5二台	（700kPa）17.0二台

(a)

(b)

图6-8 日本DJM2070型水泥粉喷射搅拌机实样
(a) 搅拌主机；(b) 搅拌翼

2. 国内施工机械

GPP—5型水泥粉喷射搅拌机，它是一种步履式移位的机械，由铁道部第四勘测设计院与上海探矿机械厂联合开发生产的，技术性能见表6-3。这种机械是由两部分——搅拌主机和粉体喷射机组成。

搅拌机加固的最大深度12.5m，搅拌翼直径为500mm。粉体喷射机贮存水泥量2t，供料能力为100kg/min，外形尺寸（长×宽×高）为2.7m×1.82m×2.46m。

表6-3　　GPP—5型水泥粉喷射搅拌机技术性能

粉喷搅拌机	搅拌轴规格（mm）	108×108×（7500+5500）	YP—1型粉体喷射机	储料量（kg）	2000
	搅拌翼外径（mm）	500		最大送粉压力（MPa）	0.5
	搅拌轴转速（r/min）	正（反）28、50、92		送粉管直径（mm）	50
	转矩（kN·m）	4.9、8.6		最大送粉量（kg/min）	100
	电动机功率（kW）	30		外形规格（m）	2.7×1.82×2.46
起吊设备	井架结构高度（m）	门型-3级14m	技术参数	一次加固面积（m^2）	0.196
	提升力（kN）	78.4		最大加固深度（m）	12.5
	提升速度（m/min）	0.48、0.8、1.47		总重量（t）	9.25
	接地压力（kPa）	34		移动方式	液压步履

6.2.2　施工工艺

水泥粉喷射搅拌法的施工工艺流程如图6-9所示。

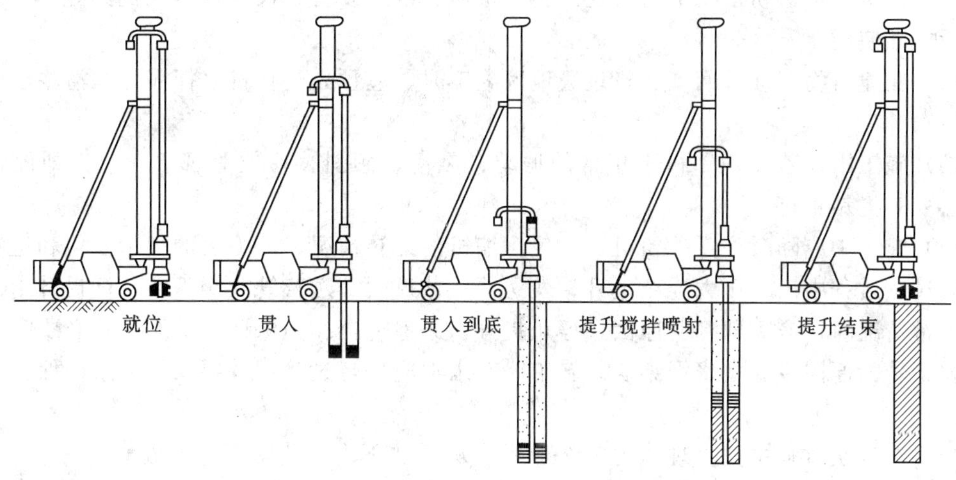

图6-9　水泥粉喷射搅拌法施工流程图

（1）放样定位。

（2）移动钻机，准确对孔。对孔误差不得大于50mm。

（3）利用支腿液压缸调平钻机，钻机主轴垂直度误差不大于1%。

（4）启动主电动机，根据施工要求，以Ⅰ、Ⅱ、Ⅲ挡（0.48m/min、0.8m/min、1.47m/min）逐级加速的顺序，正转预搅下沉。钻至接近设计深度时，应用低速慢钻，且钻机应原位钻动1～2min。为保持钻杆中间的送风通道的干燥，从预搅下沉开始直到喷粉为止，应在轴杆内连续输送压缩空气。

（5）粉体材料及掺合料。使用粉体材料，除水泥以外，还有石灰、石膏及矿渣等，也可使用粉煤灰等作为掺合料。在国内工程中使用的主要是水泥材料，宜选用强度等级为42.5的普通硅酸盐水泥，其掺入量常为220～260kg/m^3，若使用强度等级低于42.5的普通硅酸盐水泥或选用矿渣水泥、火山灰水泥或其他种水泥时，使用前须在施工场地内钻取不同层次的地基土，在室内做各种配合比试验。

(6) 提升喷粉、搅拌。在确认加固料已喷至孔底时，按 0.48m/min 的速度反转提升。当提升到设计停灰标高后，应慢速原地搅拌 1～2min。

(7) 重复搅拌。为保证粉体搅拌均匀，须再次将搅拌头下沉到设计深度。提升搅拌时，其速度控制在 0.5～0.8m/min。

(8) 为防止空气污染，在提升喷粉距地面 0.5m 处应减压或停止喷粉。在施工中，孔口应设喷灰防护装置。

(9) 提升喷灰过程中，须配有自动计量装置。喷粉记录器由控制箱、称重器、供粉泵和深度测量器 4 部分组成。它能自动打印不同深度处喷入水泥粉的重量，有效地控制和检验水泥土桩的质量。

(10) 钻具提升至地面后，钻机移位对孔，按上述步骤进行下一根桩的施工。

6.2.3　施工中需注意的事项

(1) 粉体喷射机安放的位置与搅拌机施工最远处之间的距离不宜超过 60m，不然，送粉管的阻力增大，送粉量就不易稳定。施工机械、电气设备、仪表仪器及机具等，在确认完好后方准使用。

(2) 在建筑物旧址或回填建筑垃圾地区施工时，应预先进行桩位探测，并清除已探明的障碍物。

(3) 施工中，若发现钻机不正常的振动、晃动、倾斜、移位等现象，应立即停钻检查，必要时提钻重打。

(4) 施工中应随时注意喷粉机、空气压缩机的运转情况、压力表的显示变化和送灰情况。当送灰过程中出现压力连续上升、发送器负载过大、送灰管或阀门在钻杆提升中途堵塞等异常情况时，应立即判明原因，停止提升，原地搅拌。为保证成桩质量，必要时应于复打。堵管的原因主要是水泥结块。施工时对水泥应进行过筛，并要求管道系统保持干燥状态。

(5) 在送灰过程中如发现压力突然下降、灰罐加不上压力等异常情况，应停止提升，原地搅拌，及时判明原因。若由于灰罐内水泥粉体已喷完或容器、管道漏气所致，应将钻具下沉到一定深度后，重新加灰复打，以保证成桩质量。有经验的施工监理人员往往从高压送粉胶管的颤动情况来判明送粉的正常与否。检查故障时，应尽可能不停止送风。

(6) 设计上要求搭接的桩体，需连续施工，一般相邻桩的施工间隔时间不超过 8h。若因停电、机械故障而超过允许时间，应征得设计部门同意，采取适宜的补救措施。

(7) 在粉体发送器中有一个气水分离器，用于收集因压缩空气膨胀而降温所产生的凝结水。施工时应经常排除气水分离器中的积水，防止因水分进入钻杆而堵塞送粉通道。

(8) 喷粉时灰罐内的气压比管道内的气压高 0.02～0.05MPa 以确保正常送粉。

(9) 对地下水位较深、基底标高较高的场地，或喷灰量较大、停灰面较高的场地，施工时加水或在施工区地面上浇水，使桩头部分水泥充分水解水化反应，以防桩头呈疏松状态。

(10) 搅拌机施工时，搅拌次数越多，虽然施工效率降低，但拌和越为均匀，水泥土

强度也就越高。水泥与土的搅拌效果可用土体中任一点经历钻头搅拌的次数 N 来控制，N 的表达式为

$$N=(h\cdot\sum Z\cdot n)/v \tag{6-1}$$

式中　h——钻头叶片高度（m）；

$\sum Z$——钻头叶片的总个数（个）；

n——搅拌头的转速（r/min），对 GPP—5 型机，n 值分别为 28、50 和 92；

v——搅拌头的提升速度（m/min），GPP－5 型机中，与 n 匹配对应的 v 值为 0.48、0.8 和 1.47。

应当指出，比值 n/v 表示 1 个叶片、钻头提升高度 1m 时的搅拌次数。对于 GPP—5 型搅拌机来说，当 $\sum Z=2$ 时，只要 h 值不小于 0.18m，则就能满足规范所制定的要求（$N\geqslant 20$）。

6.3　水泥土搅拌桩的质量检验

水泥土搅拌桩复合地基质量检验是保证工程成功的重要手段。规范明确指出，水泥土搅拌桩质量控制应贯穿在施工的全过程，并应当坚持施工全程的监理。整个的质量检验工作和内容可分为两个方面，即施工期间的和施工结束后的质量检验。

6.3.1　施工期间的质量检验

检验主要内容如下：

（1）桩位。通常定位偏差不应超出 50mm。施工前在桩中心插桩位标，施工后将桩位标复原，以便验收。

（2）桩顶、桩底标高均不应低于设计值，施工的桩顶面应高出设计规定值 0.3～0.5m。

（3）桩身垂直度。每根桩施工时应该用水准尺或其他方法检查导向架和搅拌轴的垂直度，从而间接地测定桩身垂直度。通常垂直度误差不应超过 1%。当设计对垂直度有严格要求时，应按设计标准检验。

（4）桩身水泥掺入量。按设计要求检查每根桩的水泥用量，为方便起见，通常按整包水泥计量，允许每根桩的水泥用量在±25kg（半包水泥）规格范围内变动。

（5）水泥强度等级。水泥规格按设计要求选用。对所用的水泥应分批提前对它作出检验（包括：安定性和强度指标），试验合格后方可使用。

（6）搅拌头上提喷浆（或喷粉）的速度。一般均在上提时进行喷浆（粉），提升速度不超过 0.8m/min。通常采用二次搅拌。当第二次搅拌时，不允许搅拌头未到达桩顶标高之前出现浆液（或水泥粉）喷完现象。有剩余时可在桩身上部作第三次搅拌之用。

（7）外掺剂的选用。采用的外掺剂应按设计要求配制，常用的外掺剂有氯化钙、碳酸钠、三乙醇胺、木质素磺酸钙、水玻璃等。

（8）浆液水灰比。根据水灰比（通常为 0.5～0.55）和水泥的掺入比，可算出浆液的密度；在施工过程中要对密度进行抽查。

（9）水泥浆液均匀性。应对贮浆桶内浆液不断地搅拌，保证其均匀性和连续性。

（10）喷粉（喷浆）、搅拌均匀性的控制。应配有水泥自动计量装置，以便随时显示出喷粉（浆）过程中的各项参数，包括压力和喷粉（浆）量等。

(11) 喷粉到距地面1～2m时，不应出现粉末飞扬，通常需适当减小压力，在孔口加设防护罩。

(12) 作为基坑开挖工程中的侧向围护桩时，相邻桩要搭接，施工应连续，且施工间歇时间不宜超过8～10h。

6.3.2　工程竣工后的质量检验

目前国内对水泥搅拌桩的质量测试方法尚未形成统一的认识。水泥土搅拌桩的质量检验主要反映在3个方面：水泥土的强度（包括复合地基强度）、水泥土搅拌的均匀性和桩身长度。

1. 规范规定质量检验的内容

(1) 成桩7d后，采用浅部开挖桩头［深度宜超过停浆（灰）面下0.5m］，目测检查搅拌的均匀性，量测成桩直径。检查量为总桩数的5%。

(2) 成桩后3d内，可用轻型动力触探（N_{10}）检查每米桩身的均匀性。检验数量为施工总桩数的1%，且不少于3根。

(3) 地基竣工验收时，承载力检验应采用复合地基载荷试验和单桩载荷试验。试验宜在成桩28d后进行，检验数量为桩总数的0.5%～1%，且每项单体工程不应少于3点。

2. 轻便触探试验或标准贯入试验

这两种试验都是通过贯入阻抗的大小，来估算不同龄期水泥土桩体强度的变化和桩体的均匀性，试验操作方便、设备简单。

轻便触探试验的结果是以锤击数（N_{10}）的大小而对桩体强度作出评价。轻便触探试验时，一个落距50cm、重10kg的穿心锤自由下落，将锤头竖直打入水泥土桩身中，以每贯入深度30cm时的锤击数记作为"N_{10}"。1991年的《软土地基深层搅拌加固法技术规程》(YBJ 225—1991)，曾给出7d龄期水泥土无侧限抗压强度$f_{cu,7}$与N_{10}的关系，见表6-4；也可以将此关系用曲线表示，如图6-10所示，图中虚线部分乃是曲线外推的结果。

表6-4　　轻便触探击数N_{10}与水泥土抗压强度$f_{cu,7}$值

N_{10}（击数/每贯入30cm）	15	20～25	30～35	>40
水泥土抗压强度$f_{cu,7}$（kPa）	200	300	400	>500

如果不同龄期水泥土抗压强度之间的相互关系为

$$f_{cu,90} : f_{cu,28} : f_{cu,7} = 1 : 0.6 : 0.4$$

则根据轻便触探的锤击数就可粗略地估计出龄期28d和90d的强度。尽管这种检测不尽十分完美，但它可以定性地判别水泥土桩体的软硬程度。

工程实践经验指出，要向水泥土桩体中贯入深度30cm有一定的难度或者达到这样的贯入深度锤头已被击坏。因此根据表6-4，给出平均每一击的贯入深度（cm）与对应水泥土强度的关系曲线（图6-10），便于实践中使用。轻便触探试验可作为施工单位自检的一种手段，以检验施工工艺和施工参数的正确性。

标准贯入试验是以锤重63.5kg、落距76cm，贯入深度30cm时的击数N来反映地基土特性的一种试验。对于水泥土搅拌桩，可利用它来检验桩身强度、桩的均匀性和桩的长

度。在目前，用锤击数 N 值估算桩体强度尚无规范可作为依据，但可借鉴同类工程资料。这里给出南京炼油厂有关的试验成果，供技术人员参考。

南京炼油厂5万 m^3 油罐下采用水泥土搅拌桩加固地基，桩长16～26.3m，强度等级为52.5的矿渣水泥的掺入比15%（按天然土重度18.5kN/m^3 计），在现场标贯试验的同时，进行桩内取芯并做芯样抗压强度的试验（图6-11）。不同龄期（10d、30d、150d）标贯平均击数 N 与取芯抗压强度 f_{cu} 平均值之间的相互关系如表6-5和图6-12所示。

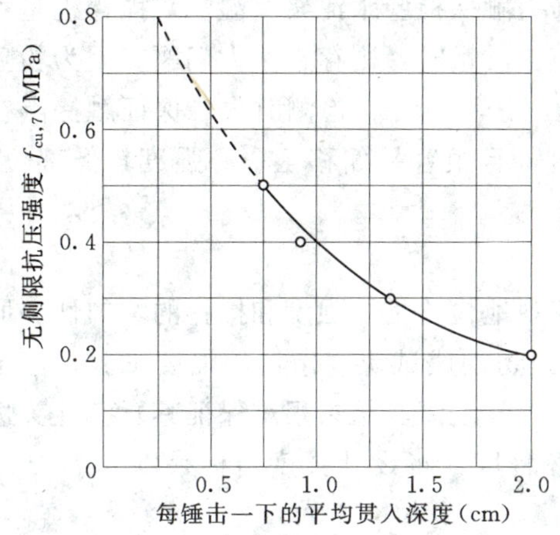

图6-10 轻便触探的击数与水泥土抗压强度的相关曲线图

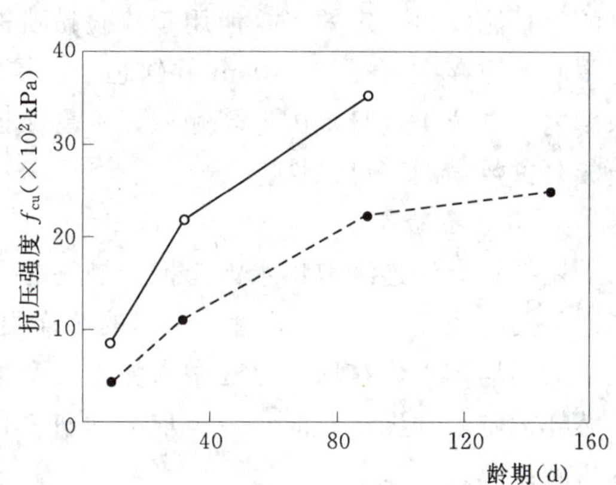

图6-11 搅拌桩内取芯强度（$f_{cu,1}$，虚线）和相同参数下室内试块强度（$f_{cu,2}$，实线）（比值 $f_{cu,1}/f_{cu,2}\approx 0.5$）

表6-5 标贯击数 N 与同点取芯强度 f_{cu} 的关系

龄期（d）	10	30	150	备注
标贯击数平均值 N	22.3	32.9	>60	天然地基（淤泥质黏土）的标贯击数 N=2.8
与10d击数 N 之比值	1	1.48	>2.69	
试验点数	172	14	12	
取芯抗压强度 f_{cu}（kPa）	480	1138	2522	
相关关系表达式 f_{cu}（MPa）	$N/46.5$	$N/28.9$	$N/18.9$	

3. 静力触探试验

静力触探试验可连续检查桩体长度内的强度变化。用比贯入阻力 p_s（MPa）估算桩体强度 f_{cu}（MPa）需有足够的工程试验资料，在目前积累资料尚不够的情况下，可借鉴同类工程经验或用下式估算桩体无侧限抗压强度：

$$f_{cu}=\frac{1}{10}p_s \qquad (6-2)$$

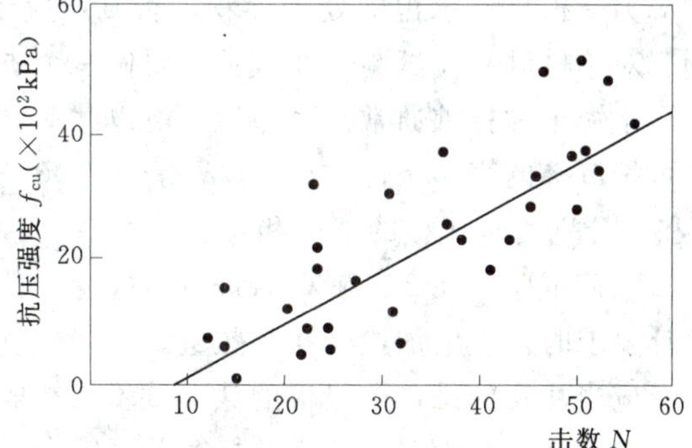

图6-12 搅拌桩取芯强度 f_{cu} 与标贯击数 N 的关系

水泥土搅拌桩制桩后用静力触探测得

桩身强度沿深度的分布图，与原始地基的静力触探曲线相比较，得出桩身强度的增长幅度，并能测得断浆（粉）、少浆（粉）的位置和桩的长度，整根桩身质量情况就将暴露无遗。

静力触探可以严格检验桩身质量和加固深度，是有效检查桩身质量的方法之一。但从理论上和实践上尚需进行大量的工作，以积累经验；同时在测试设备上还需进一步改进和完善，以保证该法检验的可行性。

根据上海地区的经验，采用轻便动力触探和静力触探检验水泥浆（湿法）搅拌桩是可行的，且能取得一定效果。但用于检验粉喷桩的施工质量时，则存在很大问题。因为粉喷桩中心普遍存在直径5～10cm的软芯，而桩的直径只有50cm，检测时很难保证触探点在深度内一直位于桩身范围上，触探杆不易保证垂直，且很容易偏移至中心强度较低部位，造成测试数据的不可靠性。

4. 取芯检验

用钻孔方法连续取出水泥土搅拌桩桩芯，可直观地检验桩体强度和搅拌的均匀性。取芯通常用直径106mm岩芯管，取出的芯样用锯、刀切割成试块并做抗压强度试验。但由于桩的不均匀性，在取样过程中水泥土易产生破碎，强度试验结果很难保证其真实性。进行芯样无侧限强度试验时，可视取样对桩芯的损坏程度，将设计强度指标乘以0.7～0.9的折减系数。

5. 截取桩段作抗压强度试验

铁道部行业标准《粉体喷搅法加固软弱土层技术规范》（TB 10113—1996）中规定采用现场足尺桩身无侧限抗压强度试验法来评定粉喷桩的强度。在桩体上部不同深度现场挖取50cm桩段，上下截面用水泥砂浆整平，装入压力架后千斤顶加压，即可测得桩身抗压强度及桩身变形模量。这是值得推荐的检测方法，它可避免桩横断面方向强度不均匀性的影响，测试数据直接可靠，可积累室内强度与现场强度之间的经验关系，且试验设备简单易行。但该法的缺点是挖桩深度不能过大（一般为1～2m），它反映的仅是浅层硬壳层范围内水泥土情况，而不能反映深层软土中的桩身质量。

6. 静载荷试验

对承受垂直荷重的水泥土搅拌桩，静载荷试验是最可靠的质量检验方法。对于单桩复合地基载荷试验，载荷板应有足够的刚度，其大小应根据设计置换率来确定，即载荷板面积应为一根桩所承担的处理面积，否则，应予修正。试验标高应与基础底面设计标高相同。对单桩静载荷试验，在板顶上要做一个桩帽，以便受力均匀。

水泥土搅拌桩通常是摩擦桩，所以载荷试验结果一般不出现明显的拐点，承载力特征值可按沉降的变形条件s/b或s/d等于0.006来选取，其中s为载荷试验承压板的沉降量，b和d分别为承压板的宽度和直径。

载荷试验应在28d龄期后进行，检验点数每个场地不得不少于3点。若试验值不符合设计要求时，应增加检验孔的数量。

应当注意的是，一般桩的载荷试验均在成桩28d后进行，而设计时的参数均以90d标准选取，其承载力对于龄期的换算关系完全不同于室内水泥土强度的换算关系。根据经验及资料分析，一般认为28d推算到90d的单桩承载力可以乘以1.2～1.3的系数（主要与单桩试验的破坏模式有关)，28d推算到90d的单桩复合地基承载力可以乘以1.1左右的系数（主要与桩土模量比例等因素有关)。

7. 开挖试验

可根据工程设计要求，选取一定数量的桩体进行开挖，检查加固桩体的外观、搭接和整体性等。

8. 沉降观测

建筑物竣工后，尚应进行沉降、侧向位移等观测，这是最为直观检验加固效果的理想方法。建筑物沉降观察资料的积累，对水泥土搅拌桩复合地基设计计算方法的进一步完善有着重要的指导价值。

9. 围护水泥土搅拌桩的检验内容

(1) 墙面渗漏水情况。

(2) 桩墙的垂直和整齐度情况。

(3) 桩体的裂缝、缺损和漏桩情况。

(4) 桩体强度和均匀性。

(5) 桩顶和路面顶板的连接情况。

(6) 桩顶水平位移量。

(7) 坑底渗漏情况。

(8) 坑底隆起情况。

值得提及的是，近些年来水泥土搅拌桩的施工质量问题受到了各方面的关注。目前在施工过程中都配置水泥自动计量装置，这种装置能够正确显示桩身垂直方向上不同点处所喷入的水泥浆液量（或水泥粉量)，保证了桩身的均匀性和桩体强度，从源头上解决了施工质量控制的问题，因此工程质量事故得到遏止。在质量检测方面，虽有多种方法，但由于试验设备和技术等因素的限制，只能限于浅层。对于深层强度与变形等检测，目前尚没有更好的方法，有待于今后进一步研究解决。

第7章　水泥土搅拌桩工程应用实例

【工程实例1】　水泥土搅拌桩在土钉支挡结构中的应用

1. 工程概况

昆山商务花园大酒店毗邻昆山市广电大厦，酒店工程地上23层，总建筑高度77.4m；地下一层，基础采用预应力混凝土管桩，桩径500mm，桩长25～27m，持力于粉砂层中。现场地面相对标高－1.65（绝对标高＋2.00），地表下15m深度范围内的土层情况如表7-1所示。

表7-1　　主要土层的物理力学性质指标

土层序号	土　名	厚度 (m)	天然含水量 w (%)	孔隙比 e	压缩模量 E_s (MPa)	渗透系数		固结块剪		静力触探 p_s (MPa)
						垂直 k_r (cm/s)	水平 k_H (cm/s)	内摩擦角 φ (°)	内聚力 c (kPa)	
	填土	1.6								
2-1	褐黄色黏土	0.8	32.6	0.922	4.3	8.62×10^{-7}	3.82×10^{-6}	19.0	23.0	0.91
2-2	蓝灰色黏土	1.1	36.3	1.001	3.1	1.16×10^{-6}	—	15.0	18.0	0.63
2-3	灰粉质黏土	4.2	37.2	1.031	3.0	4.17×10^{-7}	4.46×10^{-7}	23.0	14.0	0.54
3-1	灰黏质粉土	6.5	33.4	0.926	6.2	1.57×10^{-6}	2.41×10^{-6}	31.5	8.5	1.18

基坑开挖深度不一，在西北角处挖深7.05m以外，其他部位挖深为4.95～5.55m。基坑西边和南边采用放坡开挖，而北边和东边选用复合式钉墙支挡结构。挡墙的平面布置和挡墙剖面图如图7-1和图7-2所示。

2. 水泥土搅拌桩在复合式土钉墙中的作用

从土层分布情况（表7-1）可见，场地内土层2-1和土层2-2的性质较好，基坑底部位于土质较软的土层2-3中。为了确保支挡结构在软土层中的稳定性（指整体稳定和水平向滑动），采用阶梯状复合式土钉支挡体系。选用“阶梯状”的目的是，减小作用在土钉墙上的水平压力。而支挡体系中的水泥土搅拌桩，是作为超前支护的一种措施，它的功能有以下几点。

（1）解决土体的自立性。具体地说就是解决软土2-3层的自立性的。要是不设置搅拌桩，则在开挖到土层2-3中时，在上覆土层压力作用下，软土2-3层就会像挤牙膏形式一样，向基坑内侧产生水平挤动。

（2）具有隔水性。相互搭接的水泥土搅拌桩相当于一个隔水帷幕，使基坑密闭性好。

（3）搅拌桩表面干燥，与喷射混凝土面层粘结性好。解决喷射混凝土面层与土体直接接触时粘结性能不好的问题。

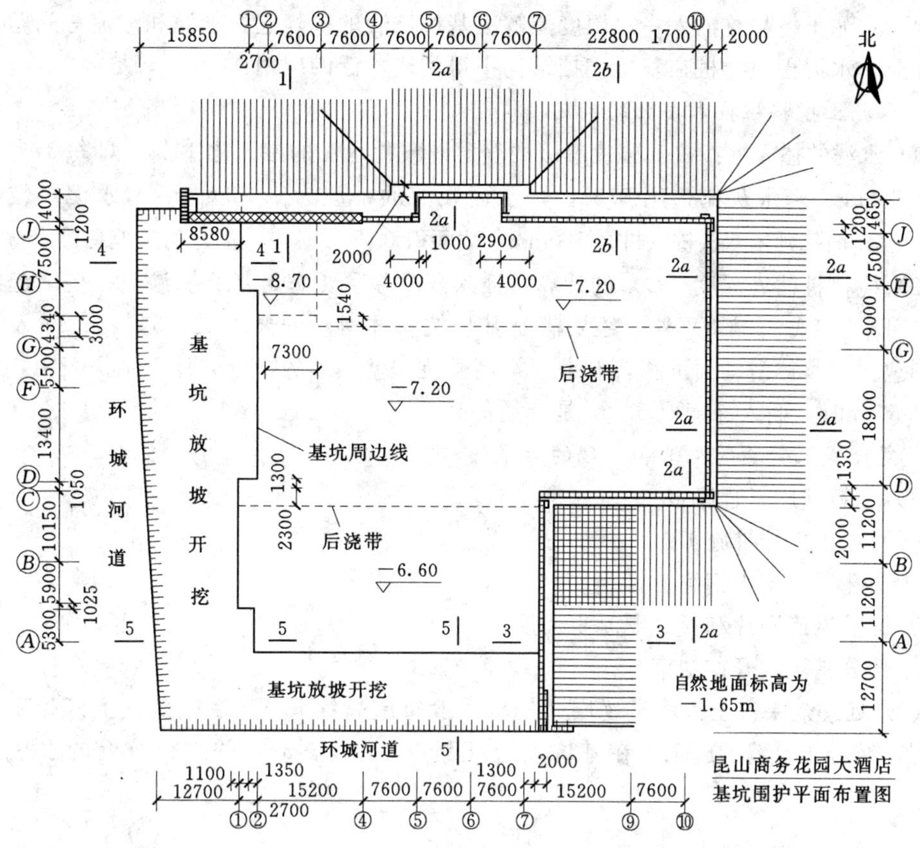

图 7-1 复合土钉墙支挡结构的平面布置图

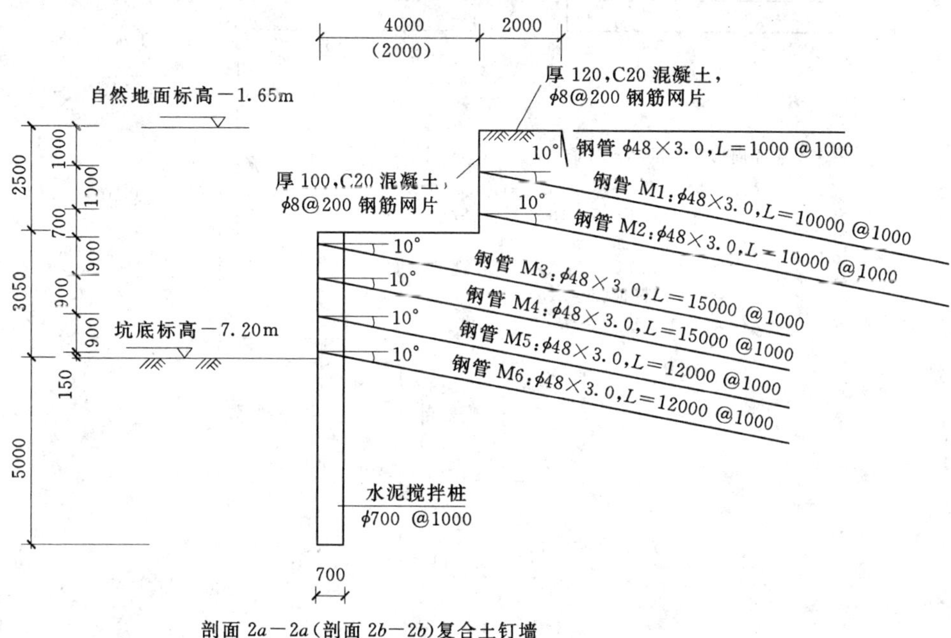

图 7-2 复合土钉墙的剖面图

(4) 水泥土搅拌桩插入一定深度能解决基坑坑底的抗隆起、管涌和渗流等问题。

因此，水泥土搅拌桩在基坑支挡结构中得到较广泛的应用。

3. 水泥土搅拌桩技术参数的确定

(1) 水泥的掺入量：42.5 强度等级的普通硅酸盐水泥的掺入比 14%，即每 1m³ 水泥用量为 268.8kg；当水灰比选用 0.55，则水泥浆液的密度为 1.755g/cm³（水泥颗粒密度取 3.0g/cm³），而每延米双头桩（桩径 700mm，截面积 0.71m³）内，注入的浆液总量为 0.169m³。

(2) 搅拌桩插入深度（D）的计算：插入深度除了要满足基坑抗渗流、抗隆起的要求式（5-13）和式（5-8）外，还要满足基坑抗整体滑动的要求式（5-7）。插入深度愈深，则愈促使整体滑动面下移，有助于提高基坑坑壁整体的稳定。计算结果表明，当开挖深度 5.55m 时，插入深度取 5.0m 是合适的。

4. 复合式土钉墙的施工和处理的效果

(1) 土钉墙施工程序：

1) 水泥土搅拌桩施工。

2) 钻孔，并植入钢管土钉。

3) 铺设钢筋网片和喷射混凝土面层。

4) 部分基坑内开挖结束。

(2) 处理效果：土钉墙是逐层开挖（一般每层高约 lm）、逐层设置土钉和喷射混凝土面层。结合土钉墙的施工，在基坑周边埋测点（图 7-3），并进行坑壁的水平位移观

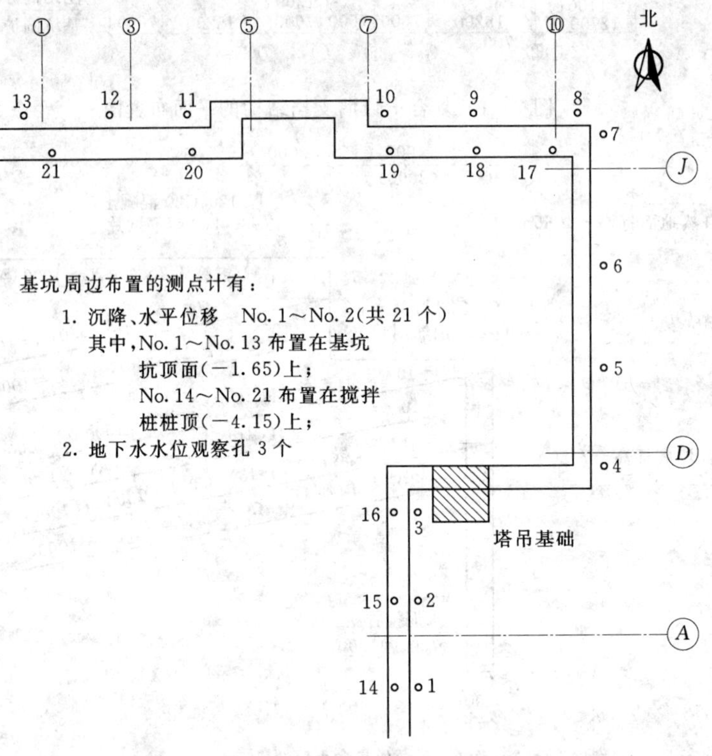

图 7-3　土钉墙周边测点的平面布置图

察。本工程土钉墙于 2003 年 7 月 3 日开始，至 2003 年 8 月 15 日竣工结束，历时 1 个半月。在此期间所产生的最大水平位移值为 27mm（表 7 - 2），基坑支挡结构稳定可靠。同时，基坑内也没有发生涌水和坑底隆起等现象。

表 7 - 2　　土钉墙周边测点的水平位移值　　单位：mm

测点号	观测日期			
	2003 - 07 - 15	2003 - 07 - 31	2003 - 08 - 10	2003 - 08 - 15
2	0	12	21	27
6	0	9	19	21
10	0	5	17	22
12	0	6	19	21
15	0	2	19	24
19	0	1	15	15
21	0	0	21	25

【工程实例 2】 拱壁形水泥土搅拌桩挡墙

1. 工程概况

上海航空发动机制造厂新建“50 号冲压厂房”位于上海宝山顾村。冲压厂房内有两条长 75.7m，宽度分别为 10.1m（B 沟）和 8.8m（A 沟）的地沟。地沟的净深分别为 6.0m（B 沟）和 5.5m（A 沟），两地沟中心的相距 15.45m，相邻沟壁的净距为 6.0m。有关地沟的平面图和剖面图如图 7 - 4 和图 7 - 5 所示。从剖面图 7 - 5 可见，在地沟纵向每隔一定距离设置有水平支撑。如果考虑地沟混凝土底板（按厚度 1.0m 计）的话，则两地沟基坑的开挖深度分别约 7.0m 和 6.5m。经过几种支挡结构方案（如重力式水泥土搅拌桩挡墙、土钉墙等）比较后，选用拱壁形水泥土搅拌桩挡墙方案。

由于地沟内放置重型的冲压机械，振动力较大，所以承载力低的原天然地基土需要进行加固。为此，结合基坑支挡结构设计，在基坑底以下设置直壁形水泥土搅拌桩，它既作为提高坑底地基土承载力的一种措施，又由于它两端与混凝土灌注桩相接，起到支撑的作用，使混凝土灌注桩受力性能大为改善。

2. 土层分布情况

在地表下 14m 的深度范围，共有 5 个土层，其自上而下分布情况为：

土层 1：填土，厚 2.5m；地下水埋藏在地表下 1.2m 处。

土层 2：灰黄色粉质黏土，平均厚度 1.0m，土的重度 $\gamma=17.7\text{kN/m}^3$，内聚力 $c=19\text{kPa}$，内摩擦角 $\varphi=17°$。

土层 3a：砂质粉土与粉质黏土，平均厚 2.5m，$\gamma=18.1\text{kN/m}^3$，$c=10\text{kPa}$，$\varphi=30°$。

土层 3b：淤泥质粉质黏土，平均厚 2.0m，$\gamma=17.4\text{kN/m}^3$，$c=13\text{kPa}$，$\varphi=21°$，基坑底面位于这层土中。

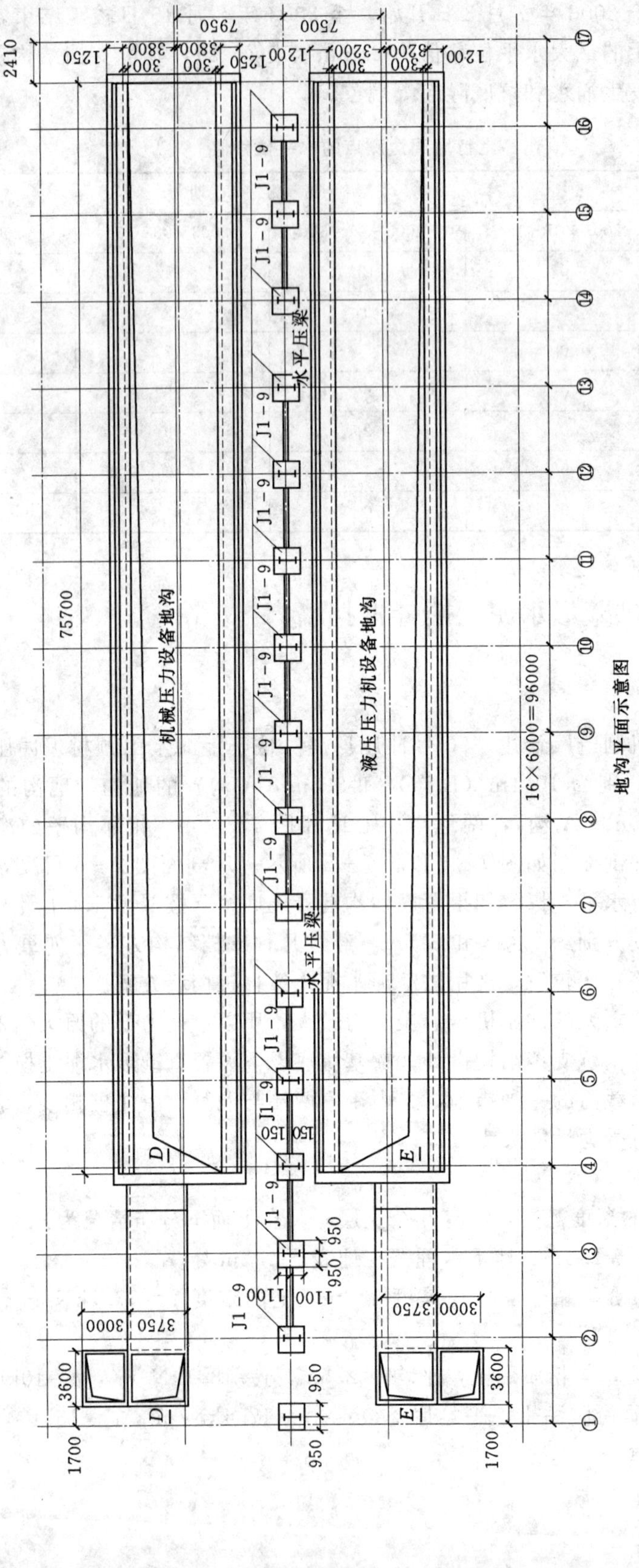

地沟平面示意图

图 7-4　50 号冲压厂房内两条长 75.7m 的地沟平面图

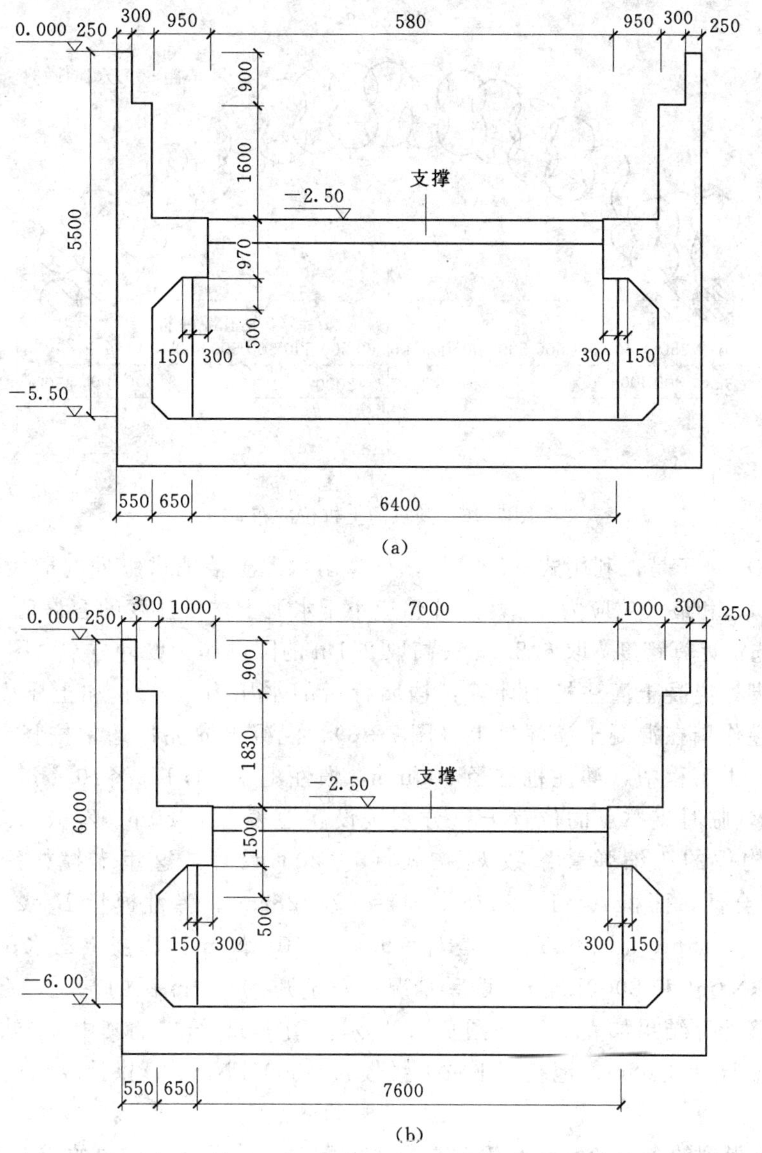

图 7-5 地沟 A 和地沟 B 的剖面图

(a) 液压压力机设备地沟（A 沟）断面图；(b) 机械压力机设备地沟（B 沟）断面图

土层 4：淤泥质黏土，厚度 6m，$\gamma=16.3\text{kN/m}^3$，$c=13\text{kPa}$，$\varphi=12°$。

3. 圆拱拱壁水泥土挡墙设计

拱壁水泥土挡墙包括拱形水泥土搅拌桩和混凝土钻孔灌注桩两个部分。

(1) 拱形水泥土搅拌桩的计算：在一定地质条件下，拱形水泥土挡墙的内力大小与圆拱的计算跨度（l）和矢高（f）值有关。要寻求最佳的设计方案，需作多轮次的计算。取圆拱的计算跨度 $l=8\text{m}$ 作计算，矢高 $f=0.3l=2.4\text{m}$，圆拱所对应的圆心角 $2\alpha_0=123.84°$（图 7-6）。水泥土搅拌桩长度 13.5m，桩内的水泥掺入比 18%，预估 90d 水泥土无侧限抗压强度 $f_{cu}=1.6\text{MPa}$，水泥土的内聚力为 $0.2f_{cu}=320\text{kPa}$ 和抗拉强度 $\sigma_t=$

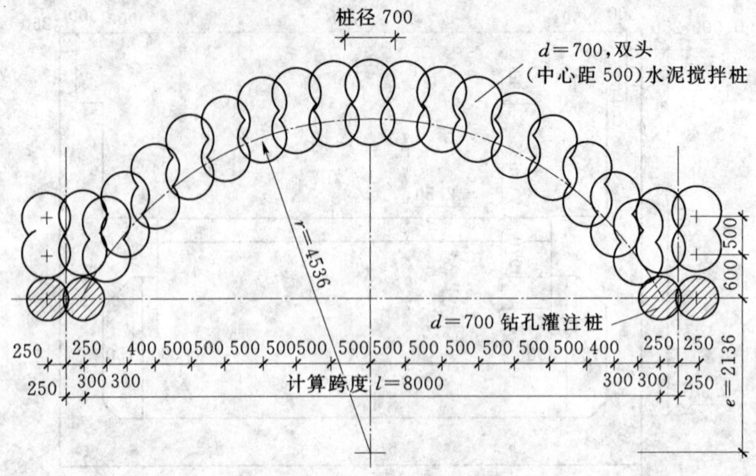

图 7-6　圆拱的上桩位的布置

$0.1f_{cu}=160$kPa；于是，利用式（5-16），可算出水泥土挡墙拱脚处的最大压应力 N_{max}、最大剪应力 Q_{max} 和最大拉应力 σ_{max}。这些值应小于水泥土材料强度的容许值。经过多轮的计算，最后选定计算跨度 l 取 6.8m，矢高取 2.1m 的圆拱作为设计方案（图 7-7）。

（2）拱脚处混凝土灌注桩的计算：挡墙背后的水压力（P_w）和土压力（P_c）通过搅拌桩而传递作用在混凝土灌注桩上（图 7-8），混凝土灌注桩通常按竖向弹性地基梁法计算内力。本工程中，灌注桩桩径 700mm，惯性矩 $J=1.179\times10^{-2}\text{m}^4$，弹性模量 $E=3\times10^7$kPa，临时支撑点的位置 H：分别按设在地表下 2.20m、2.68m、3.08m 三处计算；支撑构件的压缩弹簧系数 k_B 按式（5-20）计算，这里支撑杆采用 4 根角钢（100×6）组合件，面积 $A=11.932\text{cm}^2\times4=47.728\text{cm}^2$、弹性模量 $E=2.0\times10^5$MPa、计算跨度 $l=10.15$m、α 取 0.5，于是 $k_B=9.41\times10^4$kN/m。地基土的水平向抗力系数 m 值取 6000kN/m^4 和 8000kN/m^4 两种情况；对于开挖 6.9m 深的基坑，混凝土灌注桩的内力、位移计算结果如表 7-3、图 7-9 所示。图 7-9 给出的其中一个结果（指支撑点离地面距离 $H_z=2.68$m、地基水平抗力系数 $m=8000$kN/m^4、拱计算跨度 6.8m，拱矢高 2.1m）。

根据计算得到的内力值，进行钢筋混凝土的配筋，确保灌注桩内的应力满足相关规范的要求。

表 7-3　　混凝土灌注桩的内力、位移计算结果

基坑开挖深（m）	6.9			
地基土水平抗力系数 m（kN/m^4）	6000		8000	
支撑点离地面的距离 H_z（m）	2.20	2.68	2.68	3.08
水平位移最大值（mm）	54	52	48	48
弯矩最大值（kN·m）	1300	1130	1030	880

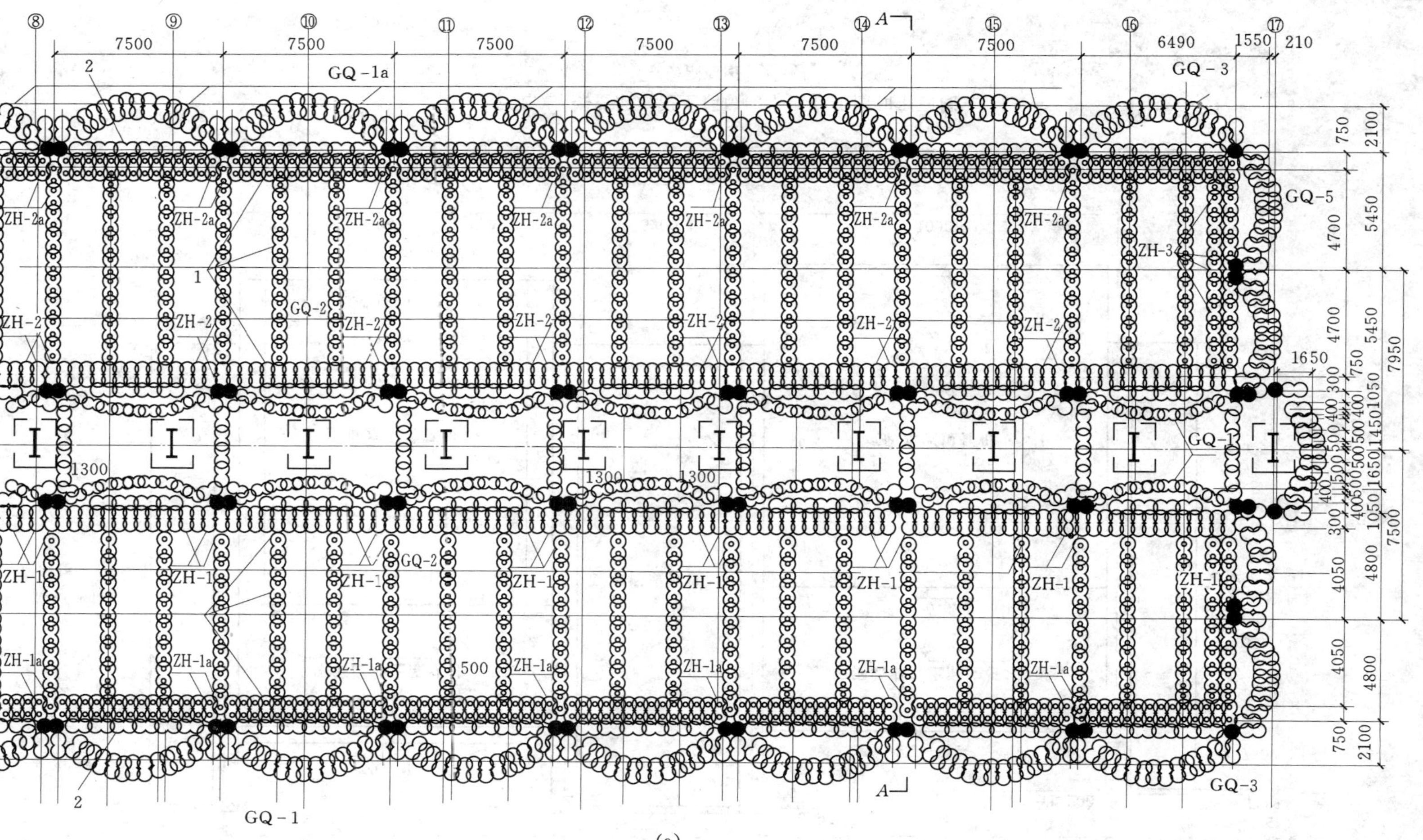

(a)

图 7-7(一) 拱壁形水泥土挡墙的平面布置图和剖面图

(a)平面布置图

●—混凝土灌注桩;1—坑底水泥土搅拌桩;2—替代模板用的水泥土搅拌桩

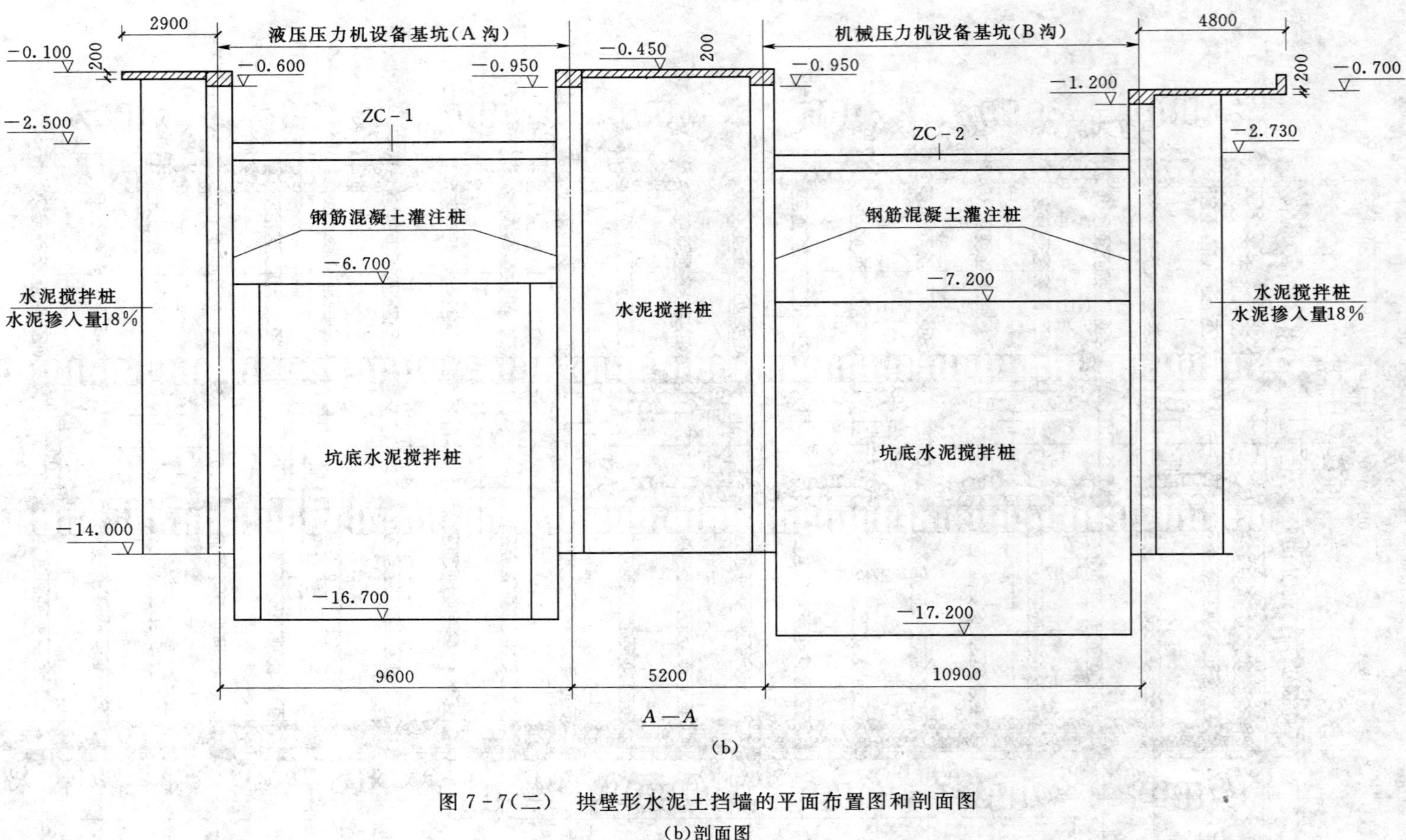

图 7-7(二)　拱壁形水泥土挡墙的平面布置图和剖面图

(b)剖面图

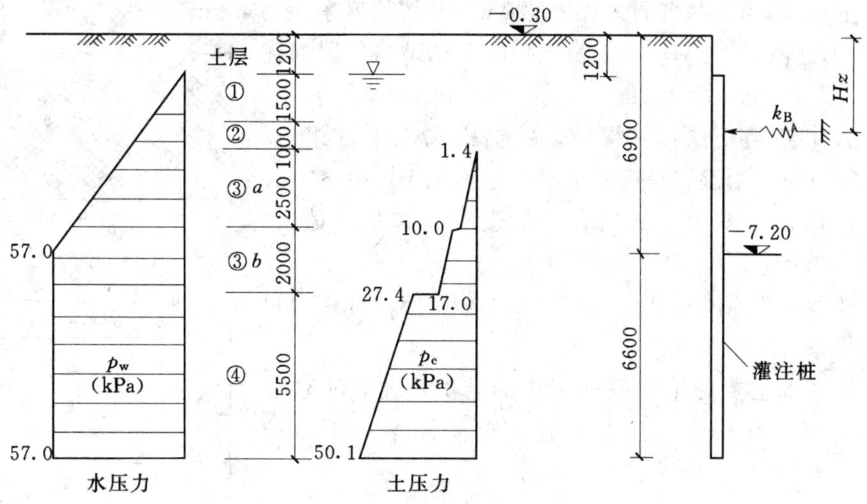

图 7-8 挡墙后土压力、水压力的分布和混凝土灌注桩的计算图式

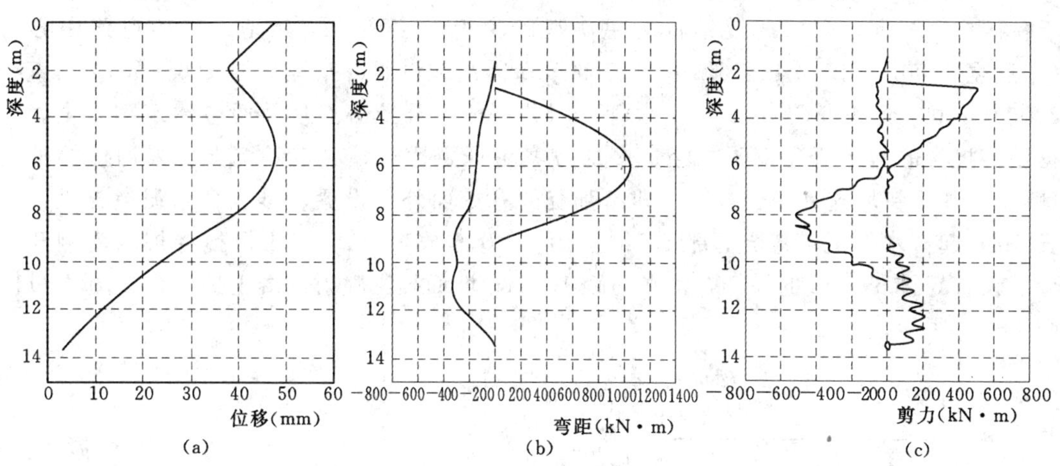

图 7-9 混凝土灌注桩的水平位移、弯矩和剪力曲线

注：临时支撑点离地面的距离 2.68m，地基土水平抗力系数 $m=8000kN/m^4$。

4. 质量检验

本工程于 2003 年 3 月施工，历时 2 个月，开挖后基坑内干燥，无渗漏现象，基坑侧墙面直立稳定。

【工程实例 3】 水泥搅拌桩和土钉墙在道路工程中的联合应用[1]

1. 工程概况

蛇口湾厦路市政道路改造工程位于深圳市蛇口工业区老城区内，南北向次干道，向南

[1] 本工程实例由雷和全、唐朝辉提供。

至海岸，全长300m；基坑周边长度620m，开挖深度东侧为4.6m、西侧5.1m。其地质结构如图7-10所示。与基坑开挖及支护有关的地质情况简述如下：

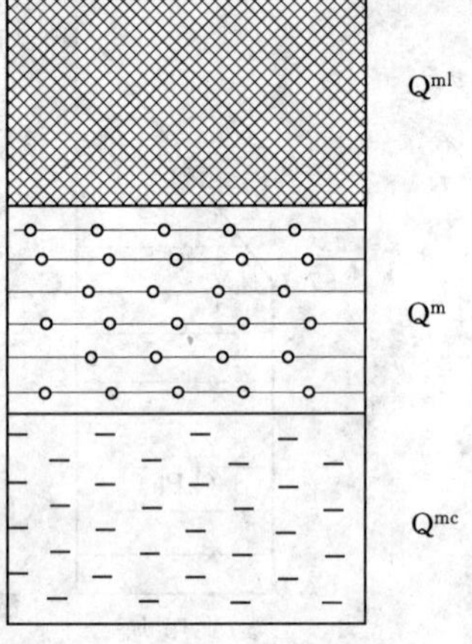

图7-10 地质结构

(1) 人工杂填土层：灰褐色，主要由黏土混砂组成，含少量建筑垃圾，稍湿、呈密实散状，厚度1.70～2.84m。

(2) 砾砂层：灰色、灰白色，很湿—饱和状，稍密，厚度5.90～7.08m。

(3) 砾砂质混黏性土层：紫红色、肉红色、黄色，可塑—硬塑状态，厚度10m。

场地地下水主要为第四系地层中的孔隙潜水，水位受大气降水、潮汐作用变化明显，施工期间测量地下水位深2m。

2. 施工方案的设计

(1) 方案提出：湾厦路地处老城区，沿线建筑物多建于特区成立初期，多层砖混结构为主，基础中绝大多数为天然地基，离道路中心线（车道宽8.00m）仅5.42～6.10m；道路改造需沿线设置2条埋深约4.6～5.1m，直径2200mm雨水管和直径400mm污水管，因此一般性开挖必然危及两旁建筑物安全。根据钻探报告的地质情况说明并经过多次方案论证、比选，决定基坑支护采用搅拌桩墙（帷幕）加土钉墙这种联合方式，即沿基坑的开挖面外侧设置双排迭合水泥搅拌桩，桩长8m，起截水作用；基坑上部1.5m采用1∶0.6放坡，1m以下沿搅拌桩墙内侧开挖分层设置3排6～8m的锚杆，水平间距1.4m，坡面挂网喷射混凝土护面，如图7-11、图7-12所示。

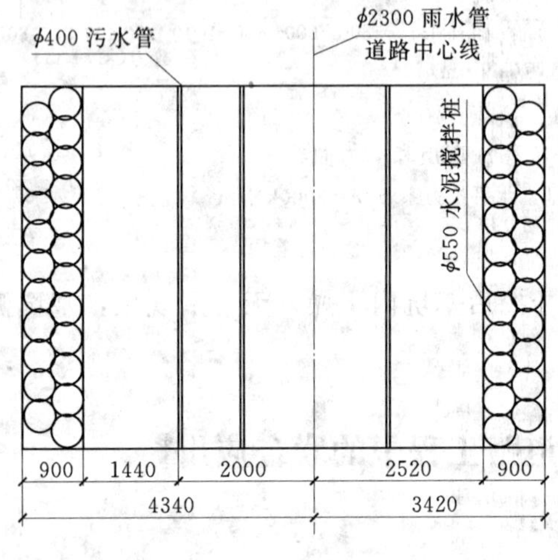

图7-11 平面大样图

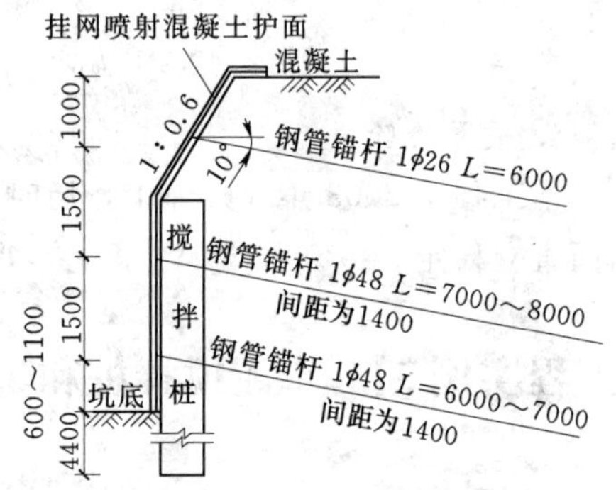

图7-12 基坑侧壁剖面图

(2) 设计及施工参数选择：

1) 设计计算参数：①锚杆的支锚刚度为150kN/m；②地下水埋深2m；③坡顶堆载

15kPa；④基坑开挖土层及力学指标（见表7-4）。

表7-4　　基坑开挖土层及力学指标

土层名称	厚度（m）	重度（kN/m^3）	c（kPa）	φ（°）
Q^{ml}	2.3	18.00	10	10
Q^{m}	6.5	20.00	0	30
Q^{mc}	10.0	18.50	20	22

2）水泥搅拌桩：采用双排迭合水泥搅拌桩，设计桩长9.5m，上部1.5m为空搅，实际桩长8.0m，单桩直径550mm，桩间搭接10cm；相邻桩成桩间隔应小于24h；搅拌桩采用二喷四搅成桩，水泥渗入比15%，每延米桩长约用60kg水泥；强度等级为42.5的普通硅酸盐水泥，$W/C=0.5$。

3）土钉墙：

a. 土钉：锚杆孔位沿基坑侧壁梅花状布置，第一排用Ⅱ级直径25mm螺纹钢筋锚杆，洛阳铲成孔，直径80～100mm，每隔1.5m做一托架；第二、三排锚杆采用钢管，机械打入，锚杆与水平面夹角为10°～15°；锚杆安放于孔中后采用反向注浆，注浆压力0.2～0.5MPa；注浆液配方用纯水泥浆，普通硅酸盐水泥强度等级为42.5的水泥，$W/C=0.4\sim0.45$；水泥浆28d抗压强度不小于20MPa。

b. 护面：土钉就位后挂$\phi6$@200×200钢筋网，并用铁丝绑扎；挂网后安装腰梁钢筋，用锚头角钢锁定；喷射混凝土采用强度等级为42.5的普通硅酸盐水泥，$W/C=0.45$。水泥：砂：细石=1：2：2；喷射混凝土厚度80mm（分二次），终凝2h后喷洒水养护3～7d。

3. 质量标准要点

（1）搅拌桩：应在成桩后7d内进行动力触探检验桩身强度，检验数量不小于总桩数的2%；尚应选择部分代表性的桩体进行钻探取芯（直径大于80mm）做单轴极限抗压强度试验，数量在3根桩以上。

（2）土钉：锚杆拔力平均不小于设计值，且最小拔力不小于设计值。

（3）土钉墙：喷射混凝土强度应满足设计要求，喷层厚度每10m检查一个断面，要求检查点的60%不小于设计厚度，且不小于60mm。

（4）基坑开挖过程中必须监测搅拌桩桩顶位移，按规范布设观测点并作观测记录。并与《深圳地区建筑深基坑支护技术规范》（SJ G04—96）作对照。

4. 施工

（1）水泥搅拌桩施工流程：平整场地、搅拌机械就位→预搅下沉→喷浆搅拌、提升、重复搅拌下沉→重复喷浆搅拌、提升直至孔口→关闭搅拌机械、整理技术数据。

（2）土钉墙施工流程：土方开挖→锚杆定位成孔、清孔→放置锚杆→灌浆→制安钢筋网、安放腰梁钢筋→锁定锚头→喷锚→养护、下层土方开挖。

（3）基坑开挖：沿纵向每20m为一单元，分两层开挖，第一层挖厚2.6m，完成第一、二排锚杆及土钉墙后再开挖至坑底；截水帷幕止水效果很好，坑内积水量不大，现场采取集水井的方式抽排。

(4) 单元总体施工流程：水泥搅拌桩施工→基坑土方挖运（Ⅰ）→土钉墙施工（Ⅰ）→基坑土方挖运（Ⅱ）→土钉墙施工（Ⅱ）→管道施工→基坑回填→下一单元施工。

5. 小结

水泥搅拌桩和土钉墙技术的联合应用，是一种在道路工程中有广泛前景的新技术；其具有工艺简洁、造价较低、能确保周边建筑物安全的优点，缺点是施工周期略长，现场噪声较大。

【工程实例4】　多层住宅地基采用短水泥粉喷桩的加固效果

1. 工程概况

上海浦东外高桥保税区E1地块内3幢6层住宅楼为砖混结构，基础采用条形基础。因基底压力（120kPa左右）高于天然地基承载力，故需作地基处理。No.2、No.3和No.25 3幢楼的长高比分别为1.8、2.6和3.9，其中No.25楼的长高比大于3.0，说明该建筑物的整体刚度较弱。近地表20m范围内的土层分布如图7-13所示，其分布的特点是，土层自上而下逐渐变软，地表下10m深度内土质较好。针对该土层分布特点，采用短的水泥粉喷桩进行加固处理。

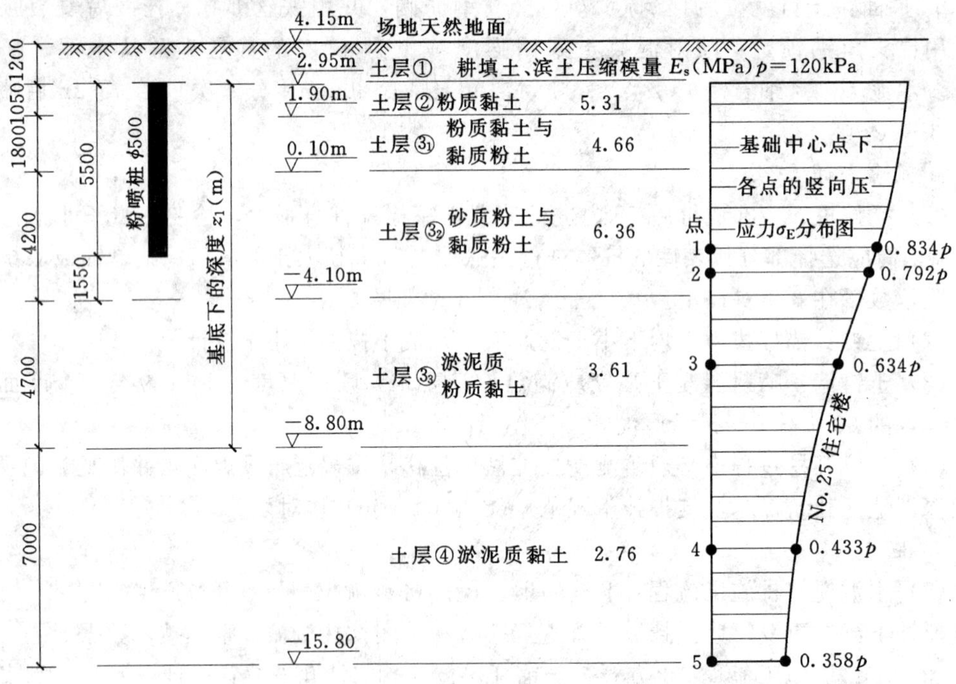

图7-13　场地地层情况和地基中附加应力的分布图

2. 水泥粉喷桩的布置和沉降量的计算

粉喷桩桩径 500mm，水泥掺入量为 50kg/m。有效桩长 5.5m，粉喷桩的面积置换率约为 20%左右。但是在具体布置时。对朝南外阳台一侧和楼梯间处的局部荷载较大区域再提高桩的密度，以防止不均匀沉降而引起建筑墙面的开裂，桩位布置如图 7－14 和图 7－15 所示。3 幢楼的附加应力和沉降量计算结果，见表 7－5 和图 7－13。计算表明，3 幢楼的沉降量在 24cm 左右。

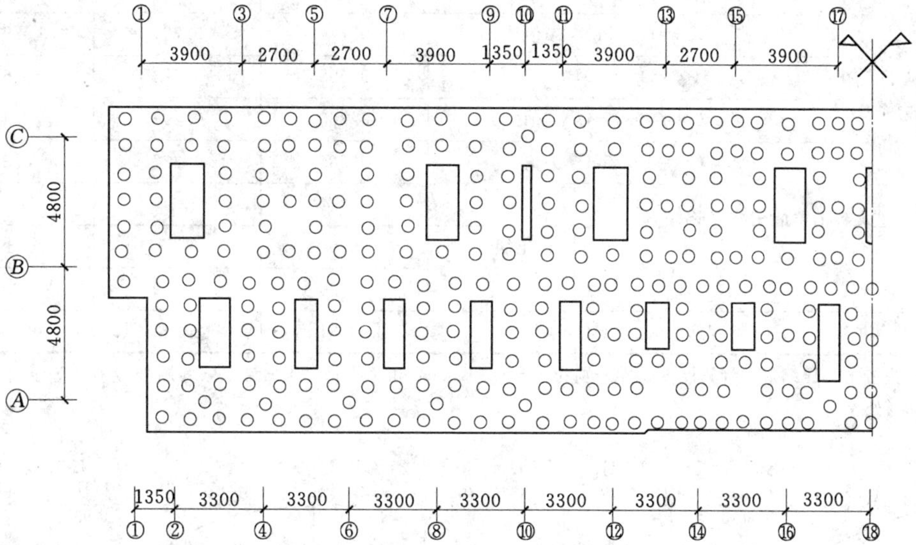

图 7－14 No.25 6 层住宅楼水泥粉喷桩桩位的平面图

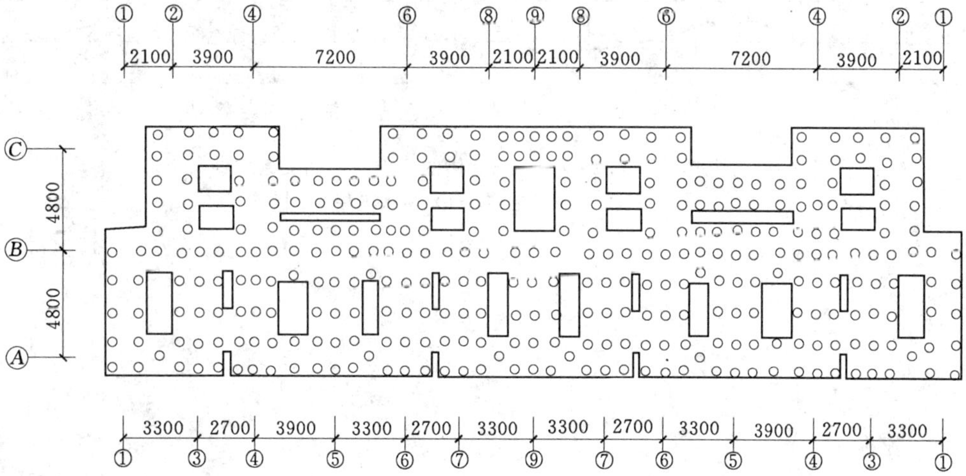

图 7－15 No.3 6 层住宅楼水泥粉喷桩桩位的平面图

3. 加固效果

对住宅楼进行半年多时间的沉降观察，实测到的平均沉降量甚小，仅为 2.2cm，约是计算值的 1/10，如图 7－16 所示。住宅楼的地基加固取得满意效果。上部土质较好、条形基础宽度较狭和应力传递深度不大等因素可能是致使实际沉降量较小的原因。

表 7-5　　上海浦东外高桥保税区 E1 地块内 3 幢住宅楼（6 层）基础沉降计算值

建筑物编号（粉喷桩的置换率 m%）		No. 2 (m=15.48)	No. 3 (m=15.4)	No. 25 (m=17.2)
基础宽度（m）和基础长度比 L/B 值		B=11.6m (L/B=2.333)	B=11.6m (L/B=3.17)	B=11.6m (L/B=4.87)
基础底面的压力 P（kPa）		120	120	120
在基底下深度 zi（m）处的应力系数	点 1（$z1$=5.5m）α_1 值	0.822	0.831	0.834
	点 2（$z2$=6.275m）α_1 值	0.776	0.787	0.792
	点 3（$z3$=9.40m）α_1 值	0.598	0.623	0.634
	点 4（$z4$=15.25m）α_1 值	0.368	0.407	0.433
	点 5（$z5$=18.75m）α_1 值	0.285	0.327	0.358
桩尖各土层的压缩变形 s_i $s_i=\frac{pa_i h_i}{E_{si}}$（cm）	土层 3_2	2.27	2.30	2.32
	土层 3_3	9.34	9.73	9.91
	土层 4	11.20	12.39	13.18
桩尖下土层压缩变形量的总和（cm）		22.81	24.42	25.41

注　h_i 为各土层压缩量的计算厚度，即分别为 155cm、470cm 和 700cm；压缩层下限为附加应力层等于自重应力的 18%处。

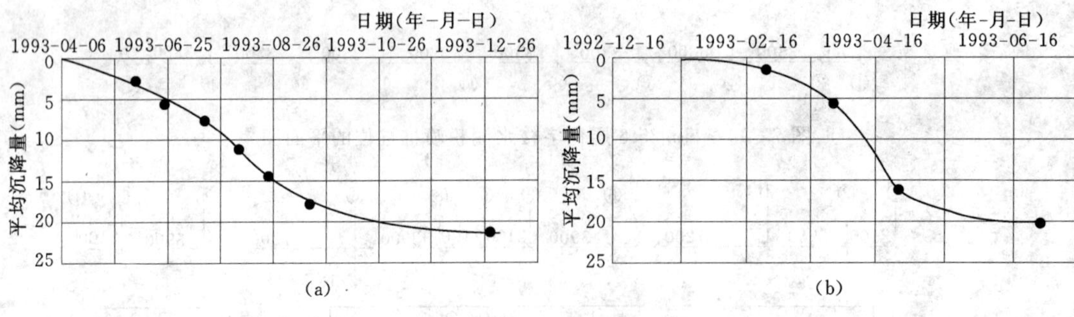

图 7-16　No.25 楼、No.3 楼的沉降—时间关系曲线

(a) No.25 6 层住宅楼；(b) No.3 6 层住宅楼

第 8 章　水泥土搅拌桩设计中的若干误区

8.1　概述

水泥土桩（深搅、粉喷）已在我国得到广泛推广与应用。20 年来由于其优良的技术性能，已经成为我国应用最广、发展最快的软土地基应用的新技术之一。

水泥土桩在我国推广应用中也曾经历过曲折过程，客观地讲，这段过程也在一定程度上揭示了这项新技术在设计、施工中的某些问题与不足。认识并探讨存在的问题是当前的一项重要课题。

本章从近几年接触到的一些资料及工程反馈的信息，就深层搅拌桩在设计中存在的一些误区作粗浅的分析，供同行参考。

8.2　几种常见的误区

目前，深层搅拌桩广泛应用于铁路、公路及各类工业与民用建（构）筑物工程中，按具体功能大体可分为基坑开挖侧向围护工程与承受垂直荷载的复合地基两类。

作为基坑开挖侧向围护工程，由于其抗倾覆、抗滑移及抗渗透的功能需求，一般是在平面上布置数排连续搭接桩体，形成格栅状重力挡土墙，具体的排数、排距按设计计算确定。本章重点讨论的是后者，即承受垂直荷载的复合地基。

（1）误区 1：桩基布置愈密、愈多愈好。

目前，深层搅拌桩复合地基承载力按下式计算：

$$f_{sp}=m\frac{R_k^d}{A_p}+\beta(1-m)f_s \tag{8-1}$$

式中　f_{sp}——复合地基承载力标准值；

m——面积置换率；

A_p——桩的截面积；

f_s——天然地基承载力标准值；

β——天然地基承载力折减系数，当桩端土为软土时可取 0.5～1；当桩端土为硬土时可取 0.1～0.4；当不考虑桩间软土时，可取零；

R_k^d——单桩竖向承载力标准值。应通过单桩试验或计算确定。

由式（8－1）可知，深搅桩复合地基的承载力与桩的数量是相关的。桩数多，则强度高。而关于桩距的影响及应如何控制，作为设计指南的国家或地方规范（程）并无明确规定。几部有较大影响的专业著作如《地基处理手册》等的说法也不尽相同。于是桩数愈多、愈密愈好的误区很可能形成，并在一定的设计条件下（如基础底板的几何形状，长、宽受到构造限制，承载力未能满足设计要求等）容易被接受。

然而由式（8－1）同样可知，深层搅拌复合地基承载力的计算是假定单桩承载力在复合地基中得到充分发挥，也就是说深搅桩单桩在进入工作状态后能百分之百地达到其承载力的理论计算值，而仅仅是桩间土有一定的折减。这是式（8－1）明显的不足之处。

事实上，在各地众多的深搅桩复合地基静载试验中，几乎都可以发现，在复合地基中，单桩承载力发挥值的总和并不是其理论计算值的简单的代数和，而是明显有所减少。即单桩承载力在复合地基中并未也不可能完全达到其理论计算值。其主要原因在于复合地基中的群桩桩体的形成及群桩效应的影响。

在群桩桩体中单桩的压力泡相互重叠。桩端压力分布面积也重叠。而由于桩侧摩阻力所引起的土中附加应力 σ_z，通过桩周土体按一角度 θ 扩散分布。对于桩长为 L 的单桩而言，在桩端平面上形成的附加压力的分布直径 D（$D=L\tan\theta$）远大于桩径 d，当桩距小于 D 时，各桩的桩端压力分布面积互相交错重叠。此时，桩距愈小，互相交错重叠部分面积愈大，使附加应力增加，进而促使群桩沉降量增大。因此在单桩与群桩沉降量相同的条件下，群桩中每根桩的平均承载力的实际发挥值必然会小于其理论计算值。

单桩与群桩桩侧摩阻力的扩散作用与桩端平面上的压力分布如图 8－1 所示。

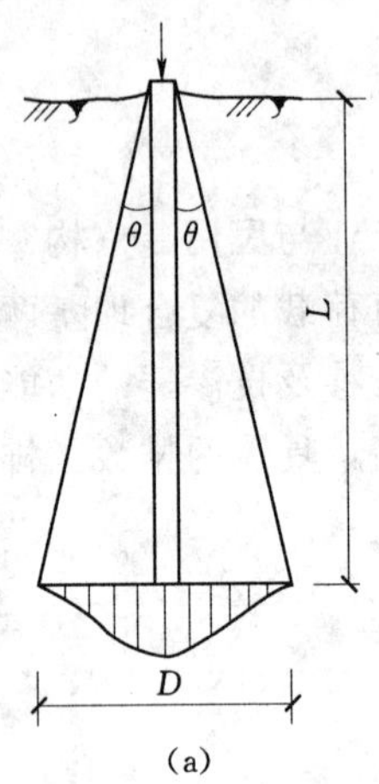

(a)

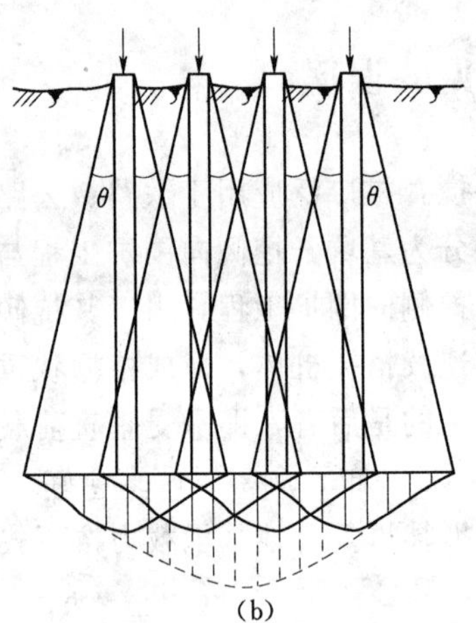

(b)

图 8－1　单桩与群桩桩侧摩阻力的扩散作用与桩端平面压力分布图

(a) 单桩；(b) 群桩

一般桩基的侧阻、端承的群桩效应系数 η_s，η_p 及综合效应系数 η_{sp}，可根据桩径、桩距、承台宽度、桩的入土深度以及天然地基土的性质等因素，综合对照确定。

深层搅拌桩复合地基中的群桩效率系数也可以通过公式直接计算。目前广泛采用的是康凡思－莱勃利（Conversc－Laborre）公式：

$$\eta=1-\frac{\arctan\dfrac{d}{s}}{90^\circ}\times\frac{(n-1)m+(m-1)m}{mn} \tag{8-2}$$

式中　η——群桩中的一根桩的效率系数；

m——群桩中的桩列数；

n——桩列中的桩数；

d——桩径；

s——桩的中心距。

从查表或按式（8－2）计算可知，在其他条件完全相同时，桩距愈小，群桩效应系数的折减率越高。各地试验结果显示，无论考虑上述哪一种方法所求得的系数计算的单桩承载力及复合地基承载力均与实测结果基本相同或接近。据此国内有关学者已提出对式（8－1）的修改意见，建议在单桩承载力部分引进效率系数 η，在桩间土部分引进修正系数 ξ。

复合地基布桩不当带来的不利还常出现在施工中，特别是在较大型的工程和大面积地基加固中尤为明显。由于桩距过小、过密，使桩体相互挤压变形，桩位积累位移以及地面异常隆起等现象较为常见。例如连云港市某大型发电厂（国外设计，国内土建配合）某厂区的地基加固工程设计，按两个作用（近期作侧向围护，远期作复合地基）综合考虑，布桩过密。施工中地面整体隆起，平均达 0.8～1.0m，个别处隆起达 1.2m。由此对工程造成的影响可以想象。这是近几年来出现的较为明显的实例，可清楚地认识到布桩过密的不利影响。

综上所述，深层搅拌桩复合地基的承载力并非布桩愈多、愈密则愈高。一般情况下，其承载力可以由桩数来调控。如适当增加桩数，可以使承载力得到一定程度的提高。但由于群桩效应及其他因素的影响，这种增长趋势会逐渐递减。而如果桩数增加过多，以致出现桩距过小的情况，这种趋势可能会被抵消停顿。即桩数的增加将不可能使承载力有所提高，甚至带来诸多不利。因此，一般建议深搅桩复合地基的桩距不宜小于 $2d$。

（2）误区 2：桩体愈长愈好。

复合地基一般要求桩底标高位于较好的土层，从式（8－1）可知复合地基的承载力很大程度上取决于单桩竖向承载力。

目前，单桩竖向承载力标准值按式（8－3）、式（8－4）计算，取其中较小值。

$$R_k^d = \eta f_{cu,k} A_p \tag{8-3}$$

$$R_k^d = \bar{q}_s U_p l + \alpha A_p q_p \tag{8-4}$$

式中 $f_{cu,k}$——与深搅桩自身加固土配比相同的室内加固试块（边长为 70.7mm 或 50mm 的立方体）的 90d 龄期无侧限抗压强度的平均值；

η——强度折减系数，可取 0.35～0.50；

A_p——桩的截面积；

$\bar{q}_s$——桩周土的平均摩擦力；对淤泥可取 5～8kPa；对淤泥质土可取 8～12kPa；对黏性土可取 12～15kPa；

U_p——桩周长；

l——桩长；

q_p——桩端天然地基土承载力标准值；

α——桩端天然地基承载力折减系数，可取 0.4～0.6。

从式（8－4）可知，桩长对单桩竖向承载力的高低的确具有较大的影响，单桩承载力随桩长增长而提高，于是，桩体愈长愈好的误区由此也可能形成。

事实上从式（8－4）同样可知，单桩承载力是由端承力与摩阻力两部分所组成。显示了深层搅拌桩作为一种介于刚性桩与柔性桩之间的亚类桩，是完整地保持着刚性桩的全部应力特征，只是强度较低而已。

很显然，要提高单桩承载力最有效的方法是确保这两项承载力的充分发挥，缺少其中之一就是一种损失。

然而，任何一种桩的端承作用的发挥都是一个变量，它随桩体入土深度的增大而递减，当到达某一深度时，端承作用接近于零或等于零。此点即为判断桩的类型属于端承-摩擦桩还是纯摩擦桩的临界点。也就是说超过此点，单桩的端承作用将不复存在，桩的类型成为纯摩擦桩。不同桩的临界桩长各不相同，它取决于桩体强度、桩体与桩周土的刚度比以及桩体本身的细长比等因素，而桩体强度相对较低的深层搅拌桩的临界桩长，显然远比一般桩要低。

确定深层搅拌桩作为纯摩擦桩的临界桩长可用下列表达式：

$$L_c \geqslant 1.5d\sqrt{\frac{E_p}{E_s}}\sqrt{\frac{3\lambda(1+\mu)}{\lambda+2}} \tag{8-5}$$

$$\lambda=\frac{R_2+R_1}{2R} \tag{8-6}$$

式中　L_c——深搅拌桩作为纯摩擦桩的临界桩长；

d——深层搅拌桩桩径；

E_p——深层搅拌桩桩身的变形模量；

E_s——桩周土的变形模量；

μ——桩周土的泊松比；

R_1——桩的半径；

R_2——桩体位移时对周围的影响范围半径。

从式（8-5）和式（8-6）可知，深搅桩作为纯摩擦桩的临界桩长（端承作用发挥的极限深度）与桩径成正比。同桩体与土体的变形模量之比的平方根成正比。亦即，桩径愈大、临界点愈长、水泥土强度愈高，则端承作用的发挥深度也愈大。

据此可以说明，在确认深搅桩的桩长及其承载力时，首先应确定桩的承载类型，是属于端承-摩擦桩，还是属于纯摩擦桩。如果属纯摩擦桩，则不应将端承力的作用计算在内。因此，不论桩长如何，一律将端承力的作用计入作为单桩承载力的一部分的设计方法显然是不切实际的。其次，在无特殊的地质条件或构造要求等情况下，应当适当控制桩长，尽可能使其保持在端承-摩阻桩的临界桩长内，以确保其端承作用的正常发挥。而提高单桩承载力，即延长临界桩长的有效措施是扩大桩径，增加水泥的掺入量及提高水泥的强度等级，而不是桩愈长愈好。无论就设计或施工而言，不考虑具体条件而任意增加桩长的做法是不足取的。统计资料显示水泥强度等级每提高一级，桩体强度可增强 30%左右。图 8-2 显示的是水泥掺入比与强度的关系，水泥掺入比的提高，可使桩体强度得到明显增强。

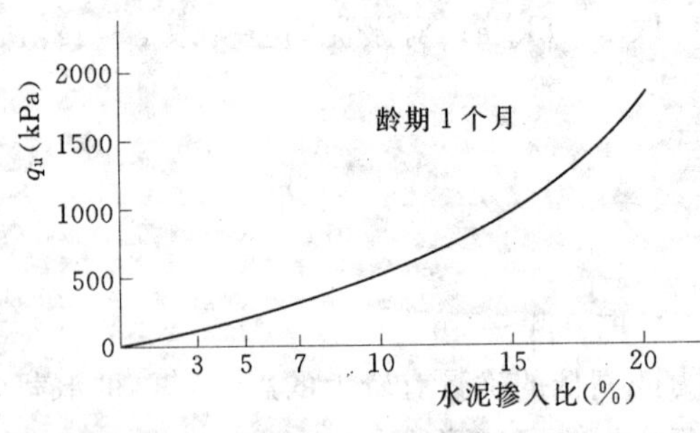

图 8-2　水泥掺入比与强度的关系

除此之外，桩长的确定还必须考虑我国建筑市场的现状，这里指的是目前正在普遍使用的深搅设备及其性能。目前我国大部分深搅桩机均为国产双轴型，较轻便。型号有SJB、GZB等系列。电机功率在2×28～2×45kW之间，近年来有一些改进，但变化不大，总体性能大同小异。国产三轴深搅机近年来虽然已投产使用，但数量有限。由于设备价格相差悬殊及施工成本等原因，尚未普及，与目前意义上的大量施工的深搅桩显然暂时还不属于同一范畴。

从表8-1可知，目前正在施工中普遍使用的深搅桩机（大部分为个体所有）的最大施工深度都以20m左右为限。但近年来在某些工程中，由于地质条件或控制沉降值的需要等原因已将桩长定到20m以外，21～23m不等，而施工设备并未相应更换。这显然是极不合适的，亦是不允许的。深搅桩机与任何桩机一样，出厂时，其机、电性能都是严格配套的（其中主要为电机功率、额定扭矩、搅拌轴及变速箱、塔架高度与桩机底盘尺寸的比例以及输浆泵及输浆管的压力等的配套）。超负荷作业、冒险作业不仅无法保证工程质量，也不能确保施工安全。扬州某大桥深搅桩实测结果显示，几乎所有23m长桩的工程质量均未达到设计要求，整个工程施工中，虽未发生较大的安全事故，但大小机械事故从未间断，应当引以为戒。

表8-1　目前国内常用的深搅机的技术参数

型号	电机功率（kW）	搅拌头最大直径（mm）	搅拌头数（个）	搅拌头转速（r/min）	额定扭矩（N·m）	搅拌头中距（mm）	一次处理面积（m^2）	最大施工深度（m）	喷注介质
SJB—Ⅰ	2×30	2×ϕ700	2	45	2×6400	5140	0.71	10～12	喷浆
SJB—Ⅱ	2×40	2×ϕ700	2	45	2×8500	5140	0.71	15～18	喷浆
SJB—22D	2×22	ϕ600	1	46	4560		0.283	12～15	喷浆两周
SJB—37D	2×18.5	ϕ700	1	45	7500		0.483	15～18	喷浆两周

（3）误区3：外掺剂可有可无，可多可少。

外掺剂使用的任意性，目前看来是较为普遍的。江苏铁路某软基加固工程，凡书本上所有的外掺剂兼收并蓄，几乎无一遗漏。而有的工程则是无论工期如何紧迫，土质、含水量状况如何复杂，设计配合比的要求中除固化剂水泥一项以外，其余一概空缺。

为了改善复合地基加固体的特性及提高早期强度，在固化剂中掺入一定数量的外掺剂是一项十分有效的措施。外掺剂通常是利用发电厂、造纸厂等单位的工业废料或化学品，具有改善土性、提高强度、节约水泥、促进早强或缓凝、减水等作用，因具有价格较低、使用方便、效果明显等特点被广泛采用。目前常用的外掺剂有粉煤灰、木质素磺酸钙、三乙醇胺、碳酸钙、氯化钙等。

然而应当看到，每一种外掺剂的性能并不相同，适用的情况亦不相同。如促凝剂与缓凝剂的作用是相互抵消的，怎能兼收并蓄同时使用？而有的外掺剂如木质素磺酸钙、三乙醇胺、氯化钠等可以单独使用，单独发挥各自的作用，也可混合使用。如果将木质素磺酸钙与三乙醇胺，三乙醇胺与氯化钠按一定配方同时使用可取得更理想的效果。表8-2是常用外掺剂配方对水泥土强度的影响。

表8-2 常用外掺剂配方对水泥土强度的影响

编号	外掺剂名称及与水泥质量之比（%）	无侧限抗压强度 q_u（kPa）			
		7d龄期		28d龄期	
0	无外掺剂	640	100%	1190	100%
1	塑化剂0.25	700	110%	1270	107%
2	木钙0.30	800	125%	1220	103%
3	氯化钙1.5	650	103%	1230	103%
4	氯化钠1.0	680	106%	1070	90%
5	木钙0.2+氯化钙1.0	760	119%	1350	113%
6	氢氧化钠0.4十硫酸钠0.5	800	125%	1320	111%
7	三乙醇胺0.05+氯化钠0.5	930	146%	1740	146%
8	硫酸钙2.0+木钙0.2+硫酸钠1.0	760	119%	1330	112%
9	三乙醇胺0.02+$FeCl_3$+木钙0.25	732	114%	1160	97.5%
10	三乙醇胺0.05+木钙0.2	1370	214%	1870	151%

注 水泥掺入比均为10%，天然地基土含水量60.56%。

外掺剂及其应用是为工程实践所证明的一项行之有效的措施，并将随着深搅桩的应用范围的扩大而不断丰富其内容。对于提高设计的质量无疑是有一定的价值，应当予以重视并充分利用。

但不同外掺剂的性能各不相同，有的甚至相去甚远，具有较强的针对性。因此，使用时必须从实际情况、实际需要出发。不仅对作为外掺剂材料的选用，而且对不同外掺剂材料的搭配、配合比的确定，也应经过充分的调研论证，方能取得较理想的效果。

(4) 误区4：水泥土桩（深搅、粉喷）适应于任何类型的软土地基处理。

这种认识是目前深搅桩设计的简单化、一般化、一成不变的原因之一。

作为软土地基处理的新技术之一，水泥土桩具有较为广泛的适应性，是无可置疑的。这也正是其工程应用范围能遍及铁路、公路及各类工业与民用建（构）筑物的重要原因。但是事物总存在着两面性，水泥土桩在工程应用中也存在着一些不足与相对的局限性。在某些情况下，施工难度较大，必须予以重视，采取必要的措施来确保设计文件的可行性。而某些情况，限于目前国内技术、设备条件等原因，暂时不宜应用，则以改用其他类型的处理方法为宜。

例如，在砂性土中（粉砂土、砂土、中密或密实）的应用，有关规范（程）及专业书并未提出特殊要求，但实际上却被施工人员视为畏途。施工中，尤其是钻杆提升时，电流往往迅速增大，因而烧坏电机、埋住钻杆的情况屡见不鲜。即使是使用堪称国内最先进的大功率的三轴搅拌机来施工，也是难度较大、效率较低，而且施工中稍有不慎，上述事故照样出现。

对于这类情况，在设计时应有所预见，采取必要的措施，并提出具体的技术要求。目前常用的方法是使砂性土产生可塑性与流动性的砂性土改良法。

但由于这种方法在实际应用中是加入相当数量的膨润土，并对水灰比、水泥的使用程序作调整，必然会对桩的承载力、抗渗性产生一定的影响。因此具体技术参数应当由设计人员或至少是由设计和施工双方据实共同确定。

再如本文前面所提到的用普通轻便型桩机施工深达 23m 的深搅桩，则无论对工程质量或施工安全而言皆有害无利，是极不合适的。如遇这种情况，如出于地质条件或控制沉降等要求必须达到此深度时，应当以施工能力与之相应的大型设备如三轴深搅机等施工。并在设计文件中明确指出具体要求。如大量使用三轴深搅机等大功率设备的施工条件不具备、不现实时，则以考虑更安全、更可靠的其他类型的桩为宜，不能一成不变。

近年来有的工程在处理上述情况时采用 CFG 桩或其他低强度等级混凝土桩取代深搅桩，也取得较好效果。

软土地基处理贵在因地制宜。任何桩型的工程应用都有相对局限性。深搅桩的工程应用也必须立足于实际，从具体情况出发，具体分析对待，扬长避短，趋利避害，以取得较理想的效果。

8.3 小结

(1) 当前，深层搅拌桩的工程应用具体施工设备简易、效率高、造价低等优点。毋庸置疑，这是十分可喜的现象。但还应清醒地认识到，水泥土搅拌桩是基于其本身的优良技术特性与经济社会发展的需求。为了促进这项新技术的健康、稳定的发展，尚需有关各方面通力合作，共同努力。

(2) 深层搅拌桩的设计水平与质量对工程总体质量具有重要意义。当前，改进与提高深搅桩设计的质量尚有较大的空间。

第 9 章 加筋水泥土桩锚支护的工程设计

加筋水泥土桩锚支护是一种有效的土体支护与加固技术，其特点是钻孔、注浆、搅拌和加筋一次完成。适用于砂土、黏性土、粉土、杂填土、黄土、淤泥、淤泥质土等土层中的基坑支护和土体加固。

本章参考行业标准《加筋水泥土桩锚支护技术规程》（CECS147：2004）主要介绍加筋水泥土桩锚支护工程设计、工程施工和监测。

（1）采用加筋水泥土桩锚支护技术的各种支护结构，除有特殊要求外，均应保证开挖完成后一年内基坑安全和正常使用。当基坑暴露时间超过一年，或遭遇难以避开的台风、暴雨时，应在确定设计参数时考虑其影响。

（2）采用加筋水泥土桩锚支护技术的基坑支护工程，应根据基坑破坏可能造成的后果，按表 9-1 的规定确定其安全等级。

表 9-1　建筑基坑的安全等级

安全等级	破坏后果	基坑和环境条件	结构重要性系数 γ_0
一级	支护结构破坏、土体失稳或过大变形，对基坑安全、周边环境和地下主体结构的施工影响很严重	1. 重要工程或支护结构为主体结构的一部分； 2. 开挖深度不小于 14m（软土地区不小于 9m）； 3. 在 3 倍开挖深度的平面范围内有重要建（构）筑物、重要管线和道路等市政设施； 4. 在 1 倍开挖深度的平面范围内具有非嵌岩桩基础，且其埋深小于坑深的建筑物； 5. 在基坑开挖影响范围内有历史文物、近代优秀建筑等； 6. 基坑位于地铁、隧道、地下商业街等大型地下设施安全保护区范围内	1.1
二级	支护结构破坏、土体失稳或过大变形，对基坑安全、周边环境影响一般，对地下主体结构施工影响严重	除一级和三级以外的基坑工程	1.0
三级	支护结构破坏、土体失稳或过大变形，对基坑安全、周边环境和地下主体结构施工影响不严重	开挖深度小于 6m 且在 3 倍开挖深度的平面范围内无特殊要求保护的建（构）筑物、管线和道路等市政设施	0.9

注　有特殊要求的建筑基坑，其侧壁安全等级可根据具体情况专门确定。

（3）当采用加筋水泥土桩锚支护时，应根据场地条件、基坑开挖深度、施工季节、工程地质与水文地质条件、进度要求、邻近建（构）筑物和地下障碍物的分布情况、地下结构的特点以及可能采用的施工方法，针对基坑侧壁的安全等级，选择经济合理、安全可靠的单一式或组合式的支护方案。

(4) 加筋水泥土桩锚支护结构，应采用极限状态设计表达式进行设计。其极限状态可分为下列两类：

1) 承载能力极限状态：对应于支护结构破坏或土体失稳、基底管涌或支撑系统破坏的状态。

2) 正常使用极限状态：对应于支护结构的变形已影响基坑内结构施工或影响周边环境的状态。

(5) 加筋水泥土桩锚支护结构在设计前，应取得下列资料：

1) 工程用地的建筑红线图、地下工程平面和剖面图，建筑物±0.000的绝对高程等。

2) 场地的工程地质和水文地质资料。

3) 基坑周边环境状况的调查资料。

4) 建筑物设计和施工对基坑支护结构的要求，特别是支护结构作为永久性结构一部分时的特殊要求。

5) 有关基坑工程施工条件的资料，如建筑物基础类型、施工方法、材料来源、地下水位变化、基坑排水条件和施工季节、施工期限等。

9.1 桩锚支护的工程设计——加筋水泥土桩成型与计算

应用加筋水泥土桩锚支护技术时，可根据工程的实际需要采用不同的组合形式，如悬臂式加筋水泥土桩锚支护结构、人字形加筋水泥土桩锚支护结构、门架式加筋水泥土桩锚支护结构、复合式支护结构、加筋水泥土桩墙与多排加筋水泥土桩锚支护结构、后仰式锚拉钢桩支护结构、水平咬合加筋水泥土拱圈支护结构、多向加筋水泥土桩锚支护等。

根据工程的具体要求和目的，可将加筋水泥土施作成任意方向的桩锚体。竖向主要用于加固地基，提高地基承载力，也可形成竖向挡土、止水桩墙；斜向和水平向主要用于加固土体、取代锚杆、土钉。加筋水泥土桩锚体的成型方法主要有钢花管注浆法、高压旋喷加筋法、搅拌加筋法，将钻孔、注浆、搅拌及加筋等工序一次完成，形成加筋水泥土桩锚支护结构。其中，单管高压旋喷法工艺复杂、造价高；搅拌法加固深度限制于软土层，在一些硬土层中难以施工。钢花管注浆法宜在砂砾石层中采用。斜向桩锚体的倾角一般采用15°～70°。加筋水泥土桩墙体可进入强风化层1.5m。

(1) 根据成型方向，加筋水泥土桩锚体可分为：竖向加筋水泥土桩体［图9-1(a)］、斜向加筋水泥土锚体［图9-1(b)］和水平向加筋水泥土锚体［图9-1(c)］3种。

(2) 根据成型方法，加筋水泥土桩锚支护可分为：注浆加筋水泥土桩锚支护、高压旋喷加筋水泥土桩锚支护、搅拌加筋水泥土桩锚支护和一次成锚式加筋水泥土桩锚支护。

(3) 采用加筋水泥土桩锚支护应符合下列条件：

1) 注浆加筋水泥土桩锚支护适用于软土厚度不大于2m或混合地层，不宜在深厚淤泥中采用。长度不宜大于10m，锚体间距不宜大于1.2m。

2) 高压旋喷加筋水泥土桩锚支护适用于软弱的淤泥层和松散的砂土层。桩锚长度应

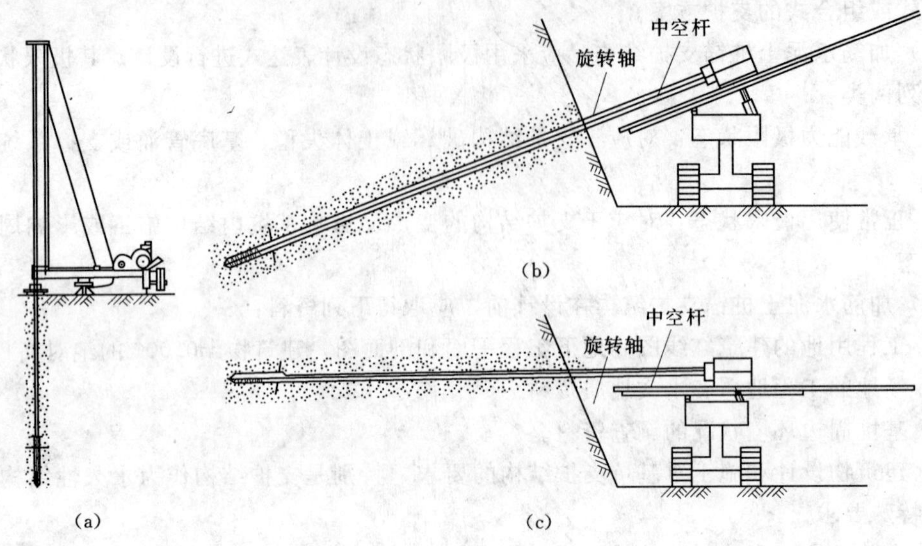

图 9-1 加筋水泥土桩锚体的形式

(a) 竖向加筋水泥土桩体；(b) 斜向加筋水泥土锚体；(c) 水平向加筋水泥土锚体

按计算确定，桩墙体嵌固长度宜进入隔水层 1～2m，锚体长度不宜小于 1.0～1.5 倍基坑深度，间距不宜大于 1.5m，直径宜为 0.3～0.8m，按梅花形布置。

3）搅拌加筋水泥土桩锚支护适用于较厚的软弱淤泥层——松散粉细砂或砾石层，长度应按计算确定，桩墙体嵌固长度宜进入隔水层 1～2m，锚体长度不宜小于 1.0～1.5 倍基坑深度，间距不宜大于 1.5m，直径宜为 0.2～0.8m，按梅花形布置。

4）斜向地锚体与水平面的夹角宜采用 15°～35°。

(4) 加筋水泥土桩锚支护设计的内容包括：荷载计算，支护体系方案选择及计算桩锚体直径、长度、嵌固深度及布置（间距、排距、倾角等）、加筋材料、加筋结构设计计算及基坑稳定性验算等。

(5) 基坑支护工程中的桩锚体按临时结构设计时，其荷载应取基坑开挖各阶段的最不利荷载。

(6) 加筋水泥土桩锚体的计算应符合下列规定：

1）加筋水泥土桩锚体的抗拔承载力设计值可按下式计算确定，并应按规程第 7 章的要求进行桩锚体验收试验。

抗拔承载力设计值应由桩锚体自重与土体侧摩阻力确定：

$$N_{Ri}=0.9A_{cs}l\gamma\sin\theta_i+0.67\pi dl_a q_{sk} \tag{9-1}$$

式中 N_{Ri}——第 i 根加筋水泥土桩锚体的抗拔承载力设计值（kN）；

A_{cs}——加筋水泥土桩锚体的截面面积（m^2），$A_{cs}=\pi d^2/4$；

d——加筋水泥土桩锚体的直径（m）；

γ——水泥土重度（kN/m^3）；

θ_i——加筋水泥土桩锚体与水平面夹角（°）；

l——加筋水泥土桩锚体的有效长度（m）；

l_a——加筋水泥土桩锚体的锚固长度（m）；

q_{sk}——加筋水泥土桩锚体与土体间的极限摩阻力标准值（kPa），可根据当地经验确定。当无经验时，可参照现行行业标准《建筑基坑支护技术规程》（JGJ 120—1999）的规定采用。

2）加筋材料截面面积应按下式计算确定：

$$A_s \geqslant \frac{1.35N_i}{f_y} \tag{9-2}$$

式中 N_i——荷载效应标准组合下第 i 根加筋水泥土桩锚体所承受的轴向拉力设计值（kN）；

f_y——加筋材料的抗拉强度设计值（kPa）；

A_s——加筋材料的截面面积（m^2）。

3）加筋水泥土桩锚体的抗拔承载力应符合下列规定：

$$\gamma_0 N_i \leqslant N_{Ri} \tag{9-3}$$

$$N_i = E_{ai} S_x S_y \tag{9-4}$$

式中 E_{ai}——作用在第 i 个桩锚体上的主动土压力值（kPa）；

S_x，S_y——加筋水泥土锚体的水平、竖向间距（m）；

γ_0——结构重要性系数。

加筋水泥土桩锚支护的计算应综合考虑水泥土体强度、加筋体强度及锚板强度等。抗拔力应由加筋体的强度、桩锚体与土体的侧摩阻力锚板强度三者之一确定。由于桩锚体通常直径较大，所以按式（9-1）计算时考虑了水泥土自重对抗拔力的作用，在稳定土层中主要考虑侧摩阻力的作用。

加筋水泥土桩锚支护的加筋体强度可通过室内试验和现场试验确定。由于水泥土与加筋体之间的粘结强度小于混凝土与钢筋之间的粘结强度，从偏于安全考虑，可认为桩锚体的侧压力由加筋体单独承担。加筋水泥土桩墙主要用于抗渗止水，当有工程经验时，可适当考虑水泥土的抗侧压力作用。大量资料表明，水泥土对加筋体的作用可从以下三个方面考虑：

a. 水泥土对加筋体的握裹作用，提高了加筋材料的刚度，可减少位移。

b. 水泥土的套箍作用可防止筋材失稳，当为 H 型钢时还可防止翼缘失稳。

c. 加筋水泥土桩锚体的抗弯刚度较筋材的抗弯刚度可提高 20%左右。

9.2 悬臂式加筋水泥土桩锚支护

（1）当场地土质和基坑深度符合规定时，可采用悬臂式加筋（预应力或非预应力）水泥土桩锚支护结构。悬臂式桩锚体的嵌入深度由计算确定，一般为 1～2 倍的基坑深度。钢筋或型钢的插入深度根据计算确定。需要时也可在基坑底部和桩墙背后注浆加固土体，以增强土体抗力。在加筋水泥土桩墙的顶部是否加压顶梁，可根据基坑开挖深度确定。

（2）根据工程具体情况，可选用单排或多排咬合加筋水泥土桩锚支护结构。可采用搅拌法或旋喷法形成任意方向的加筋水泥土桩锚体。在抢险工程中，水泥浆搅拌时可适当添加速凝剂或早强剂。对于土质较差的基坑支护，可在被动区进行注浆加固或在坑内留土台。

(3) 悬臂式桩锚支护结构尚宜验算整体稳定性，包括抗倾覆和抗水平滑移、基底隆起和抗渗流稳定等，计算原理和方法可参考《建筑基坑支护技术规程》(JGJ 120—1999)。

(4) 当场地为混合土层或砂性土层，基坑深度不大于6m，基坑内墙脚处具备留土台的条件时，可采用悬臂式加筋（预应力或非预应力）水泥土桩锚支护（图9-2）。

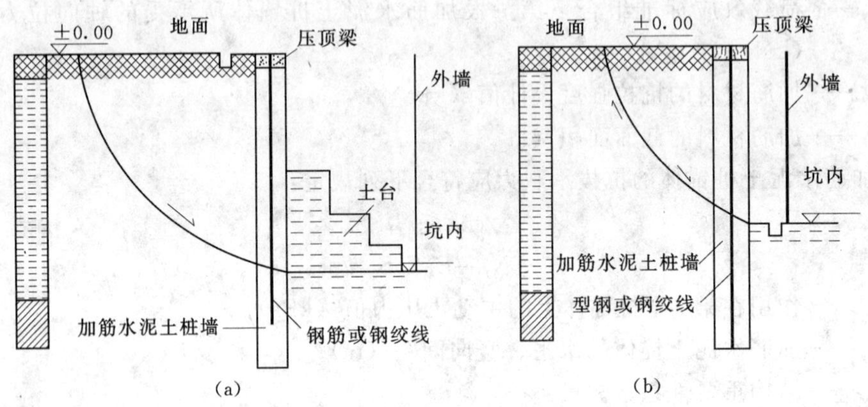

图9-2　悬臂式加筋水泥土桩体支护

(a) 留土台；(b) 不留土台

(5) 根据地质和场地条件以及基坑开挖深度等因素，可采用单排或多排咬合的悬臂式加筋水泥土桩墙支护。

(6) 悬臂式加筋水泥土桩墙支护的设计应符合下列规定：

1) 加筋水泥土锚体之间的咬合宽度应根据使用功能确定。当考虑止水作用时，咬合宽度不宜小于150mm；当仅考虑挡土作用而不考虑止水作用时，咬合宽度不宜小于100mm。

2) 当采用多排桩体支护墙时，排桩间距不宜大于0.8倍桩锚体直径。

3) 悬臂式加筋水泥土桩体中宜采用直径25～32mm的钢筋、10～16号工字钢或直径40～57mm的钢管。插筋材料的插入深度应在计算弯矩反弯点1m以下。

4) 当坑内留有土台时，悬臂式桩体的嵌入深度应由计算确定，宜为1.2～1.5倍基坑深度。台面可布置土钉并挂网，喷射混凝土作为保护面层。

5) 当基坑底部地质条件较好且坑周地面6m以内无构筑物、坑内不具备留土台空间时，悬臂式桩体的嵌入深度宜为基坑深度的1～2倍。桩体中宜插入10～16号工字钢。

6) 在基坑周边地面5m范围内应采用厚度不小于100mm的硬化面层。坑边和坑内应设排水沟和集水井。

7) 悬臂式加筋水泥土桩体支护应根据现场试验资料进行验算。当缺乏现场资料时，可参照现行行业标准《建筑基坑支护技术规程》(JGJ 120—1999) 的规定进行验算。

9.3 人字形加筋水泥土桩锚支护

（1）当场地为软土、素填土、各类砂性土以及地下水位较高，采用悬臂式支护结构不能满足要求时，可采用人字形加筋水泥土桩锚支护结构。即在悬臂桩锚支护结构的背后施作一定角度的斜向加筋水泥土锚体，并与悬臂桩锚体之间用连梁连接，如图9-3所示。在基坑背后形成空间支护结构，增加了墙后土体的整体稳定性，能很好地控制基坑变形。

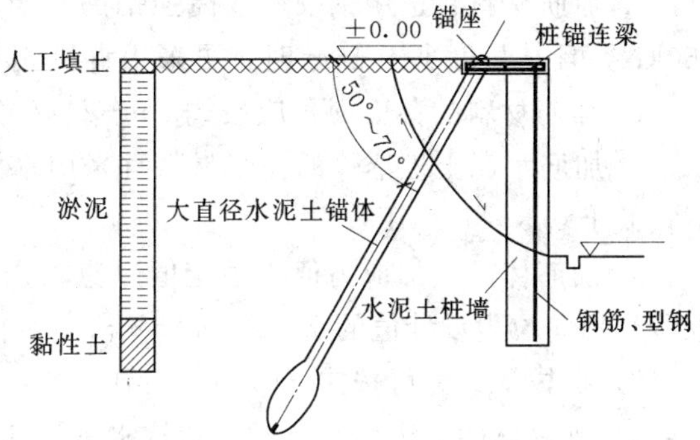

（2）当加筋水泥土桩锚支护结构具有挡土与止水的双重作用时，竖向桩锚体可形成单排或多排咬合的加筋水泥土桩墙，而任意角度的倾斜桩锚体可采用直径较大的加筋水泥土桩锚体。

图9-3　人字形加筋水泥土桩锚支护

（3）加筋水泥土桩锚支护结构设计时，应根据地质及场地条件选取单排或多排咬合的加筋水泥土桩墙，从而形成0.5～1.2m厚的加筋水泥土地下连续墙。在水泥土未凝固时，可及时在加筋水泥土墙的边侧插入刚性筋，且要求插筋超过基坑深度2.0～3.0m。然后紧靠水泥土墙后，从地表施作大直径加筋水泥土桩锚体，一般要求墙身厚度与桩锚体直径一致。加筋水泥土桩墙埋深应进入不渗水的黏土层。桩锚体中的加筋与墙中插筋的顶部应互相连接。设置桩顶连梁的厚度不小于0.2～0.3m，宽度不小于2m。

斜向加筋水泥土锚体长度一般应大于基坑深度1倍，加筋体可采用伞形的钢筋，也可采用预应力钢绞线，根据需要也可施作多支盘锚体。

（4）桩锚体材料应满足抗拔力要求，必要时应做抗拔试验。稳定性验算见本章门架式支护式（9-7），水泥土强度验算参见有关规范关于复合材料的计算方法。

（5）当场地为软土、素填土、各类砂性土，基坑深度不大于6m，基坑周围不具备放坡条件且地下水位较高时，可采用人字形加筋水泥土桩锚支护结构（图9-3）。

（6）当人字形加筋水泥土桩锚支护结构具有挡土与止水的双重作用时，挡土结构可采用单排或多排咬合的加筋水泥土桩墙。

（7）人字形加筋水泥土桩锚支护结构的设计应符合下列规定：

1）加筋水泥土桩锚体之间的咬合宽度应根据使用功能确定。当考虑止水作用时、咬合宽度不宜小于150mm；当仅考虑挡土作用而不考虑止水作用时，咬合宽度不宜小于100mm。

2）当采用多排桩墙时，排桩间距不宜大于0.8倍桩体的直径。

3）加筋量应根据计算确定，宜采用直径25～32mm的粗钢筋，或采用10～16号工字钢。嵌固深度应超过基坑底深2.0～3.0m。

4）在加筋水泥土桩墙的外侧，应设置斜向加筋水泥土锚体，其直径可采用350～600mm，倾角50°～70°，水平间距1.0～2.0m。

5）斜向加筋水泥土锚体的长度应根据计算确定，且宜大于基坑深度的1倍。其加筋体可采用钢筋，也可采用预应力钢绞线。根据需要尚可采用多支盘水泥土锚体。

6）在加筋水泥土桩墙与斜向加筋水泥土锚体间应设置桩锚连梁，将两者可靠连接。

（8）人字形加筋水泥土桩锚支护结构的设计应按下列规定进行：

1）桩锚体的强度计算和构造应符合下列规定：

a. 加筋材料宜选用钢绞线或高强钢筋。当水泥土桩锚体所受的轴向拉力设计值小于450kN，且其长度小于16m时，可采用直径36～42mm的钢筋。

b. 加筋材料的截面面积应按式（9-2）确定。

c. 加筋水泥土桩锚体的注浆材料宜采用水泥浆（或掺入化学浆），水泥土的设计强度不宜低于0.5～0.7MPa。

d. 加筋体的预加应力值（锁定值）应根据地层条件和支护结构的允许变形确定，可取所受轴向拉力设计值的0.50～0.85倍。

2）抗拔承载力可按式（9-3）验算。

3）桩锚体的稳定性、抗倾覆和抗水平滑移可按本章的有关规定验算。

9.4 门架式加筋水泥土桩锚支护

在基坑内施作桩锚体会使土方开挖不能一次到位和为减少桩锚施工造成的不利影响时，可采用门架式支护结构。这种支护结构的施工全部在地表面完成，适用于基坑深度6～10m。门架式支护结构一般采用两排水泥土连续墙。地面施作的桩锚连梁和加筋水泥土桩墙，其水泥含量及成桩要求与人字形支护结构的要求相同。

（1）先在地面测量放线，确定分离的门架式加筋水泥土连续墙位置。按测量准确的位置首先施作垂直分离式的两排加筋水泥土桩墙。水泥土在未凝固之前，可采取静压震动挤压法或锤击法插入钢筋或型钢，接着在地表面施作大直径斜向加筋水泥土锚体。锚体材料与人字形支护的材料相同；对门架式水泥土桩墙及斜锚体等的要求同本章9.3节。

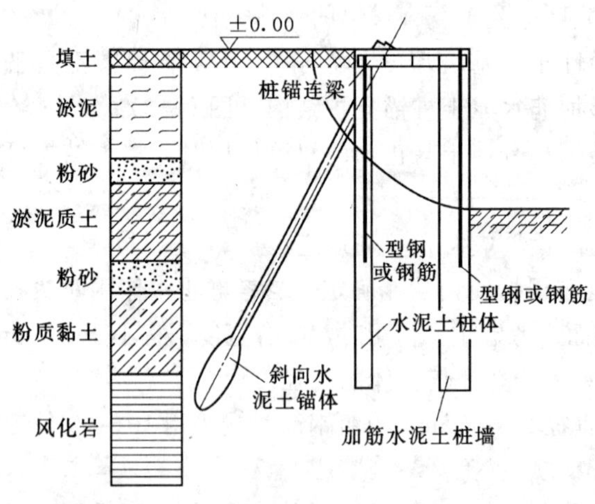

图9-4 门架式加筋水泥土桩锚支护

（2）按朗金理论或库仑土压力理论计算，主、被动土压力的计算方法参见行业标准《建筑基坑工程技术规范》（YB 9258—1997）。

（3）当基坑外有2～3m施工空间，且基坑深度为6～10m时，宜采用门架式加筋水泥土桩锚支护（图9-4）。

（4）根据基坑深度和土体性质，必要时可增设斜向加筋水泥土锚体，其间距可取1.0～2.0m，直径宜为0.35～0.60m。

（5）门架式加筋水泥土桩锚支护结构的设计应符合下列规定：

1）门架式加筋水泥土桩墙的顶部应设置桩锚连梁，其截面尺寸可按计算确定或按经验选取，但截面最小尺寸不宜小于排桩的直径。桩中钢筋应伸入连梁，其长度不应小于 35d（d 为钢筋直径）。其混凝土强度等级不低于 C20。

2）支护桩墙的配筋量应根据计算确定。宜采用直径 25～32mm 的钢筋或采用 10～16 号工字钢。第二排可采用直径 15.2mm 的钢绞线，宜施加预应力。

3）加筋水泥土桩墙、斜向锚体的强度计算可按本章 9.3 节中（8）的有关规定计算。

（6）门架式加筋水泥土桩锚支护结构（含核心土）可按下列规定进行验算：

1）抗倾覆验算，可取纵向 1 延米进行计算：

$$\gamma_{ov}=\frac{\sum M_{Ep}+0.9G\dfrac{B}{2}+\sum[N_{Ri}\sin\beta_i(H+t)+N_{Ri}\cos\beta_i a]-F_w l_w}{\gamma_0(\sum M_{Ea}+\sum M_w)} \tag{9-5}$$

式中 γ_{ov}——抗倾覆安全系数，取值大于 1.1；

$\sum M_{EP}$，$\sum M_{Ea}$——被动土压力、主动土压力绕墙前趾 O 点的力矩之和（kN·m）；

$\sum M_w$——墙前与墙后水压力对 O 点的力矩之和；

G——门架核心土自重，$G=\gamma_c(H+t)\cdot B$，γ_c 为土体与水泥土的重度，可取 18～20kN/m^3；

F_w——作用于墙底面上的水浮力（kPa）：$F_w=\dfrac{\gamma_w(h_{wa}+h_{wp})}{2}$，$\gamma_w$ 为地下水的重度（kN/m^3）；

B——门架宽度（m）；

a——锚体锚头至基坑边缘的距离（m）；

β_i——第 i 根水泥土斜锚体轴线与垂线的夹角（°）；

H，t——基坑深度和埋深（m）；

h_{wa}，h_{wp}——主动侧、被动侧地下水位至墙底的距离（m）；

l_w——水浮力的合力 F_w 作用点距 O 点的距离；

N_{Ri}——第 i 根水泥土斜锚体的抗拔承载力设计值，可按式（9-1）确定。

当水泥土斜锚体有扩大头时，其抗拔承载力设计值可按下式确定：

$$N_{Ri}=0.6\pi[d\sum q_{sik}l_i+d_1\sum q_{sjk}l_j+2q_p(d_1^2-d^2)] \tag{9-6}$$

式中 d_1，d——锚固体扩孔段、直孔段的直径（m）；

l_i，l_j——第 i 层、第 j 层锚固体的长度（m）；

q_p——土体极限端阻力标准值（kPa）；

q_{sik}、q_{sjk}——第 i 层、第 j 层土体与水泥土的极限侧阻力标准值（kPa）。

2）墙体沿底面水平滑移的稳定验算，可取纵向 1 延米进行计算（图 9-5）。

$$\gamma_\tau=\frac{\sum E_p+\sum(G+N_{Ri}\cos\beta_i-F_w)\mathrm{tg}\varphi_{cu}+c_{cu}\cdot B+N_{Ri}\cdot\sin\beta_i}{\sum E_a+\sum E_w} \tag{9-7}$$

式中 $\sum E_a$，$\sum E_p$——主动、被动土压力的合力（kN/m）；

$\sum E_w$——作用于墙前与墙后水压力的合力（kN/m）；

c_{cu}，φ_{cu}——墙底处土的固结快剪粘聚力（kPa）、内摩擦角（°）；

γ_τ——水平滑动稳定安全系数，取大于 1.1。

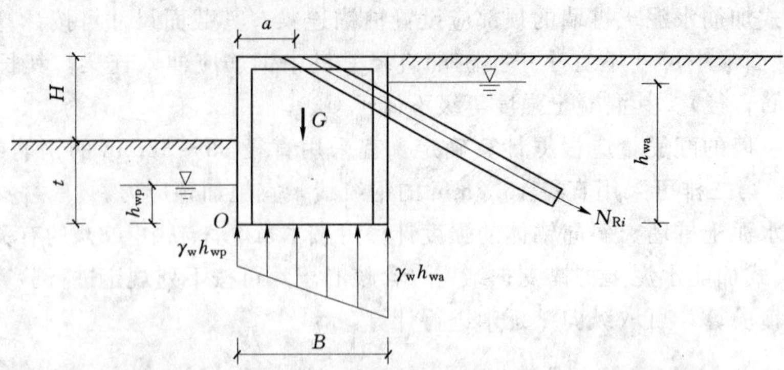

图 9-5　门架式加筋水泥土桩锚支护抗倾覆验算简图

3）墙体整体稳定验算可采用圆弧滑动法：

$$\gamma_s=\frac{\sum C_{cui}l_i+\sum(q+\gamma_1 h_1+\gamma'_2 h_2+\gamma'_3 h_3)b\cos\alpha_i\,\mathrm{tg}\varphi_{cui}+\frac{1}{r}\sum N_{Ri}\sin\beta_i h_{ty}}{\sum(q+\gamma_1 h_1+\gamma_{2m}h_2+\gamma_3 h_3)b\sin\alpha_i+\frac{1}{r}N_{Ri}\cos\beta_i h_{tx}} \tag{9-8}$$

式中　q——地面荷载（kPa）；

h_1，h_2，h_3——计算坑外水位以上、坑内水位与坑外水位之间、坑内水位以下的土条高度（m）；

γ_1，γ_2，γ_3——与 h_1，h_2，h_3 相对应的土层天然重度（γ'为浮重度；γ_m 为饱和重度）（kN/m^3）；

α_i——第 i 土条圆弧中点至圆心连线与垂线的夹角（°）；

b——分条宽度（m）；

r——圆弧滑动半径，经迭代法计算确定（m）；

h_{tx}，h_{ty}——斜锚体在圆弧上作用点至中心的水平距离、垂直距离（m）；

γ_s——圆弧滑动稳定安全系数，取大于 1.2。

9.5　复合式支护

复合式支护结构是指由土钉、锚杆与加筋水泥土桩墙形成的复合式支护体系，可代替挖、钻孔桩等支护体系，同时也省去喷锚支护的面层，当竖向水泥土桩出现分叉等质量问题时，可采取人工抹面及挂网喷射混凝土的补救措施，而典型的支护结构一般不在加筋水泥土墙面上施作挂网及喷射混凝土。

插入刚性管、型钢等刚性筋时，一般采用静压、振动法和锤击法，竖直向插入的钢筋和型钢可以在基坑失去作用后回收。插入钢筋或型钢要求进入坑底以下 1.0～2.0m。

斜向的土钉及锚杆间距按 1.2m×1.2m 或 1.5m×1.5m 梅花形布置，土钉长度应超过破裂面并延伸 1 倍，锚杆长度应超过破裂线并延伸 2 倍。有条件时，可采用有扩大头的土钉和锚杆，这样既可提高抗拔力，又可减少土钉和锚杆的长度。

可采用槽钢或工字钢作锚杆腰梁。土钉腰梁可采用上下两根粗钢筋组成，一般选用直径 28mm 的粗钢筋与土钉钢筋焊接。

(1) 在较好的层状土层中，可采用土钉或锚杆与加筋水泥土桩墙相结合形成复合式支护结构（图 9-6）。

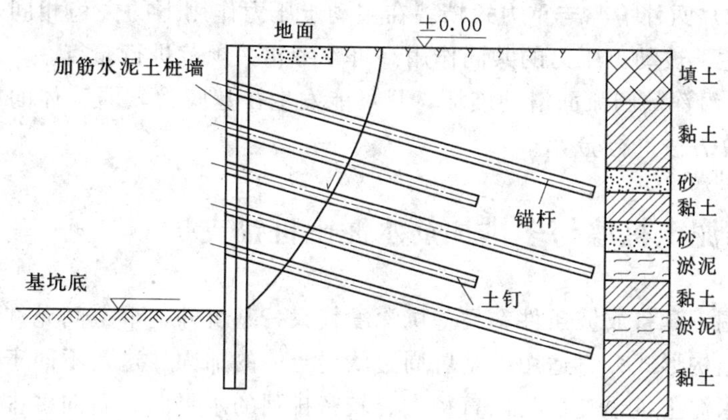

图 9-6 复合式支护结构

(2) 竖向加筋水泥土桩墙的插筋可采用型钢、钢筋或非金属筋等。筋材可插入水泥土桩体中间或桩体的边侧。

(3) 根据工程具体情况和场地条件，可采用单排或多排咬合加筋水泥土桩墙，桩长应嵌入不透水层 1.0～2.0m。

(4) 土钉或锚杆以及加筋水泥土桩墙的设计计算应符合现行行业标准《建筑基坑支护技术规程》(JGJ 120—1999) 关于土钉墙和重力式墙计算的有关规定。

加筋水泥土桩墙的结构与设计与本章 9.1 节相同。土钉、锚杆的设计、施工、验收可参见《建筑基坑支护技术规程》(JGJ 120—1999) 和《建筑基坑工程技术规范》(YB 9258—1997) 的有关规定。

当有条件时，基坑顶部可放 1.0～2.0m 宽的坡，以减少基坑深度及土的侧压力。基坑土方开挖时，应先挖墙边土再挖中间土。

墙边挖土宽度为 4～6m，以便于土钉、锚杆施工，这样可形成挖土施工与地锚施工同步进行。基坑土方开挖前应先在坑中设降水井或明沟排水，做到先降水后开挖土方。

可将搅拌桩体、桩锚体和土体视为一个刚体，进行下列 3 方面验算：

1) 滑移稳定验算：沿支护体底面滑动 [图 9-7 (a)]。

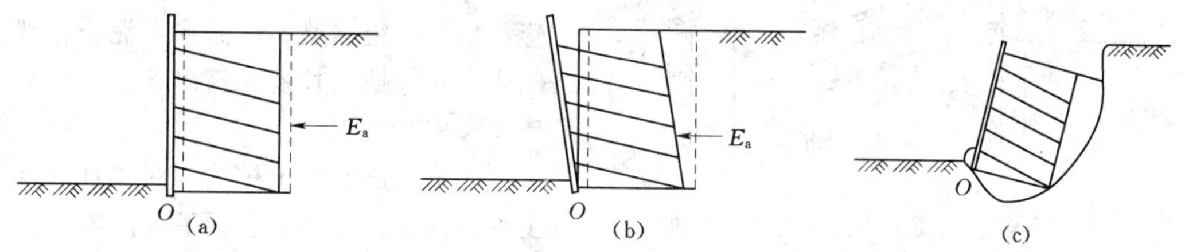

图 9-7 外部稳定验算

(a) 滑移稳定验算；(b) 倾覆稳定验算；(c) 整体稳定验算

2）倾覆稳定验算：绕支护体底面层 O 点（墙趾）倾覆，或支护体底面产生较大的竖向压力，超过地基土的承载能力［图9-7（b）］。

3）整体稳定验算：连同周围和基底深部土体的滑动［图9-7（c）］。

以上1）、2）两种情况与重力式挡墙在主动土压力作用下的失稳相同。当入土深度较大时，可考虑主、被动土压力的共同作用。可参考相关规范进行验算。

以上3）中沿深部圆弧面滑动破坏，只可能发生在基底为软弱土体的情况下。可参考边坡稳定的计算方法进行验算。

9.6　加筋水泥土桩墙与多排加筋水泥土桩锚支护

当基坑周围不具备放坡条件，且基坑深度较大，基坑外地下空间允许桩锚施工时；可采用此种支护结构形式；它适用于基坑周边软弱土体的加固。这是不同于锚杆或土钉的支护结构。加筋水泥土桩锚支护是以直径大、较密排列的水平向、斜向多排加筋水泥土桩锚体与土体、加筋水泥土桩墙共同工作，对软弱土体进行加固补强，达到稳定边坡的目的。

大直径加筋水泥土桩锚支护的加筋体可以是粗钢筋，也可以是钢绞线，底部最好是带有扩大头或多支盘状的加筋水泥土桩锚体。

竖直向的水泥土地下连续墙除插入钢绞线和粗钢筋外，还可插入型钢，可根据需要将加筋材料插在水泥土中或水泥土桩墙的外侧，与水泥土桩墙相贴靠紧。

竖直向插入的粗钢筋或型钢，可以在支护结构失去作用后回收。斜向多排锚体的加筋可以采用金属筋或非金属筋，金属筋在回填土后可以回收。水泥土桩墙插筋应在桩顶搅拌完成后及时进行。

（1）当基坑边坡土体为流塑状态的软土或松散的砂土，基坑深度大于10m且小于18m，基坑外地下允许桩锚体施工时，可采用加筋水泥土桩墙与多排斜向加筋水泥土锚体支护结构（图9-8）。

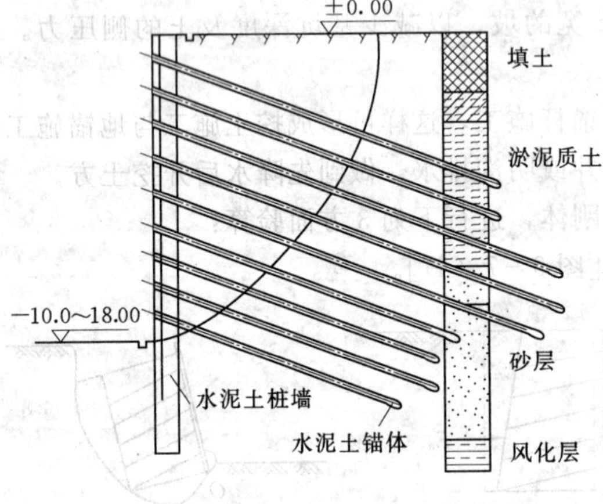

图9-8　加筋水泥土桩墙与多排加筋水泥土锚体支护

（2）斜向加筋水泥土锚体可根据需要设置扩大头或变截面体。

（3）斜向加筋水泥土锚体的直径可采用0.2～1.0m，锚头应与腰梁连接，并施加预应力。

（4）水泥土桩墙的加筋材料可用钢管、型钢、粗钢筋。可插在水泥土桩墙边侧或中间，插入长度和露出长度均应满足计算和构造要求。

（5）加筋水泥土桩墙与多排加筋水泥土桩锚体支护设计应包括下列内容：

1）加筋水泥土桩墙的厚度、深度及加筋材料选择。

2）斜向加筋水泥土桩锚体的直径、间距、长度、倾角和加筋材料选择。

3）加筋水泥土桩墙面的加固。

4）开挖过程中支护结构的稳定性和止水性。

5）腰梁的材料和尺寸。

（6）支护结构的稳定性验算可按现行行业标准《建筑基坑支护技术规程》（JGJ 120—1999）的有关规定执行。

（7）在工程设计前应查明场地周围已有建筑物、埋设物、道路交通情况，工程范围内的土层分布情况，土性指标及地下水位变化等情况，以判断采用本法的适用性。

在深厚的淤泥、含水量丰富的各类砂土体中，加筋水泥土桩锚支护的间距不应大于1.5m，直径不应小于0.35m，长度不应小于基坑的深度。严禁在软弱松散的土体中采用锚杆和土钉。

9.7 后仰式锚拉钢桩支护

采用后仰锚拉钢桩与伞形扩孔桩锚支护结构时，应先放坡开挖土体，坡度角为5°～10°，再施工扩孔桩锚体，桩锚体间距一般为1.5～2.0m，梅花形布置孔位。安装后仰式钢桩及横梁，形成镜框式面墙结构。桩锚体与型钢腰梁应采用预应力锁定。

（1）当场地为可塑直至硬塑的黏土层，基坑深度不大于15m时，可采用后仰式锚拉钢桩支护结构。当要求支护结构具有止水作用时，可增设止水帷幕［图9-9（b）］。

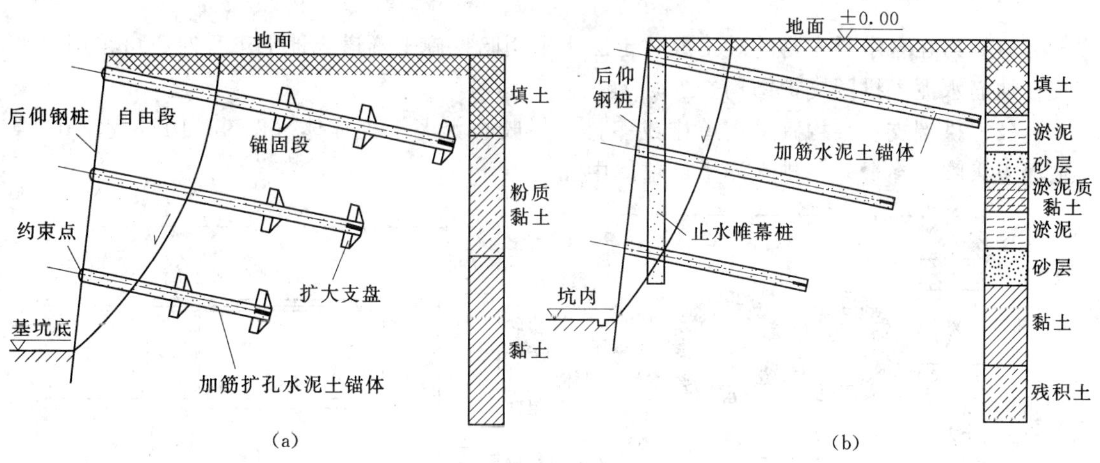

图9-9 后仰式锚拉钢桩支护

（a）无止水帷幕桩；（b）有止水帷幕桩

（2）后仰式锚拉钢桩支护的设计应符合下列规定：

1）钢桩仰角应为5°～10°，水平间距应为1.5～2.0m，钢桩截面应根据计算确定，宜采用直径89～146mm的钢管或10～16号工字钢。

2）扩孔锚体的锚固段长度应按计算确定。锚固段长度应大于自由段长度，直径宜为100～150mm。

3）扩孔锚体的扩大支盘应布置在锚固段的底部，扩大支盘的直径宜为250～300mm，可根据需要设一个或多个。

(3) 后仰式锚拉钢桩支护结构的验算，应按下列规定进行：

1) 整体稳定性验算可按现行行业标准《建筑基坑支护技术规程》(JGJ 120—1999)的规定执行。

2) 扩孔锚体的抗拔承载力验算，可按下列两种模式计算，取其较小值：

a. 按锚体与土体的侧面摩阻力和支盘抗拔力之和计算。

b. 当扩大支盘多于3个时，按假想拔出土柱的抗拔力计算，其计算直径取支盘平均直径。

伞形扩孔桩锚体施工时，应先钻成直径100～150mm的孔。在孔内清洗干净并无沉渣和塌孔现象时再放入扩孔器。应先在孔底采用液压挤压扩孔器扩孔。

挤压扩孔桩锚体的扩大头应布置在锚体底部。一般桩锚体直径为100～127mm，而扩大头直径为250～300mm。可根据需要设一个或多个扩大头，主要布置在锚固段内。

扩孔桩锚体的长度由计算确定，且应超过破裂面并延长1倍；非锚固段一般不注浆，仅用塑料套管保护。

稳定性的验算可参照行业标准《建筑基坑支护技术规程》(JGJ 120—1999)的规定进行。扩孔锚杆的抗拔力计算，可按建议的两种模式进行。

9.8 水平咬合加筋水泥土拱圈支护

(1) 当在含水量丰富的砂土或软土层中采用暗挖施工隧道或地下工程时，可采用水平咬合加筋水泥土拱圈支护结构。

(2) 拱圈支护结构宜采用单排或多排水平咬合水泥土桩锚体(图9-10)，水平咬合水泥土拱圈只在最外一排水泥土桩锚体中加筋。

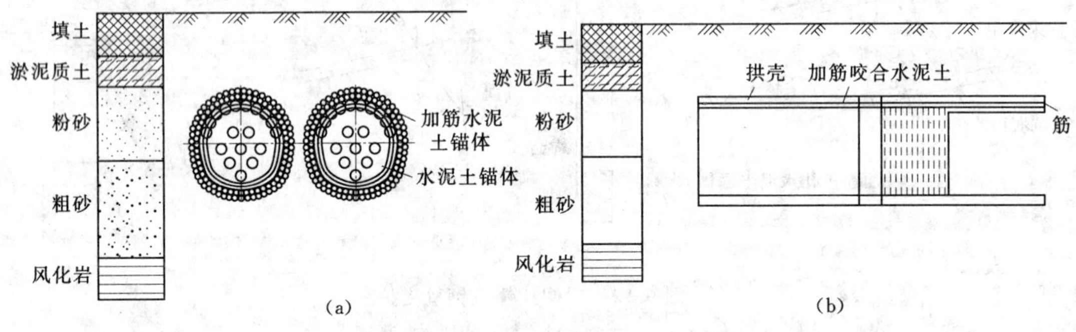

图9-10 水平咬合加筋水泥土拱圈支护

(a) 支护结构的剖面；(b) 支护结构的加筋

(3) 水平咬合水泥土拱圈锚体的直径宜为0.3～1.0m。长度应根据需要决定，在隧道内每支护段长度不宜超过15～20m。

此方法兼用静压注浆法和旋喷搅拌法，互相搭接咬合形成一个止水帷幕的外壳，可避免采用其他方法注浆时无法互相搭接，又容易造成涌砂漏水的缺点。这样可使隧道结构在掘进前就形成了一个由旋喷搅拌加筋水泥土桩锚体紧密咬合而构成的支护外壳。开挖时采取短进尺、勤支护步步稳进的办法，可确保工程顺利进行。

9.9 多向加筋水泥土桩锚支护

(1) 当基坑出现险情对，可在坑边地面竖向或垂直于滑动面方向做抗滑加筋水泥土桩锚体支护。根据险情需要可采用单排或多排桩体（图 9-11)。

(2) 在软弱地层施工管涵时，可采用竖向加筋水泥土桩体加固（图 9-12)。

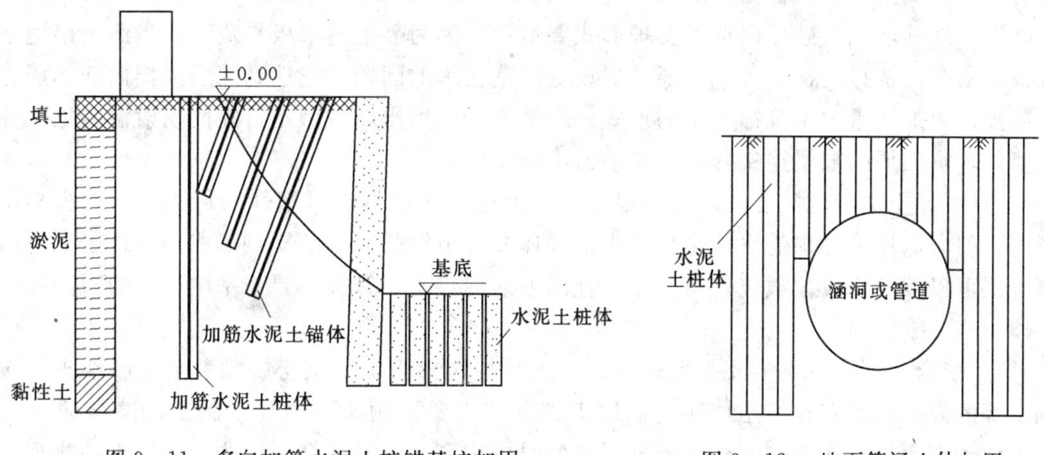

图 9-11 多向加筋水泥土桩锚基坑加固　　图 9-12 地下管涵土体加固

(3) 为防止边坡塌滑，可采用加筋水泥土桩锚加固处理，其直径不宜小于 500mm (图 9-13)。

(4) 为防止海堤、河堤渗漏，可采用加筋水泥土桩体加固处理，宜形成相互咬合（搭接 150～200mm）的加筋水泥土连续桩墙（图 9-14)。

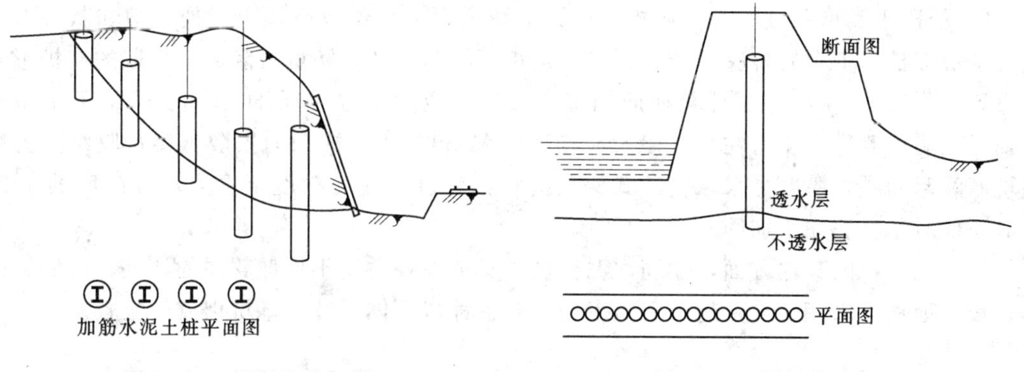

图 9-13 塌滑边坡加固　　图 9-14 堤坝防渗加固

(5) 采用加筋水泥土桩锚支护结构具有较大的灵活性，可根据实际情况选择一种、两种或三种以上支护形式联合形成有效的支护体系，达到既经济又安全的目的。

选择经济合理的加筋水泥土桩锚支护体系，除考虑工程和基坑的环境条件外，还应考虑工程场地的土层条件、施工的机具设备、工期条件等，其中场地的土层条件是关键。加筋水泥土桩锚支护对各类土层的适应情况如下：

1）黏性土基坑的支护形式：根据黏土遇水具有可塑性，失水会变坚硬的特点，在该土层可选择无腰梁螺纹钢筋加筋水泥土桩锚支护挂网喷射混凝土的支护形式。若最上层是回填土层，可按一定坡比放坡，做土钉挂网，并与基坑四周挂网连接好后全面喷射混凝土使其成为一体。

2）砂土类基坑的支护形式：砂类土的砾砂、中砂、细砂都有一定孔隙，砂粒间粘结力差。根据此情况，基坑支护可选择高压旋喷预应力桩锚、插入 H 型钢桩、挂网喷锚及设有腰梁的支护形式。桩锚体底部扩孔直径 1.0～1.5m 形成扩大头。

在粉细砂层和流砂层内选择支护形式要慎重。因为砂土遇水极易流动，当此土层地下水很丰富时，选择支护形式一定要考虑设置帷幕止水的问题。应选择深层搅拌插筋、压力注浆预应力加筋水泥土桩锚支护的形式。若地表有回填土，可做土钉挂网喷射混凝土。挂网要与基坑四周的冠梁连接好，也要喷射混凝土。

3）淤泥土类基坑的支护形式：根据淤泥土遇到水后具有可塑性的特点，可选择多层竖向、斜向深层搅拌加筋水泥土预应力桩锚体并与土钉相结合的支护形式。若地表下有回填土层可以按一定坡比放坡，可做土钉挂网喷射混凝土，且挂网要与基坑周围的冠梁连成一体。

4）混合类型土基坑的支护形式：这类土是指包括人工回填土、黏性土、砂性土、淤泥土等的混杂土。在这类土层中，基坑支护方法主要采用深层搅拌水泥土桩墙与插入 H 型钢的预应力桩锚体共同工作。当砂层较厚时可用高压注浆配合，以改变砂层土的物理和化学性能。

5）碎石土类基坑的支护形式：这种土层采用深层搅拌法难度大，尤其是当碎石较多、粒径较大时，深层搅拌无法进行。这时宜采用高压旋喷形成加筋水泥土墙并与墙后侧采用高压注浆的预应力桩锚体锁定。通过加筋旋喷和注浆能很好地胶结，并通过桩锚体使其联合为一共同作用的整体。

6）松散土类型基坑的支护形式：这类土基坑地下水位较高，土层处于饱和状态。在这类基坑支护施工中要解决两个问题，一是止水帷幕，二是防坑底隆起。采取的支护形式是设置双层或 3～4 层深层搅拌插筋挡土桩墙与预应力桩锚体插 H 型钢。若地下水量较大，可在墙后侧进行压密注浆（掺入水玻璃的水泥浆），对饱和的松散土实行胶结。为解决坑底隆起问题，主要是采取台阶式深层搅拌，超过坑底的深度至少为基坑深度的 1/2。同时还要对基坑底注浆加固。

在岩土工程的其他方面，加筋水泥土桩锚支护主要适用于松散软弱的江堤、海堤、山体边坡，地铁，水库大堤，地下人防工程及对各种岩土体滑坡，基坑坍塌的抢救。

第10章 加筋水泥土桩锚支护的工程施工与监测

水泥搅拌桩的施工及质量检验已在本书第6章作了详细介绍，本章主要对加筋水泥土桩锚支护的一般规定、技术要求及工程监测作一介绍，现分述如下。

10.1 一般规定

(1) 加筋水泥土桩锚支护工程施工前，业主、施工单位、监理单位应会同设计单位进行设计图纸会审和技术交底。

(2) 施工单位应编制施工组织设计，并经会审后实施。重要的工程应通过专家论证。

(3) 加筋水泥土桩锚支护工程施工组织设计的内容应包括：工程概况、施工组织管理、施工准备、施工部署、施工方案、施工进度计划、质量保证体系、施工监测安排、安全和文明施工管理、环境保护等。

拟从事本项技术施工的项目负责人或技术负责人，必须接受岩土工程及专利技术的专门培训，具备相应的知识和能力。同时还需配齐下列人员：材料供应员、安全检查员、质量检查员、机械操作及维修员、经过培训的加筋水泥土桩锚工人、电工、焊工以及杂工若干名。

(4) 基坑开挖应遵循时空效应原理，根据地质条件采取合理的开挖方式。宜分层分段开挖、先锚后挖，开挖与支护结构施工密切配合。在软土层和变形要求较严格的地段，应采用分区、分段、分层、跳挖、留土护壁和对称平衡的开挖方法，严禁超挖。

(5) 工程施工中，机具和设备必须停放平稳，大、中型施工机具至坑边的距离应根据设备重量、振动状况、土质情况等确定。施工前应做好施工机具的安装和调试。

(6) 基坑工程施工时，在距基坑上部边缘不小于5m的范围内，严禁承受大于20kPa的荷裁。

(7) 基坑开挖时，应保护好平面控制桩，并对水准点、基坑平面位置、水平标高、边坡稳定等经常复测检查。

(8) 采用机械开挖土方时，应在基坑底和坑壁留300mm厚土层，由人工挖掘修整。

土方开挖应与桩锚布置相协调，分层挖土的厚度宜与桩锚竖向间距相一致。对于长大基坑，应分段挖土，分段施作桩锚，分段长度一般为20～30m。对于面积很大的基坑，可以沿支护结构四周分层分段挖成沟槽，沟槽宽度4～8m，边挖沟槽边施作桩锚，待挖到坑底且桩锚墙形成以后，再挖除中心土。基坑底部留0.3m厚用人工挖除，以减少对基坑土的扰动。机械挖土时，严禁边壁超挖或造成边壁松动。基坑的边壁宜采用小型机具或铲锹进行切削清坡，以保证支护平整并符合设计坡度。

(9) 基坑开挖应及时降水，应实施有效的降水、排水措施。

(10) 基坑周围地面应进行防水、排水处理，严防雨水或生活用水等地面水浸入基坑周边土层。

排水宜采用井点降水，坑内明排水和地面排水相结合的排水系统。排除坑内积水应设置排水沟、集水井，排水沟深度为1.0～1.5m，集水井设在排水沟的转角处。当水压力较大而影响面层施工时可埋入塑料导水管，待面层凝固后再将导水管封闭。

(11) 土方开挖过程中，特别是在冬季、雨季、汛期，应注意气温、降雨等预报，并按制定的施工方案采取必要的安全防护措施。

(12) 基坑挖土时，严禁碰撞支护结构和损坏止水帷幕。

(13) 基坑开挖应连续作业。开挖完成后，应及时清底验槽，防止暴晒、雨水浸湿和人工扰动破坏。

(14) 基坑验槽后，应及时浇筑垫层混凝土封闭基坑。基坑中工程桩桩头的处理，宜在铺设垫层后进行。

10.2 技术要求

(1) 加筋水泥土桩锚支护工程的施工场地宜先平整，清除地下障碍物。当场地低凹时，宜回填黏性土，不宜回填杂填土。当地表过软时，应采取防止施工机械失稳的措施。在边坡附近施工时，应考虑施工对边坡的影响，并采取确保边坡稳定的措施。

水泥土桩墙一般采用连续搭接的施工方法，桩径0.3～0.8m。应严格控制桩位和桩的垂直度，并确保足够的搭接宽度以形成连续墙体。一般采用二次搅拌工艺，第一次搅拌喷浆60%，第二次搅拌喷浆40%，喷浆时提升速度不大于0.5m/min。施工宜连续作业，相邻桩的施工间歇不应超过12～16h；压浆速度应与提升速度相配合，以确保额定浆量在桩身长度范围内均匀分布。在开挖期内对桩身的强度和水密性进行检验，对渗水点应及时进行修补。在加筋水泥土桩墙完成14d后，方可进行开挖。

(2) 对设计要求咬合成壁状的加筋水泥土桩墙应连续施工，相邻桩施工的间隔时间不应超过12～16h。

(3) 加筋水泥土桩锚体预搅下沉时不宜采用冲水法。当遇较硬土层而下沉过慢时，可适量冲水。凡经输送管冲水下沉的桩体，喷浆提升前应将喷浆管内的水排尽，且应考虑冲水下沉对桩体承载力的不利影响。

(4) 加筋水泥土桩锚体的注浆材料宜选用普通硅酸盐水泥浆，且可根据需要在浆液中添入外加剂。水泥浆应搅拌均匀，并在初凝前注浆完毕。

(5) 加筋水泥土桩锚体的施工应采用钻进、注浆、搅拌、插筋一次完成的方法。搅拌的叶片直径不宜小于0.20～0.50m，每搅拌完一次应检查叶片磨损情况，及时更换损坏的叶片。直径0.20～0.50m的搅拌桩锚体，送浆泵的压力应为1.5MPa，并采用调速电机。水泥强度等级应采用32.5R，水灰比宜采用1∶1或0.7∶1。搅拌钻进速度宜采用0.45m/min。宜采用“进退2喷2搅”工艺。

当筋插在水泥桩边侧时，应先开挖1～2m露出水泥土桩墙，再紧靠墙边插筋；当筋插在水泥桩中间时，应在水泥桩未凝固之前插入。插筋材料、插入长度和露出长度等均应符合计算和构造要求。

(6) 水泥土桩锚体的水泥掺入比，应根据基坑侧壁内外侧的水头压力大小、土体性质和基坑开挖深度确定，宜为被加固土体重量的12%～18%。可根据下列情况分别选用水泥掺量（按被加固土体质量计）：

1) 当水泥土桩锚体用于止水时，对粉砂、中砂、粗砂、松散砾砂和填土层，水泥掺量宜为12%～15%；对可塑，流塑淤泥黏性土和粉土层，水泥掺量宜为12%～13%。

2) 水泥土桩锚体用于挡土时，对粉砂、中砂、粗砂或松散砾砂和填土层，水泥掺量宜为12%～14%，对粉土、粉质黏土层，水泥掺量宜为13%～14%，对流塑、可塑淤泥、淤泥质土层，水泥掺量宜为15%～18%。

(7) 水泥土28d龄期的单轴无侧限抗压强度值应由试验确定。当无试验数据时，对水泥掺量为15%的水泥土，可参照下列经验数据取值：砂土为1.1～2.0MPa，粉土为0.6～1.1 MPa，黏性土为0.5～1.0MPa，淤泥质土为0.4～0.7MPa，淤泥为0.3～0.5MPa。

在加筋水泥土桩锚体注浆达到设计强度的70%后，方可开挖下层土方和施作下层桩锚体。水泥浆应拌和均匀随拌随用，一次拌和的水泥浆应在初凝前用完。注浆开始时或中途停止超过30min时，应用水或稀水泥浆润滑注浆泵及其管路。

(8) 在加筋水泥土桩锚支护工程施工时，相邻场地不得进行抽水作业。对砂土、粉土、黏性土，在水泥土桩锚体施工完成3d后，方可进行抽水作业。对淤泥或淤泥质土，在水泥土桩锚体施工完成4d后，方可进行抽水作业。需提前抽水作业或在有动水压力情况下施工的工程，注浆时应掺入速凝剂或早强剂。

(9) 在水泥土初凝前，应及时按设计要求插筋。当插入钢管、型钢等刚性筋时，宜采用静压、振动挤压法和锤击法施工。

(10) 当采用门架式加筋水泥土桩锚支护结构时，应按测量的准确位置先施工竖向加筋水泥土桩墙，其次施工斜向加筋水泥土锚体，最后施工桩锚连梁。

(11) 对水平咬合加筋水泥土拱圈支护结构，当采用旋喷法施工时，压力宜采用20～30MPa；当采用搅拌法施工时，压力宜采用0.6～1.5MPa。进退速度宜采用0.45m/min。

(12) 加筋水泥土桩锚支护工程施工中的下列隐蔽作业，应按现行有关标准的要求及时进行检查并做好记录，具体记录内容如下：

1) 桩锚体的位置、直径、长度、垂直度和倾斜角度。

2) 桩锚体的注浆压力、水泥用量、水灰比和注浆量等。

3) 加筋体的位置、材料、长度和数量等。

4) 加筋体连接接头的外观质量。

5) 桩锚体间的连接构造（包括焊缝长度、高度和外观质量等）。

6) 桩锚体预应力张拉锁定力。

10.3 工程监测

加筋水泥土桩锚支护的施工监测应包括支护结构整体位移的量测和附近地表的变形、开裂状态观察。对重要工程，宜对支护的工作状态做全面的量测，包括用测斜仪监测支护土体的水平位移，用应变仪量测钢筋的应变，用收敛计监测位移的稳定过程等。

（1）在可能情况下，宜同时监测基坑不同深度处的水平位移，以及地表离基坑边壁不同距离处的沉降，给出地表沉降曲线。在一般情况下，地表发生细小裂缝和紧靠基坑的一般建筑物出现装修层的轻微开裂可视为正常，但必须密切追踪发展趋势。当裂缝不断加速发展并延伸时，必须停止原定施工过程，修改支护参数并及时加固。

（2）在加筋水泥土桩锚支护工程施工前，应做出工程开挖的分段监测方案。方案中应包括：监测目的，监测项目，监控报警值，监测方法和精度要求，监测点布置、监测周期，记录制度以及信息反馈系统等。

加筋水泥土桩锚支护工程的监测，可包括下列内容和方法：

1）现场监测对象包括：自然环境，基坑底部及周围土体，支护结构，地下水位，周围建（构）筑物、地铁、水管、排污管、电缆、煤气管等重要地下设施，周围的城市道路路面。

2）现场监测方法：应以仪器观测为主，并与目测调查相结合。

a. 检查支护结构的开裂和变形情况，重点检查支护桩侧面、支护墙面、主要支撑、连接点等关键部位的情况，以及支护结构的漏水情况。

b. 支护结构顶部的水平位移和垂直位移观测点应沿基坑周边布置，每边的中部和端部均应布置观测点，其间距不宜大于20m。

c. 对距基坑边不超过3倍基坑开挖深度的建（构）筑物，应观测其变位。

d. 基坑周围地表沉降、地下水位、墙背土体深层位移、墙背土体的土压力和孔隙水压力的观测点等，应视工程具体情况确定数量。

e. 沉降观测基准点应设在基坑工程的影响范围以外，距基坑周边不应小于5倍基坑开挖深度，也不应小于30～50m，且数量不应少于2个点。

沉降观测基准点的质量直接影响地面沉降和周围建筑物等观测结果的准确性，进而影响对基坑安全状况的判断，因此沉降观测基准点的选择十分重要。根据基坑监测经验，取距基坑周边不少于5倍基坑深度或30～50m作为基准点位置是比较合适的。

f. 其他有关监测的内容和要求应符合现行行业标准《建筑基坑工程技术规范》（YB 9258—1997）的有关规定。

（3）在加筋水泥土桩锚支护工程的有效使用期内，施工单位必须有专人负责监测工作。应做好监测与工程施工的配合，保护监控设施。

（4）监测数据应做好记录，并及时整理分析。当监测数据超过报警值时，施工单位应及时通报设计、监理和业主等有关单位，同时采取有效的应急处理措施。

（5）在基坑工程施工的全过程中，应根据设计要求提交阶段性监测报告。在工程结束时应提交完整的监测报告，其内容应包括：

1）工程概况简述。

2）监测项目和各测点的平面和立面布置图。

3）采用的仪器设备和监测方法。

4）监测数据处理方法和监测结果的过程曲线。

5）监测结果评价。

第 11 章　加筋水泥土桩锚支护的工程验收

11.1　一般规定

（1）一个工程项目中的全部加筋水泥土桩锚支护工程，应按现行国家标准《建筑工程施工质量验收统一标准》（GB 50300）规定的“地基与基础”分部工程中“有支护土方”子分部工程的一个分项工程。根据此原则将一个工程项目中的全部加筋水泥土桩锚支护工程定为一个分项工程，因此其验收均按对分项工程的规定进行。

（2）由同一班组施作的、采用同一工艺、同一配合比的面积不大于 1000m² 的加筋水泥土桩锚支护工程，可划分为一个检验批。

本条规定了工程验收中划分检验批的条件和范围。由于加筋水泥土桩锚支护技术比较复杂，工程质量受选用的施工工艺及操作人员对工艺的熟练程度的影响较大，因此规定了划分检验批的“三同”条件。如果在工程场地中地质条件相差较大，则划分检验批时尚应考虑地质差异。

对支护工程以面积不大于 1000m² 划分为一个检验批，主要考虑到通常的工程项目中，加筋水泥土桩锚支护分项工程以此作为划分范围比较适当。

（3）加筋水泥土桩锚支护工程的检验批及分项工程，应由监理工程师（建设单位项目专业技术负责人）组织施工单位项目专业质量（技术）负责人等进行验收。

本条系根据 GB 50300 的规定制定。

（4）加筋水泥土桩锚支护工程的验收应按施工中验收及竣工验收两个阶段进行。施工中验收在支护工程施工阶段进行；竣工验收在基坑土方工程或地下主体工程施工完成后进行。

本条规定工程验收分为两个阶段进行。除桩锚体最大位移、地面最大沉降和基坑表观效果等需要在基坑土方工程完成后才能检测，属于竣工验收外，其他各检测项目都是在桩锚支护施工阶段进行的。为了及时发现和处理问题，需要根据具体情况在施工过程中进行若干次中间验收。

（5）加筋水泥土桩锚支护工程的检验批及分项工程的质量验收，应按现行国家标准《建筑工程施工质量验收统一标准》（GB 50300）附录 D、附录 E 规定的格式记录。

本条系根据 GB 50300 的规定制定。

（6）加筋水泥土桩锚支护工程的施工中验收应形成下列文件：

1）水泥、钢筋、型钢、钢管、钢绞线等原材料的出厂合格证书、检测报告和进场验收记录。

2）水泥土试块的检测报告，钢筋、型钢、钢管连接接头的外观检查记录。

3）锚具、夹具、千斤顶等机具的出厂合格证书和标定证书。

4）水泥土、加筋水泥土桩锚支护工程的隐蔽作业记录和检验证书（包括桩锚体几何参数、注浆状况，加筋体配置、桩锚体间的连接构造、预应力张拉锁定力等）。

5）工程的阶段性监测报告。

6）工程重大问题处理记录。

本条规定了施工中验收的内容及应形成的文件。其中，关于隐蔽作业的验收，主要是检查10.2节技术要求中第（12）条规定的在施工过程中应及时形成的施工记录和检测报告。

（7）加筋水泥土桩锚支护工程的竣工验收，除11.1节一般规定中第（6）条的规定外，尚应提交下列文件：

1）支护工程设计图纸和说明书，工程图纸会审记录，工程设计变更文件及其签证书。

2）工程施工方案和施工组织设计文件及其变更文件和签证书。

3）桩锚体承载力现场测试报告。

4）工程竣工图和竣工报告。

5）工程监测报告。

规定了竣工验收时应形成的文件。

11.2 检验项目

1. 主控项目

此条规定了加筋水泥土桩锚支护工程验收的4个主控项目。主控项目是指对检验批的基本质量起决定性影响的检验项目，因此必须全部符合规定的工程验收要求。

加筋水泥土桩锚支护工程检验的主控项目应符合下列规定：

（1）锚体抗拉承载力极限值的平均值大于《加筋水泥土桩锚支护技术规程》（CECS 147：2004）第5.1.6条计算所得承载力设计值。

检验方法：参照现行行业标准《建筑基坑工程技术规范》（YB 9258）附录M规定的锚杆试验要点执行。每一检验批中应随机抽取3%且不小于3根锚体做试验，取其实测平均值。

对土体加固工程，必要时应做桩体抗压承载力极限值的平均值验收试验。

（2）锚体的实际拉拔承载力极限值的平均值或桩体的实际抗压承载力极限值的平均值应满足设计要求。

这是直接关系到工程安全的十分重要的验收项目。其检验方法和抽样数量均按行业标准《建筑基坑工程技术规范》（YB 9258）的规定执行。

这项检测工作一般应在支护工程设计完成后、工程正式施工之前进行，而不是在工程竣工阶段进行。如检测结果与设计要求不相符合，则应按实际检测结果重新调整工程设计。

桩锚体的注浆量不应小于理论计算量。

检验方法：抽查注浆记录，每一检验批中随机抽取20%桩锚体，核对注浆量。

桩锚体的实际注浆量不少于理论计算量。

这是直接关系到工程质量的重要验收项目。如果注浆量不足，将严重影响桩锚体的自身强度以及与土体间的侧向摩阻力。其检验方法主要是抽查10.2节技术要求中第（12）条规定的施工记录，并确认其可靠性。

（3）基坑支护结构桩锚体的顶部位移、最大位移和地面最大沉降量应符合表11－1的要求。

表11－1　　基坑支护结构位移限值

基坑类别	桩锚体顶部位移（mm）	桩锚体最大位移（mm）
一级基坑	$0.004h$ 且不大于20～35	$0.004h$ 且不大于50
二级基坑	$0.006h$ 且不大于45～65	$0.008h$ 且不大于80
三级基坑	$0.015h$ 且不大于80～100	$0.015h$ 且不大于100

注　h 为基坑开挖深度。

检验方法：检查每个检测点的位移检测记录。

桩锚体的实际位移和影响范围的地面沉降不大于规定的限值。

这是关系到支护工程实际效果的重要验收指标。其检验方法主要是检查《加筋水泥土桩锚支护规程》（CECS 147：2004）第6.3.2条（25）中2）、5）规定的施工全过程检测记录。

表11－1中规定的基坑支护结构位移限值是参考《广州地区建筑基坑支护技术规定》（GJB02）的规定，并收集大量资料分析得出的。关于地面最大沉降量，对一、二、三级基坑可分别取30mm、60mm、100mm。

（4）基坑支护结构的表观效果应符合表11－2的要求。

表11－2　　基坑支护结构的表观效果要求

序号	项目	表观效果要求	检测方法
1	侧壁渗漏	仅有局部渗漏，无流砂	观察
2	坑底稳定	仅有局部渗漏，无塑性隆起	观察
3	环境影响	周围建筑差异沉降量未造成建筑物表观明显变化和正常使用	观察

支护工程的表观效果应符合规定的要求。这是决定在支护工程和基坑土方工程完成后，基础工程能否相继开工的重要验收项目。主要是在基坑土方完工后，全面观察检查基坑侧壁和坑底有无严重的渗漏、流砂和塑性隆起现象，以及基坑影响范围内建筑物的差异沉降量。如果不符合规定的要求，必须认真处理，甚至回填报废基坑。

2. 一般项目

加筋水泥土桩锚支护工程检验的一般项目应符合下列规定：

（1）水泥、钢材等原材料的技术性能应符合国家现行有关标准的规定。

检验方法：检查每批产品的出厂合格证书，性能检测报告和进场验收记录。

（2）钢筋、型钢、钢管连接接头的外观质量应符合国家现行有关标准的规定。

检验方法：每一检验批中随机抽取20%接头，按现行有关标准的规定进行外观检查。

（3）桩锚体的几何尺寸和平面位置偏差应符合表11－3的规定。

表 11-3 加筋水泥土桩锚体几何尺寸偏差限值

序号	项目	允许偏差		检测方法
		单位	数值	
1	桩锚体直径、长度	mm	+50	钢尺量
2	加筋体长度	mm	±100	钢尺量
3	加筋体倾斜度	(°)	±1	经纬仪量测
4	加筋体平面位置	mm	±50	钢尺量
5	桩锚体倾斜度	(°)	±1	经纬仪量测钻机倾角

检验方法：抽查施工时的量测记录。

(4) 桩锚体的预应力锁定力应符合设计要求。

检验方法：抽查施工时的张拉记录。

(1) 原材料的技术性能应符合国家现行标准的规定。

(2) 加筋体连接接头的外观质量应符合国家现行标准的规定。

(3) 桩锚体的几何尺寸和平面位置偏差应符合“加筋水泥土桩锚支护规程”(CECS147：2004) 的规定。表 11-3 规定的允许偏差值是根据工程经验确定的。

(4) 桩锚体的预应力锁定力应符合设计要求。

以上各项主要是抽查原材料的进场验收记录和 10.2 节技术要求中 (12) 条规定的各项隐蔽记录。

11.3 合格判定

(1) 当符合下列条件时，一个检验批应判定为合格：

1) 主控项目全部满足验收标准。

2) 一般项目不少于 80%满足验收标准。

(2) 当分项工程中各检验批的质量均合格时，该分项工程应判定为合格。

以上是国家标准《建筑地基基础工程施工质量验收规范》(GB 50202—2002) 中规定的。

(3) 当检验批质量判定为不合格时，应按下列情况分别处理：

1) 主控项目不符合验收标准时，必须逐项处理直至满足要求，否则不得进入下道工序。

2) 当一般项目不符合验收标准时，应采取技术措施使其满足验收要求后，方可投入使用。

主控项目直接关系到支护工程的基本质量，影响到能否发挥支护工程预期的功能，如有不合格必须逐个处理直至完全满足要求。如果主控项目中出现可能危及安全而无法挽救的严重情况，则应采取回填报废基坑等果断措施，以避免发生严重的坍塌事故。

一般项目不符合验收标准时，应针对具体情况逐个处理，直至 80%以上项次满足要求。

第 12 章　加筋水泥土桩锚支护工程应用实例

【工程实例 1】　广州地铁二号线新港东站基坑围护结构❶

1. 工程概况

广州地铁二号线新港东站位于海珠区新港东路与华南快速干道交叉路段，在阳光学校的南侧。本站为侧式站台车站。车站基坑东西向全长约 206m，车站东部及西部通风道部位基坑宽度（南北向）约 98m，其余部位基坑宽（南北向）约 20m，风道部位基坑宽（东西向）11m。基坑开挖深度为 1.5～6.3m，基坑周长 792.6m，支护面积 5860.7m^2。采用明挖顺作法施工，基坑围护结构采用双排加筋直径 650mm 的搅拌水泥土桩与预应力水泥土地锚相结合。基坑维护结构平面图如图 12－1 所示。

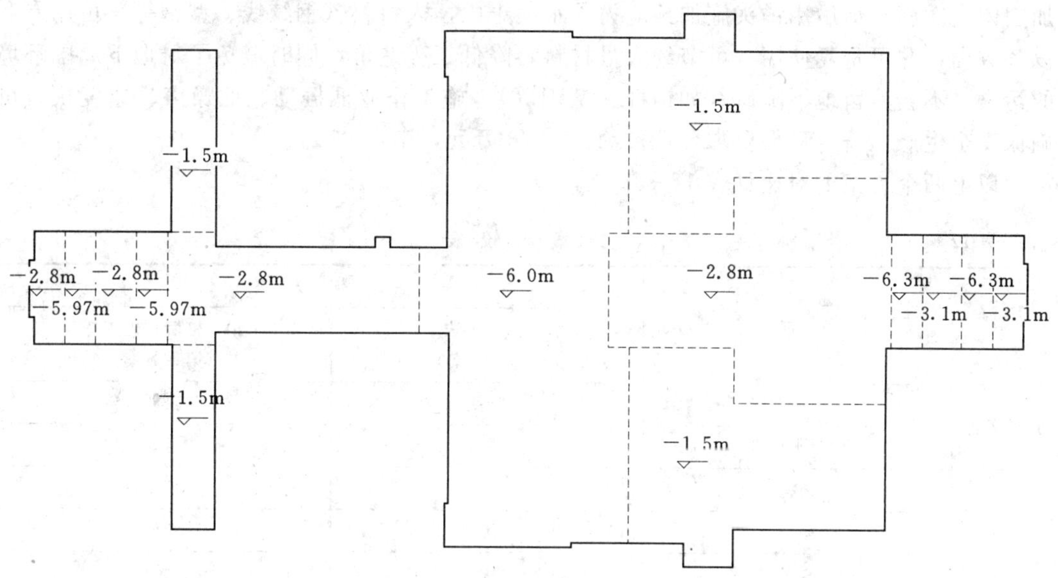

图 12－1　基坑围护结构平面图

2. 工程地质状况

地质状况自上而下分布依次为：人工填土层（平均厚度 1.92m）、淤泥质土层（平均厚度 5.0m、可塑、软塑状态）、砂层（平均厚度 4.05m、松散—中密状态）、强风化岩（平均厚度 3.63m）、中风化岩（平均厚度 2.27m）、微风化岩。地下水位埋深 1.30～3.90m，平均埋深 2.60m。

---

❶ 本工程实例由李宪奎提供。

3. 基坑围护方案的比选

本基坑面积大，东西向长 206m，南北向最宽约 98m，长度和宽度均较大，基坑内还有二级基坑，南侧有一条临时道路，由于该道路车流量大，基坑边荷载大；北面为职工宿舍，房屋不允许有较大沉降，因此，南北两侧不允许地表有较大的沉降和位移，须严格控制。而且基坑开挖深度较深，基坑内还有二级基坑，须慎重处理。根据以上特点和周围环境，遵照安全可靠、技术可行、经济合理、施工方便的原则，提出了两个方案。

第一方案：鉴于本工程基底为软土层、地下水位较低以及四周地表变形控制要求高，而且基坑开挖深度达 9.0～13.8m，因此原设计支护方式为钻孔灌注桩和桩间旋喷止水加格构式水平钢支撑挡土。经反复论证，考虑到该工程的跨度大，格构式水平钢支撑在温度应力影响下支撑体系不稳定，定额价约为 3200 万元，工期 150d。这种工法不仅工期长，而且项目投资大。为加快施工工期，并尽可能节约投资，特提出优化方案即第二方案。

第二方案："LXK 工法"——水泥土边侧加筋、水泥土中插型钢、旋喷搅拌地锚等相互结合方案。该工法的优点是：水泥土加筋提高了水泥土连续墙的强度和刚度，使搅拌桩同时具有挡土和止水的双重作用。采用的地锚不同于普通锚杆，是用搅拌法或旋喷法形成倾斜的水泥土加固体，旋喷搅拌至端头，定喷 1min，形成扩大头，以增加抗拔力，并向加固体内插筋，最后用锚头施加预应力。水泥土内插入材料（钢绞线、型钢等）可用专利设备拔出，并可重复使用，可节约大量材料，降低工程造价，同时避免了对地下周围环境的污染，不会残留地下障碍（如锚杆、型钢等）。施工作业低振动、低噪声、速度快，可确保安全生产，符合环保要求。造价约为 1376 万元，工期 90d。

以上两个方案的对比见表 12－1。

表 12－1　　方案比较表

项目名称		支护方案	
		"LXK 工法"（第二方案）	钻孔桩墙加内支撑（第一方案）
地质条件	对土质要求	较低	较低
	地下水处理	不需	需要
对环境影响	支护结构位移	小	较小
	振动	无	有
	噪声	无	无
	排污	无	多
	支护结构弃留物处理	较难	难
施工条件	支护施工坑边作业面	小	大
	地下室施工坑边作业条件	好	较好
	支护结构养护期	短	长
工艺		挖土支护同时进行，工艺简单	钻孔桩、止水、大型钢支撑不时同步进行，工艺复杂
质量安全		安全	不安全

续表

项 目 名 称	支 护 方 案	
	"LXK 工法"（第二方案）	钻孔桩墙加内支撑（第一方案）
对后期工作影响	空旷无障碍	内支撑有障碍
施工工期	90d	150d
单价	水泥土搅拌桩 153.41 元/m	钻孔桩 756.61 元/m^3
工程造价（按广铁定额）	1376 万元	3200 万元

注 LXK 工法是加筋水泥桩锚人字形支护。

4. 支护方案的设计

（1）试验段的设计如图 12－2 所示。

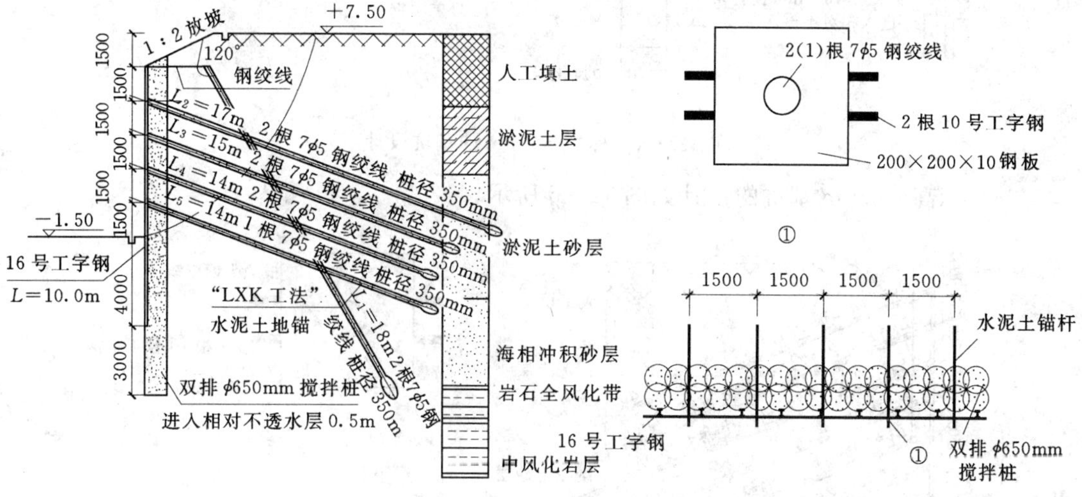

图 12－2 试验段的基坑设计

（2）标高－1.5m 的基坑设计如图 12－3 所示。

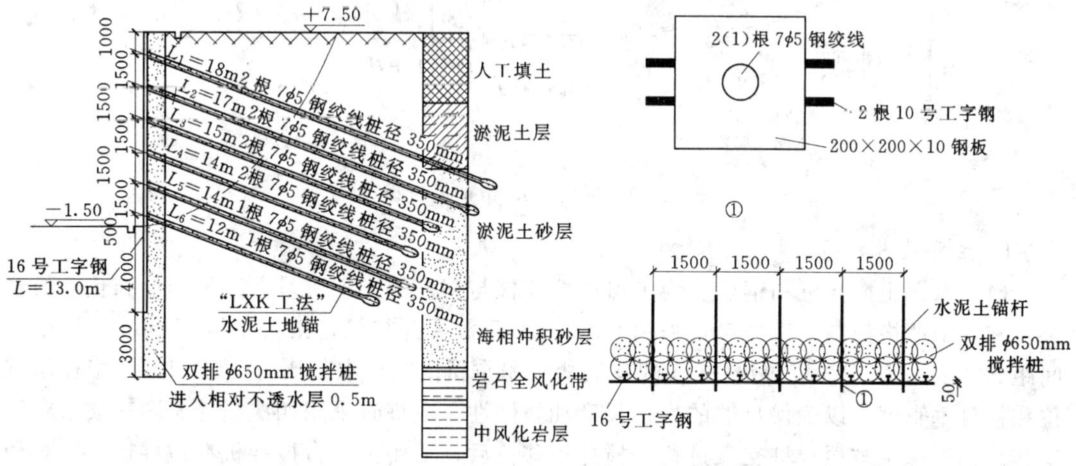

图 12－3 标高－1.5m 的基坑设计

（3）标高－2.8m基坑的设计如图12－4所示。

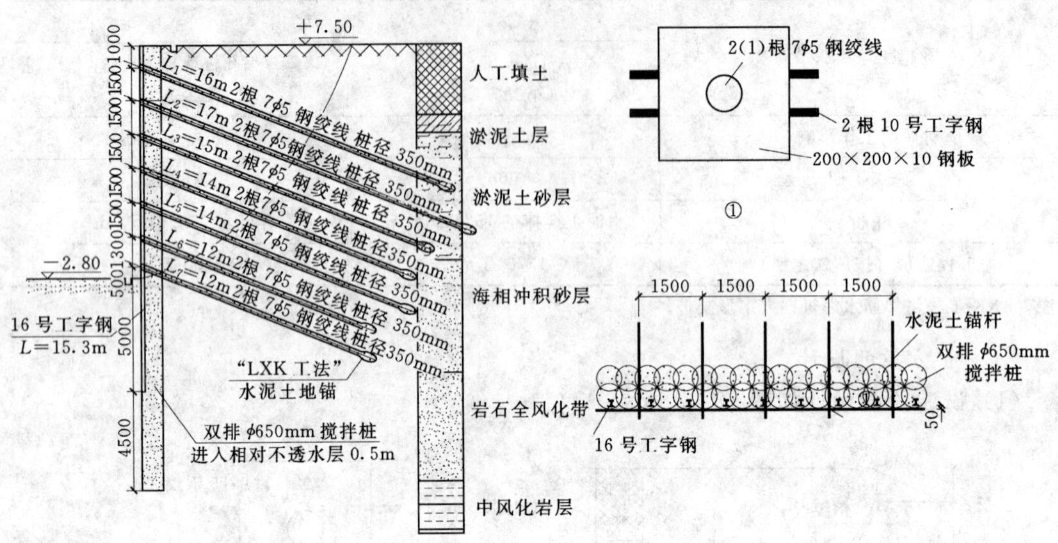

图12－4　标高－2.8m的基坑设计

（4）标高－6.0m基坑的设计如图12－5所示。

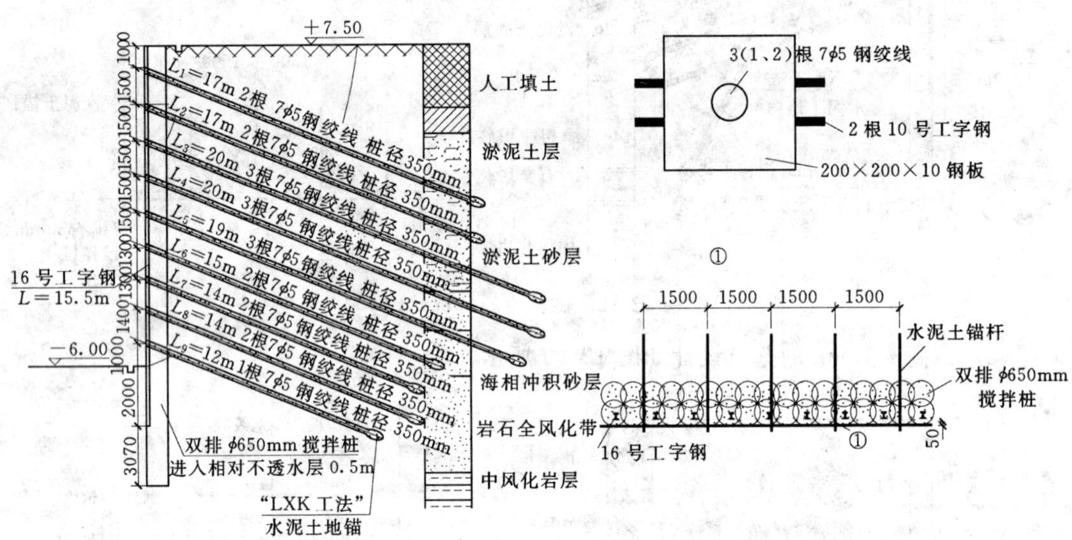

图12－5　标高－6.0m的基坑设计

5．主要技术措施

（1）水泥土搅拌桩和钢桩。为了保证搅拌桩与钢桩的施工质量，达到挡土和止水的效果，施工中严格控制工序质量，采用GPP—5B型深层搅拌机，钻头直径650mm，桩中心间距500mm。采用强度等级42.5的硅酸盐水泥作固化剂，水灰比为0.7∶1；严格控制桩位和桩身垂直度，以确保足够的搭接长度和整体性。成桩时采用四次搅拌、四次喷浆施工工艺。钢桩施工与搅拌桩交叉进行，搅拌机移位后，采用另一台搅拌机在搅拌桩中钻直径280mm的钻孔，然后把工字钢插入孔内，并灌水泥浆。

(2)"LXK工法"水泥土地锚。本工程地锚钻孔直径350mm，倾角为20°，在试验段中地面设一条地锚，倾角为60°，锚杆工艺采用斜向扩大头式伞形锚杆、斜向旋喷水泥土锚杆。

6. 试验与监测

(1) 地锚抗拔试验。按照《土层锚杆设计与施工规范》(CECS 22∶90)的规定，任何一种新型锚杆或已有锚杆用于未曾应用过的土层时，必须进行基本试验。为了确保基坑支护的安全，我们对不同土层施工的锚杆做了3组抗拔试验，见表12-2～表12-4。

表12-2 扩大头式水泥土伞型锚杆试验

荷载(kN)	50	100	160	200	250	300	总弹线位移(mm)	备注
位移(mm)	48	59	81	114	160(破坏)		112	承台破碎

注 位移的移动量包括承台的位移量。荷载至160kN时，承台位移明显增加，荷载至250kN承台破坏。

表12-3 旋喷水泥土锚杆试验

荷载(kN)	50	100	160	200	250	300	总弹线位移(mm)	备注
位移(mm)	50	55	66	62	109	150(破坏)	160(50～160kN) 47(200～250kN)	承台破碎

注 位移的移动量包括承台的位移量。荷载至160kN时，达到设计要求。卸荷载，第二次做破坏性试验，直接加荷载200～300kN，承台破坏。

表12-4 常规搅拌水泥土锚杆试验

荷载(kN)	50	100	139	160	总弹线位移(mm)	备注
位移(mm)	72	74	82	破坏	112	锚筋拉断，承台破碎

注 位移的移动量包括承台的位移量。荷载至160kN时，承台破坏，Φ25钢筋拉断。

试验 $Q-S$ 曲线详见图12-6。

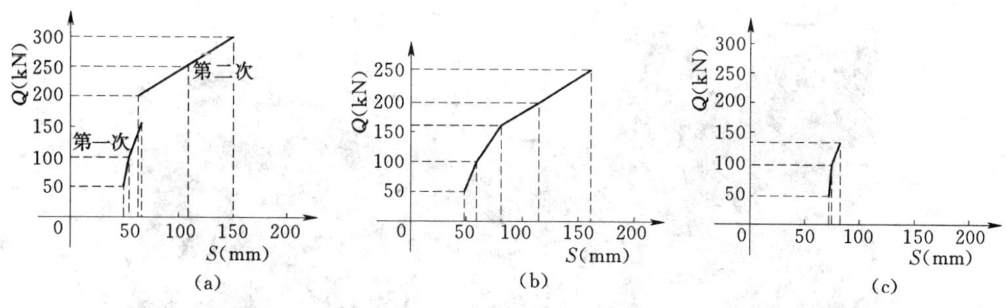

图12-6 锚杆试验 $Q-S$ 曲线图

(a) 试验一地锚杆 $Q-S$ 曲线图(表12-2)；(b) 试验二锚杆 $Q-S$ 曲线图(表12-3)；(c) 试验三锚杆 $Q-S$ 曲线图(表12-4)

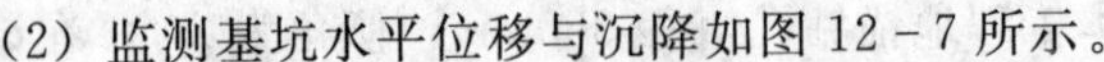

（2）监测基坑水平位移与沉降如图 12－7 所示。

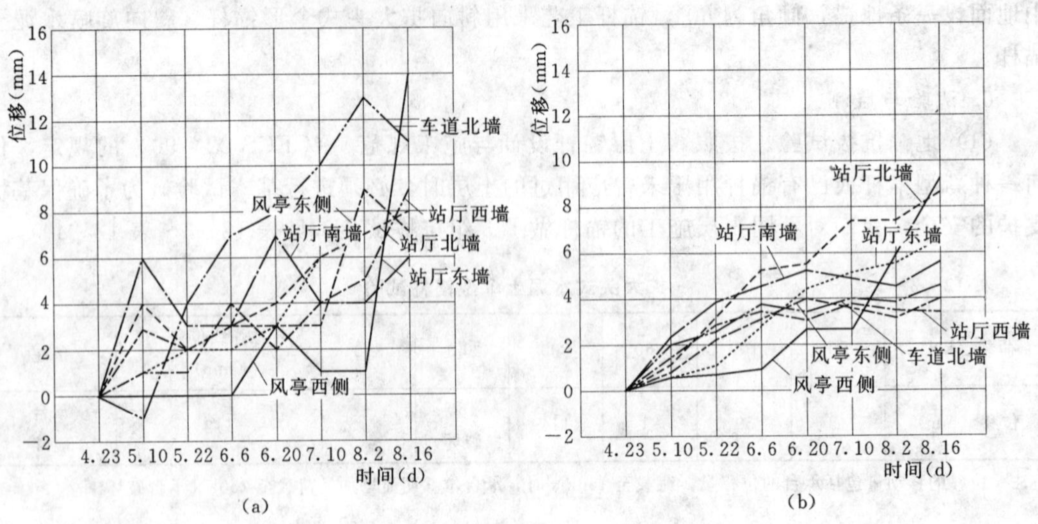

图 12－7 水平位移与沉降实测图

（a）水平位移曲线；（b）沉降曲线

7. 小结

基坑支护成功与否是保证工程顺利完成的关键。采用基坑支护新技术后，比原总工期提前 3 个月。经过实践证明方案是成功的。加筋水泥土搅拌桩与大直径水泥土地锚等构件组成的支护体系技术合理、安全可靠、施工无污染、工期快、节约投资（同琶洲站对比节约了 2000 多万元）、使基坑作业面空旷、为土方开挖及土建施工提供良好的作业空间，支护开挖的实景如图 12－8 所示。土方开挖后是基坑内外变形最主要关键和最敏感的时期，故要避免或减少时间效应。施工过程中先施工基坑中间部分的土方，将大基坑化为两个小基坑，以增加空间效益，减小基坑变形，有利于基坑土体的稳定。为了确保支护的安全，

图 12－8 广州地铁二号线基坑支护实景图

还准备了当地表位移或沉降超限时的地表超前跟踪，钢花管注浆加固基坑周边土体，基坑内加密地锚及注浆，坑外、坑内截、堵等方法综合应急措施，通过本次经验支护墙外扩 1～1.5m 可防止侵入结构。

【工程实例 2】 芜湖信仪玻璃厂二期深基坑工程[1]

1. 工程概况

信义特种玻璃（芜湖）有限公司拟在芜湖经济技术开发区建设新厂房，其建筑物的结构形式为：①原料车间：筒仓混凝土结构，单柱荷载 10000kN；②浮法联合车间熔化工段：一层方案深坑地下深度约为 12.6m 和 6.0m，地上单层轻钢厂房；③烟囱：高度约为 120m，构筑物；④水塔：高度约为 30m，构筑物；⑤硅砂均化库、原料袋装库、成品库、建筑玻璃加工车间、汽车玻璃加工车间、主线其他工段、小料库、氮气站、氢氧站等：单层轻钢结构；⑥其他子项：单层或多层混凝土结构。

拟建场地位于芜湖经济技术开发区内，场地原为村庄，大部为农田，局部有塘沟，大部民房为拆迁区，农田区域使用粉细砂及土回填，黄海高程为 6.30～8.31m，地块内有一条由东向西的水泥路横穿场地，总体上较平整。场地地貌属长江中下游丘陵地貌。

2. 场地工程地质概况

根据原位测试结合外业钻探、土工试验综合分析地基土的成因，土层结构及土的物理力学性质等，将本次勘探深度控制范围内的土层分为①、②、③、④、④－1、⑤、⑤－1 及⑥共 8 层，现将各土层的结构特征性质及其分布自上而下分述如下：

①层：耕土，黄褐色，松散，含植物根茎，部分区域上部为新近回填砂层，沟塘处此层缺失。厚度为 0.40～2.70m。层底标高为 4.31～7.05m。

②层：粉质黏土，黄褐色—灰黄色，可塑—软塑，很湿，含少量的铁锰结核，含有粉土，中等干强度，韧性中等。厚度为 0.50～3.10m，层底标高为 3.01～5.46m。

③层：淤泥质粉土，灰色，流塑—软塑，饱和，夹薄层粉砂，摇振反应迅速，干强度低，稍有振动液化。厚度为 1.70～11.50m，层底标高为－7.07～3.14m。

④层：粉细砂，灰色—灰绿色，稍密—中密，饱和，局部含少量粉土，局部有中砂，摇振反应迅速，易振动液化。厚度为 6.10～19.80m，层底标高为 24.49～－6.17m。

④－1 层：中粗砂，灰白色—灰色，稍密—中密，饱和，主要成分为砂，含少量的砾石，磨圆度好。厚度为 2.30～12.00m，层底标高为－20.99～－15.00m。

⑤层：淤泥质粉质黏土，灰色，软塑，饱和，局部有可塑状粉土，夹粉砂。厚度为 2.50～27.40m，层底标高为－40.95～－15.44m。

⑤－1 层：粉质黏土，灰绿色—灰黄色，可塑—软塑，很湿，含贝壳碎片，中等干强度，韧性中等，此层分布不均匀，较多区域内缺失。厚度为 1.50～14.60m，层底标高为－38.04～－20.60m。

---

[1] 本工程实例由李涛提供。

⑥层：中粗砂，灰色—灰绿色，稍密—中密，局部密实，饱和，主要成分为石英，局部含少量细砂，含砾石，磨圆度好，粒径大都在0.5～3cm。

各项物理学性质指标见表12－5。

表12－5　土层的物理学指标

土层编号	土的类别	厚度(m)	重度(kN/m³)	内聚力(kPa)	内摩擦角(°)
①	素填土	1.00	18.00	12.00	12.00
②	黏性土	3.50	18.80	14.80	13.30
③	淤泥质土	5.30	17.80	3.00	8.10
④	细砂	13.40	18.00	3.00	28.80
⑤	淤泥质土	21.00	17.40	8.40	7.00

3. 基坑围护平面及支护分析

基坑总平面图如图12－9所示。

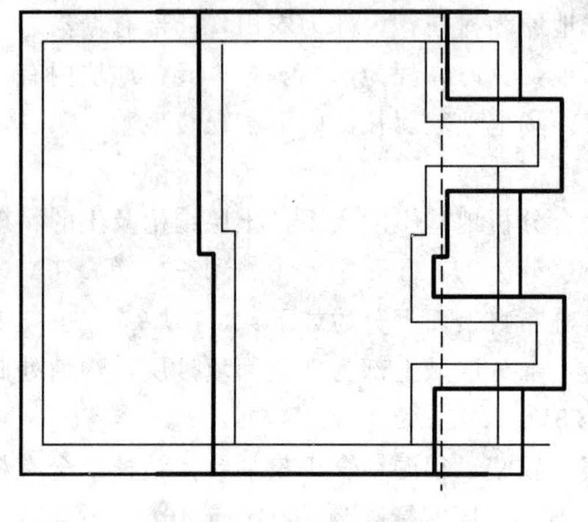
图12－9　基坑总平面图

该工程为地下大型玻璃窑炉，要求在安装前的地下空间不能被建筑构件和支撑结构所分割，不能由于支护而破坏整体结构的完整性和地下封水性。

从工程地质和水文地质条件来看，基坑坐落在软弱地层中，且主要为淤泥质黏土，为饱水土层，自稳性极差。此外，其下部地层为粉质土且具有流动水，区内水位较高。

基于以上难点，在公司技术部门的组织下，经过多次现场调查，分析研究和反复论证，本着安全、优化、经济的设计原则，选择科学、合理的设计施工方案。

4. 基坑支护方案选择

依据本工程的特点、场地工程地质与水文地质条件、周边环境特点及开挖深度，并结合公司在类似工程中成功的设计施工经验，本着安全、经济合理的原则，结合建设方的要求意见，支护方案采用如下：

根据该工程地质条件，基坑支护技术采用专利技术“加筋水泥土旋喷搅拌桩连续墙＋多排水泥土斜锚桩”的支护方法，该技术具有挡土功能，同时也具有止水作用。

方案A：12.6m深段采用多排式加筋水泥土锚桩支护。

方案B：6.0m深段采用人字形加筋水泥土锚桩支护。

方案C：－6～12.6m深段采用多排式加筋水泥土锚桩支护。

12.6m基坑的剖面如图12－10～图12－12所示。

5. 施工准备

(1) 现场平面布置。施工场地较为紧张，用地红线内禁止住人，施工用材料和机具不允许放置在基坑的禁放区域内。

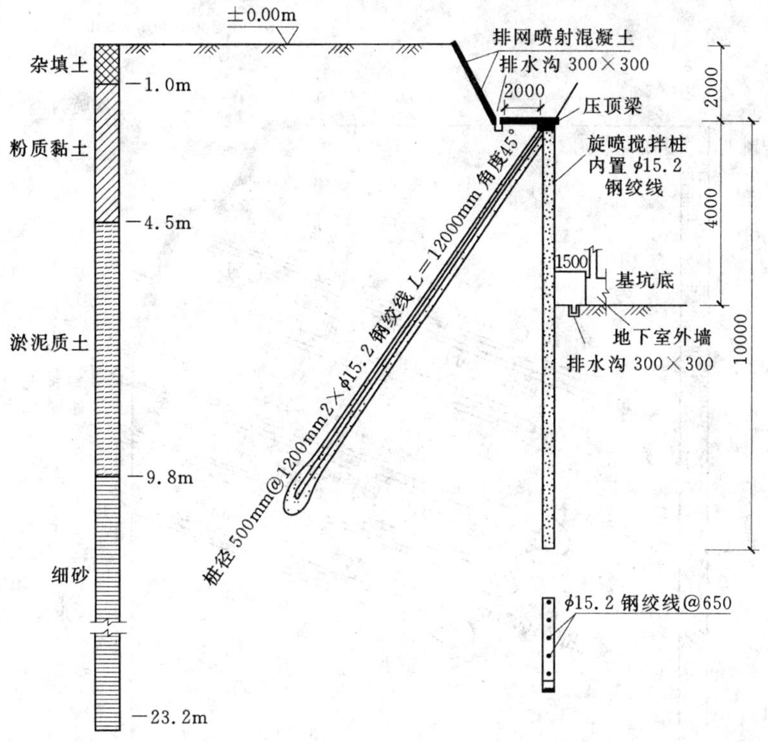

图 12-10 12.6m 深基坑用人字形支护剖面图

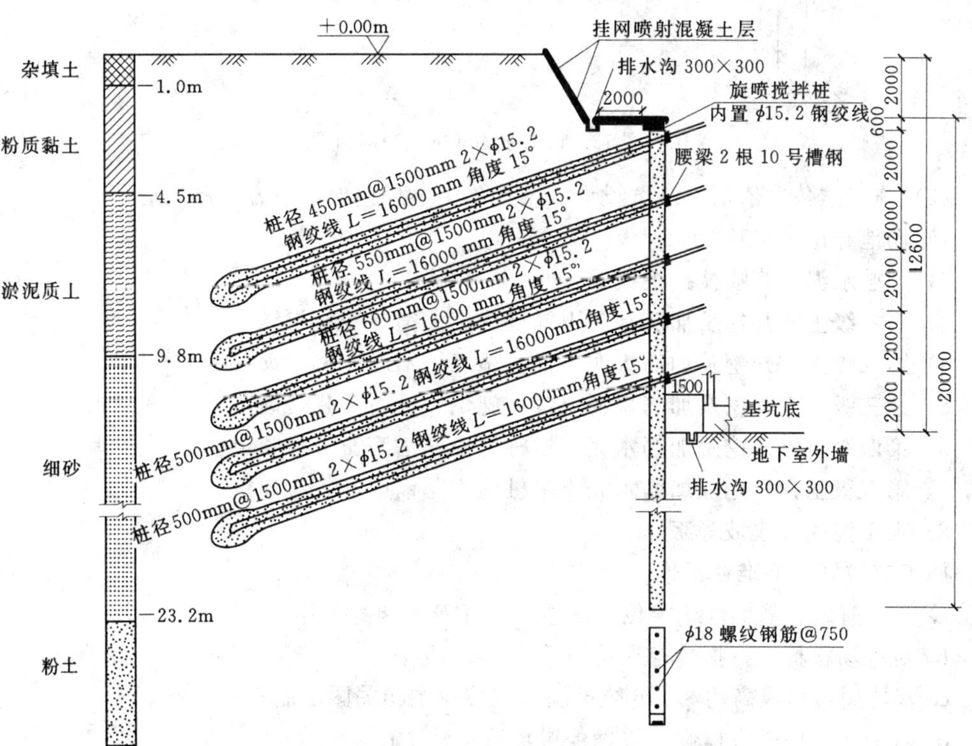

图 12-11 12.6m 深基坑支护剖面图（A 区）

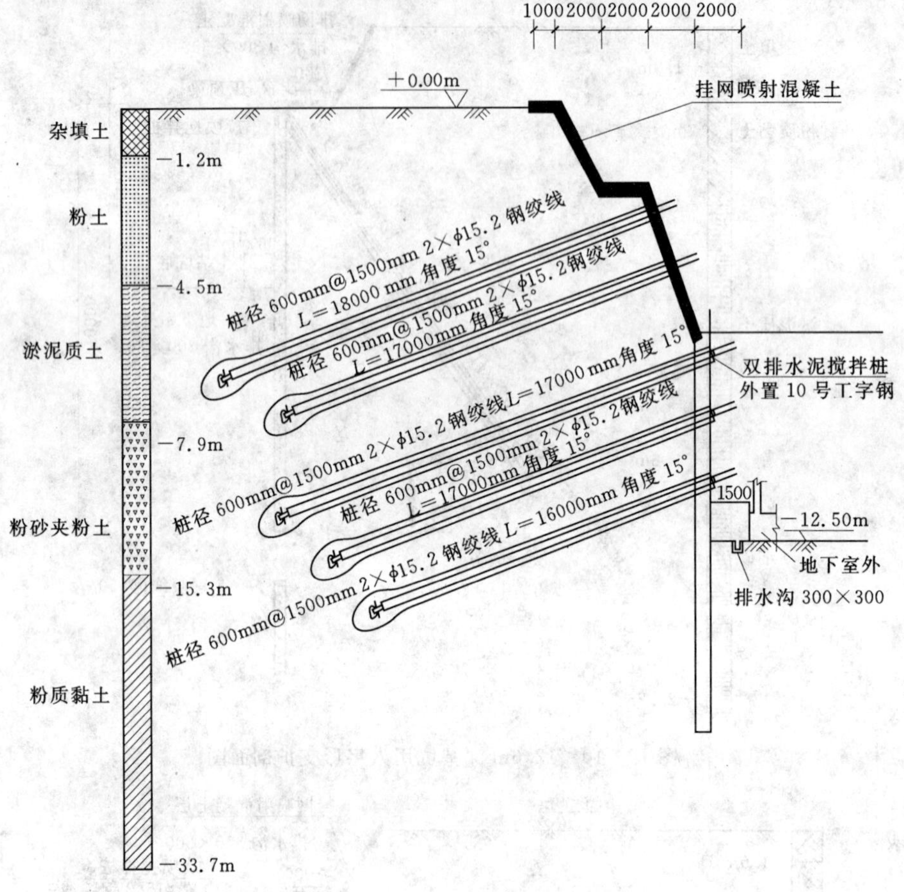

图 12-12 东侧基坑支护剖面图

（2）施工准备。依据本基坑设计方案，施工过程包含如下方面的内容：

1）场地开挖及平整。

2）加筋水泥土旋喷搅拌桩成桩。

3）第一级土方开挖及加筋水泥土锚桩施工、锚筋安装与锁定。

4）第二级土方开挖及加筋水泥土锚桩施工、锚筋安装与锁定。

5）第三级土方开挖及加筋水泥土锚桩施工、锚筋安装与锁定。

6）第四级土方开挖及加筋水泥土锚桩施工、锚筋安装与锁定。

7）第五级土方开挖及加筋水泥土锚桩施工、锚筋安装与锁定。

8）人工清底、收坡等工作。

施工应做好如下准备工作：

a. 开工前做好基坑放线定位、周边管线建筑物调查工作。

b. 对进场材料进行报验与送检、检验。

c. 基坑周边形成高约 3.0m 防护围墙（按业主相关图纸制作）。

d. 对进场机械进行检修，以确保进场后正常工作。

e. 施工人员及管理人员到位，逐项进行安全、技术交底。

f. 合理安排施工进度，材料、机械进场计划。

6. 加筋水泥土旋喷搅拌桩（垂直围护结构）施工方法

（1）工艺流程：加筋水泥土旋喷搅拌桩施工采用大功率 GPP—5B 型深层搅拌桩机，双轴深层搅拌桩钻孔，然后进行喷浆搅拌土体。

其工艺流程为：定位→浆液配制→送浆→钻进喷浆搅拌→提升搅拌喷浆→重复钻进喷浆搅拌→重复提升搅拌喷浆至深度 15m→插入加筋材料→深部旋喷搅拌桩接长至 24m（针对 12.6m 深坑）→移位。

（2）施工方法：

1）定位。启动旋喷搅拌机移到指定桩位，对中。当地面起伏不平时，应调整 4 个支腿的高低，使井架垂直度在桩的设计要求内。一般对中误差不宜超过 2.0cm，搅拌轴垂直度偏差不超过 1.0%。

2）浆液配制：

a. 严格控制水灰比，配合比为 0.5～0.6：1。

b. 水泥浆必须充分拌和均匀。

c. 为改善水泥和易性，可加入适量的外加剂。

3）送浆。将制备好的水泥浆经筛过滤后，倒入贮浆桶，开动灰浆泵，将浆液送至搅拌头。

4）钻进搅拌。证实浆液从钻头喷出，启动桩机搅拌头向下旋转钻进搅拌，并连续喷入水泥浆液，控制钻进速度和浆液喷出量。

5）提升搅拌喷浆。将搅拌头自桩端反转匀速提升搅拌，并继续喷入水泥浆液，直至地面。证实浆液从钻头喷出后，启动桩机搅拌头向上提升搅拌，并连续喷入水泥浆液。应注意以下事项：

a. 调整灰浆泵压力档次，使喷浆量满足设计要求。

b. 到达设计桩长或层位后，应原地喷浆搅拌 30s。

6）重复 4）、5）。

7）插入加筋材料。

8）移位。

成桩完毕，清理搅拌叶片上包裹的土块及喷浆口后，将桩机移至另一桩位施工。

7. 12.6m 的基坑方案计算分析数据

12.6m 基坑计算图如图 12－13 所示。

（1）应力结果分析图。应力的最大位移控制在 50mm 以内，如图 12－14（a）所示，应满足规范要求。

（2）墙体强度计算结果分析。如图 12－15 所示，墙体强度满足要求。

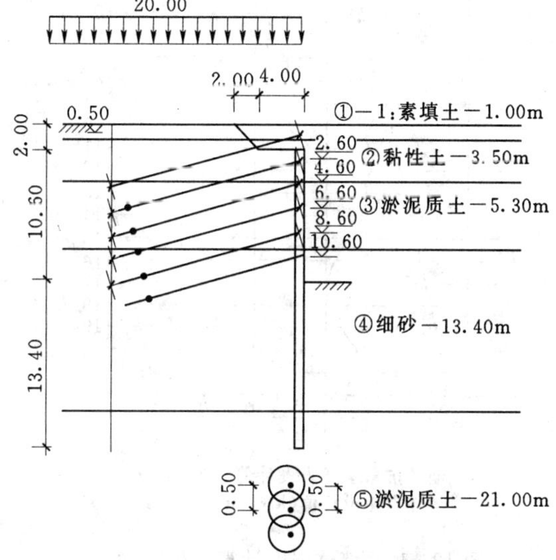

图 12－13 12.6m 深基坑计算图

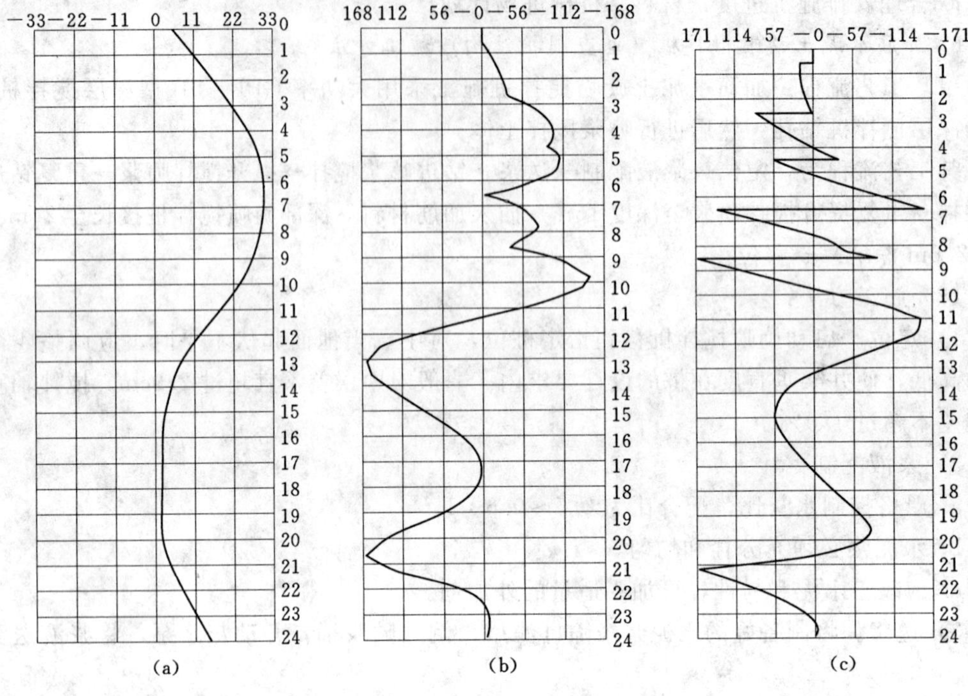

图 12－14　应力分析图

(a) 位移图（最大值 30.0mm）；(b) 弯矩图（最大值 165.4kN·m/m）；(c) 剪力图（最大值 170.7kN/m）

(3) 整体稳定计算结果分析如图 12－16 所示。

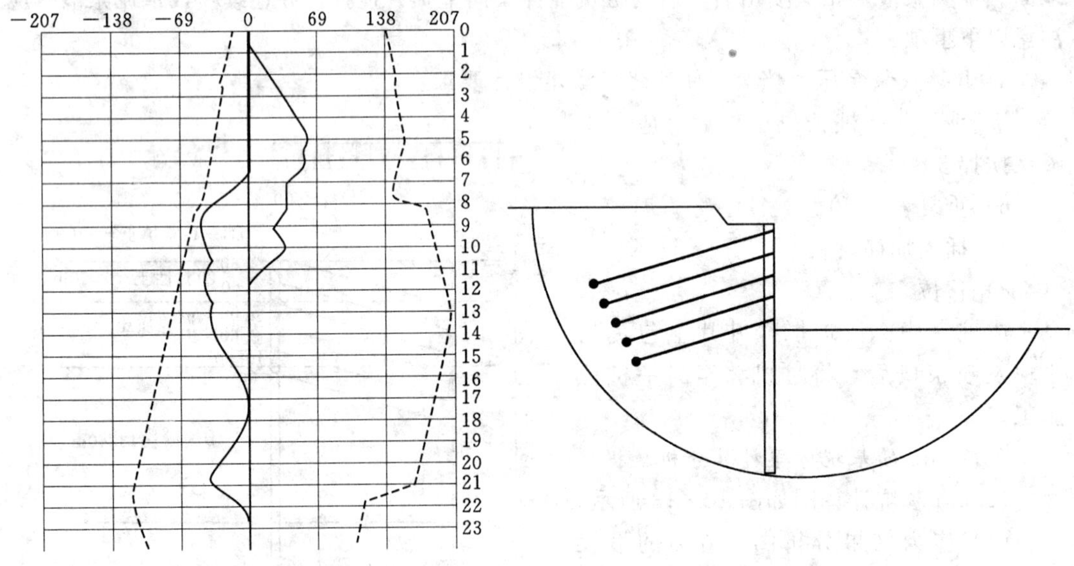

图 12－15　墙体强度计算分析

图 12－16　整体稳定性分析

整体稳定安全系数为 1.27，要求安全系数为 1.17，满足要求。

（4）桩锚承载力验算见表 12－6 和表 12－7。

表 12－6　　桩锚承载力验算

土层编号	土类	侧阻力（kPa）	端阻力（kPa）
①	素填土	10.0	250.0
②	黏性土	12.0	500.0
③	淤泥质土	9.0	400.0
④	细砂	32.0	800.0
⑤	淤泥质土	14.0	400.0

表 12－7　　计算结果

编号	计算拉力设计值（kN）	截面受拉强度（kN）	抗拔承载力（kN）	最小值（kN）	计算结果
A1	126.3	221.4	287.8	221.4	满足
A2	242.7	442.9	254.6	254.6	满足
A3	241.2	664.3	380.7	380.7	满足
A4	519.2	664.3	648.7	648.7	满足
A5	455.4	664.3	809.5	664.3	满足

8. 位移分析

（1）坡顶水平位移。基坑坡顶水平位移变化曲线（图 12－17）表明：基坑开挖后短期内坡顶水平位移基本上没有大的变化，只有当基坑开挖至一定深度（约 0.4H，H 为基坑总深度）时，水平位移变化才比较明显。随着基坑的开挖逐渐加大，水平位移基本和设计计算值基本吻合，基坑施工自始至终未发生险情。

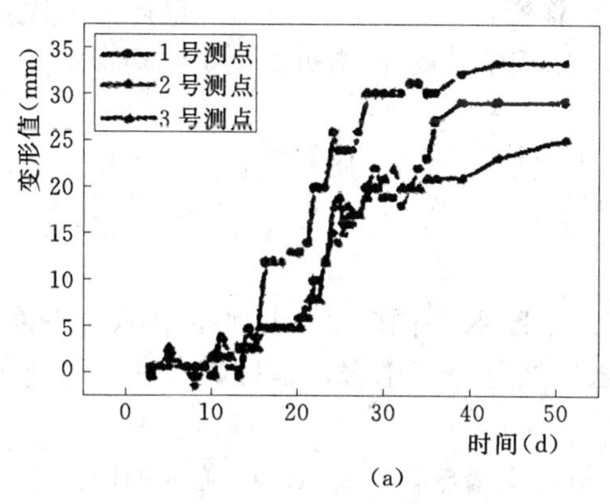

(a)

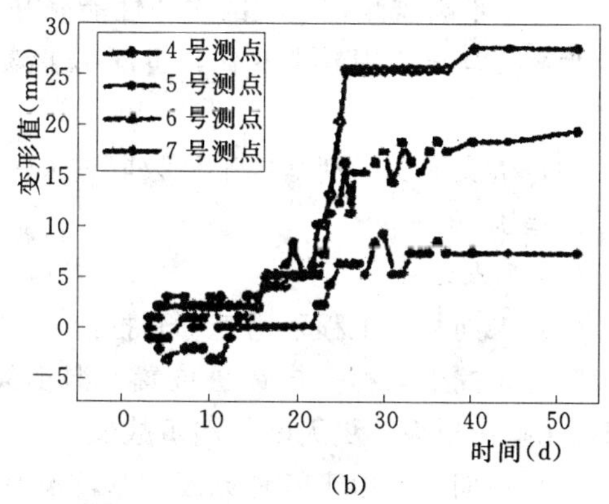

(b)

图 12－17　基坑坡顶水平实测位移曲线

(a) 开挖前；(b) 开挖后

（2）沉降观测曲线图。从图 12－18 实测，基坑坡顶沉降变化曲线表明基坑坡顶各位移观测桩点的沉降量基本一致，差别不大，由于观测精度的原因，有上下波动，总的变化趋势是随着基坑的开挖逐渐加大，开挖到底后即趋于稳定。

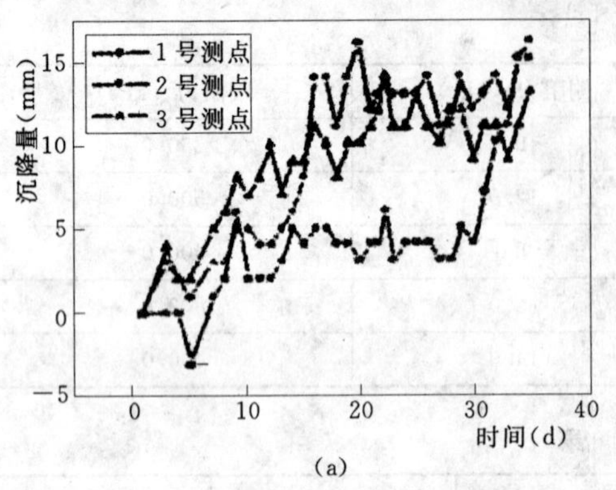

(a)

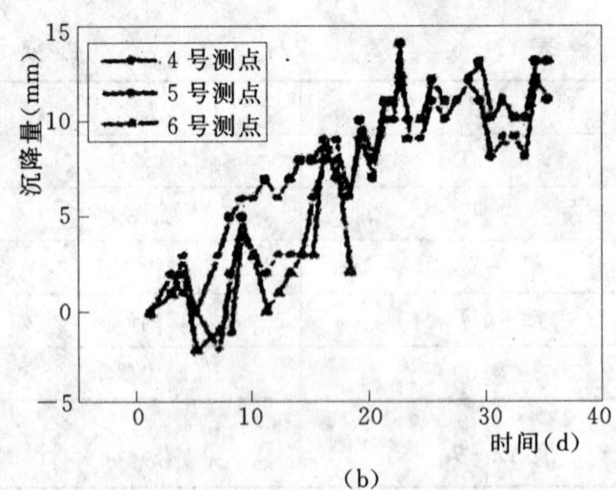

(b)

图12-18 沉降观测曲线图

(a) 开挖前；(b) 开挖后

9. 小结（一期与二期基坑降水与不降水效果比较）

(1) 加筋水泥土桩锚支护是一种新的专利技术，从本工程的监测结果可以看出：加筋水泥土桩锚技术的计算软件可以明确、简单地反映各种模型；该技术的应用不仅使得施工质量得到可靠的保障，相比其他方法，其特点如下：

1）支护结构不需要钢筋混凝土，在工程造价上也取得了很好的经济效益和社会效益。

2）支护墙面不需挂网喷混凝土，在工期上节省时间。

3）所有的支护材料均采用地下砂土同化学剂混合组成，节能环保，对城市没有大量的泥浆污染。

4）由于基坑深度墙后软土经化学加固已变成软岩，如水冷冻成冰的原理一样，在安全上可得到充分的保证。

(2) 经不断监测，基坑的工作性能完好，位移变化也在允许范围内，整体稳定性及桩锚的承载力均未出现异常变化，也证明了该基坑采用加筋水泥土桩锚支护结构形式安全而有效。

(3) 事实证明二期基坑工程吸取过去不降水施工的教训，质量、安全、工期、造价有明显的差别。

10. 几点经验

(1) 二期基坑工程采用基坑开挖前7d开始用15眼井同时抽水降水，在水位下降6m深度时开始挖土到第一排锚桩位置，湿土失水固结可保留土台，锚桩顺利进行工期仅用25d，无险情出现，更无断桩墙事故发生。

(2) 一期工程由于各种原因，基坑没有采取降水措施，挖深4m时坑内如同鱼塘和水泡，挖土方及锚桩施工无法进行，被迫停工。

(3) 采用取河沙的办法，抽土、排水一起进行，造成滑坡、管涌和断桩墙体下沉等现象。

(4) 上述各种原因造成的不利但由于超大直径锚桩一排之二排经滑露观看到，直观达到设计要求，已经起到抗滑及加固软土的作用，从面墙局部一段下沉看墙后土体没有滑动和下沉，处理也很简单：只上部放坡加锚桩，下部塔架钻机工后及时锚桩支护顺利，处理没有耽误工期。

【工程实例 3】 天津塘沽温州大厦基坑工程[1]

1. 工程概述

温州大厦建筑场地位于天津市塘沽区响螺湾国家经济开发区，平面为规则长方形状，由写字楼、酒店和商业建筑高层建筑组成，总建筑面积约 8.0 万 m^2，设计 3 层地下室，设计基坑周长约 760m，基坑开挖深度 12.5～13.7m，基础桩采用钻孔桩。

2. 工程地质条件

(1) 基坑工程所涉及的各地基土层的特征自上而下分述如下：

①层：杂填土。

②层：素填土。

③层：黏性土。

④层：淤泥质土。

⑤层：黏性土。

(2) 水文地质条件：本场地地下水位 1.3m。

(3) 各地基土层的物理力学性质指标及设计参数：工程地质勘察报告提供的本基坑支护涉及的各层土主要物理力学参数见表 12-8。

表 12-8　　各土层主要物理力学指标

土层编号	土类	厚度 (m)	重度 (kN/m^3)	内聚力 (kPa)	内摩擦角 (°)
①	杂填土	1.50	18.00	10.00	12.00
②	素填土	6.60	25.00	12.00	42.00
③	黏性土	2.90	23.00	15.00	40.00
④	淤泥质土	2.40	20.00	15.00	28.00
⑤	黏性土	8.00	26.00	50.00	43.00

3. 基坑周边环境情况

整个场地用地红线与地下室外墙线距离只有 2m，红线外为市政道路，东侧紧邻海河 100m，西侧坑边 2m 处紧靠 220kV 变压器及内蒙古大厦，道路下面有新埋设的各种市政管线，需要重点保护。

4. 基坑围护平面图

基坑围护平面图如图 12-19 所示。由于基坑场地平整，四周的环境情况各有不相同，设计中考虑道路位移沉降按一级要求，采用止水帷幕水泥土连续墙，隔断基坑内外的水力

---

[1] 本工程实例由李宪奎提供。

联系，护坡桩采用钻孔灌注桩，直径为 1.0m，间距 1.5m。设 5 道直径 500mm 旋喷搅拌水泥土桩锚。

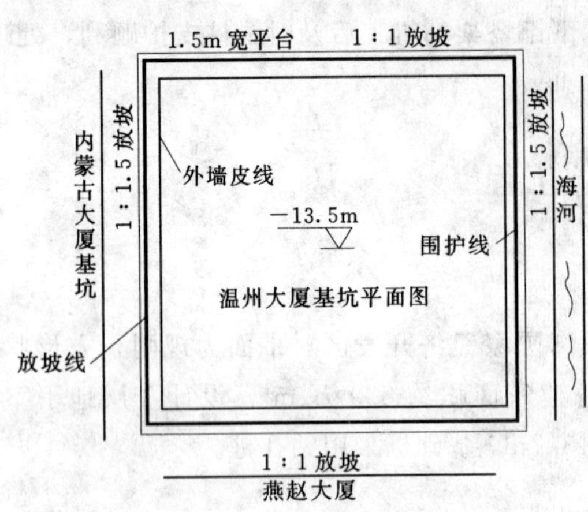

图 12－19　基坑支护平面布置图

5. 基坑围护典型剖面图

基坑围护典型剖面图如图 12－20 所示。

6. 设计分析

(1) 工程基本设计计算参数：基本参数如图 12－21 所示。

本工程按二级进行计算，地面超载取 20kPa。

(2) 内应力分析如图 12－22 所示。

内应力分析结果为：位移最大值 7.1mm，弯矩最大值 148.4kN·m/m，剪力最大值 122.8kN/m。其设计值满足规范要求。

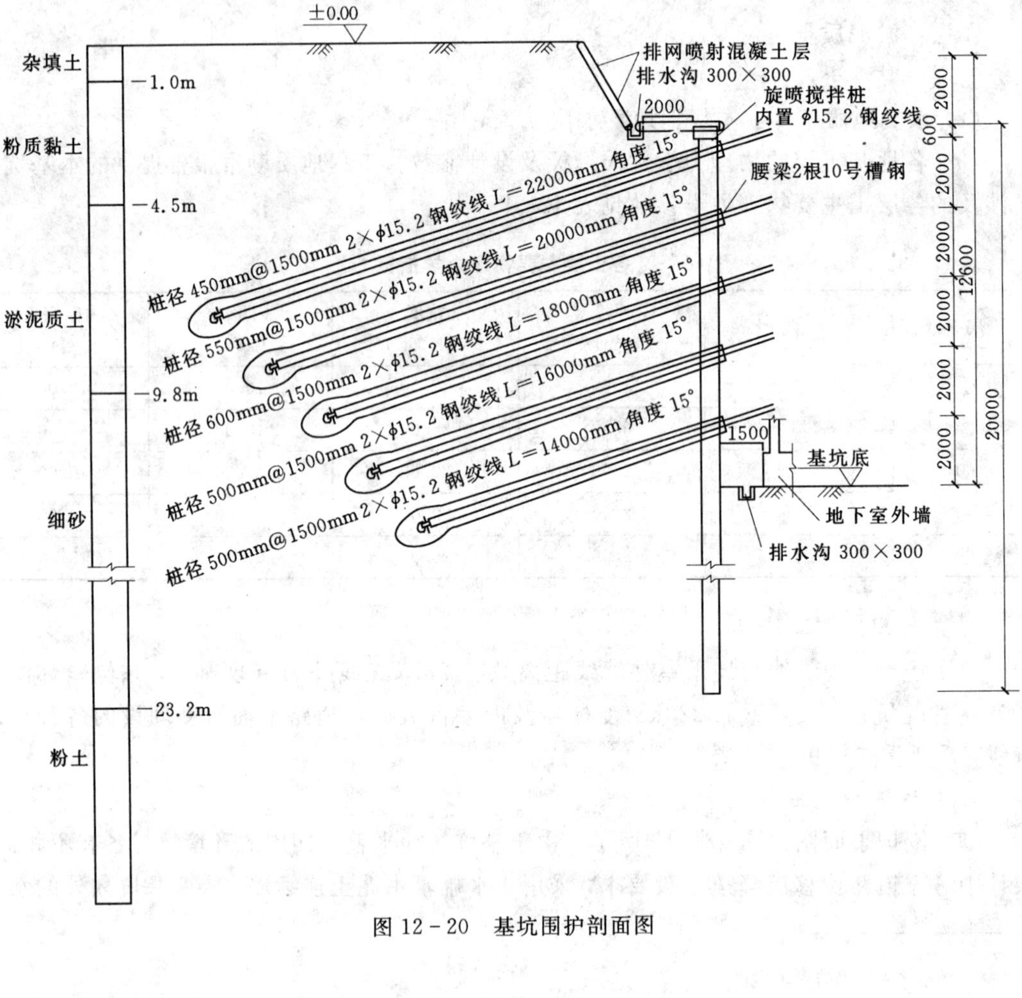

图 12－20　基坑围护剖面图

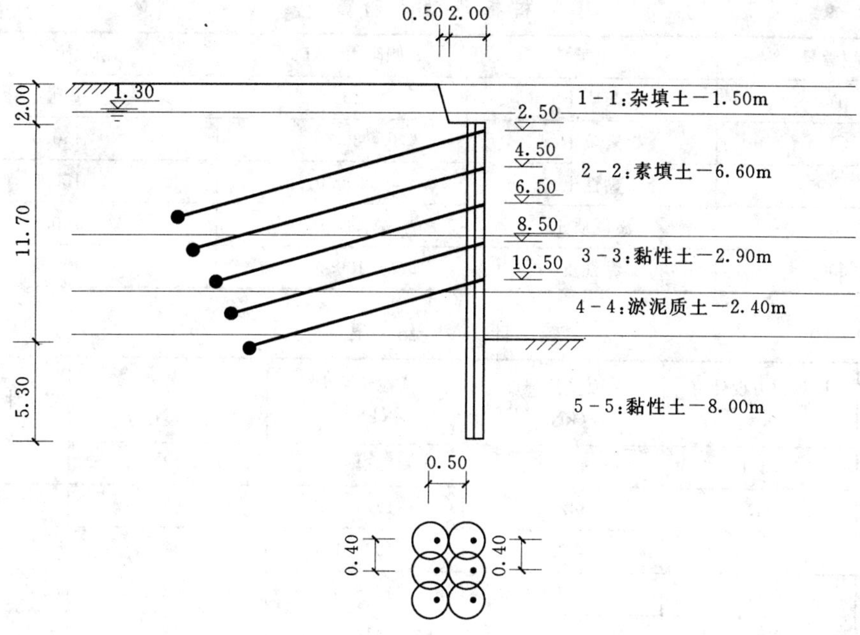

图 12-21　支护设计剖面图

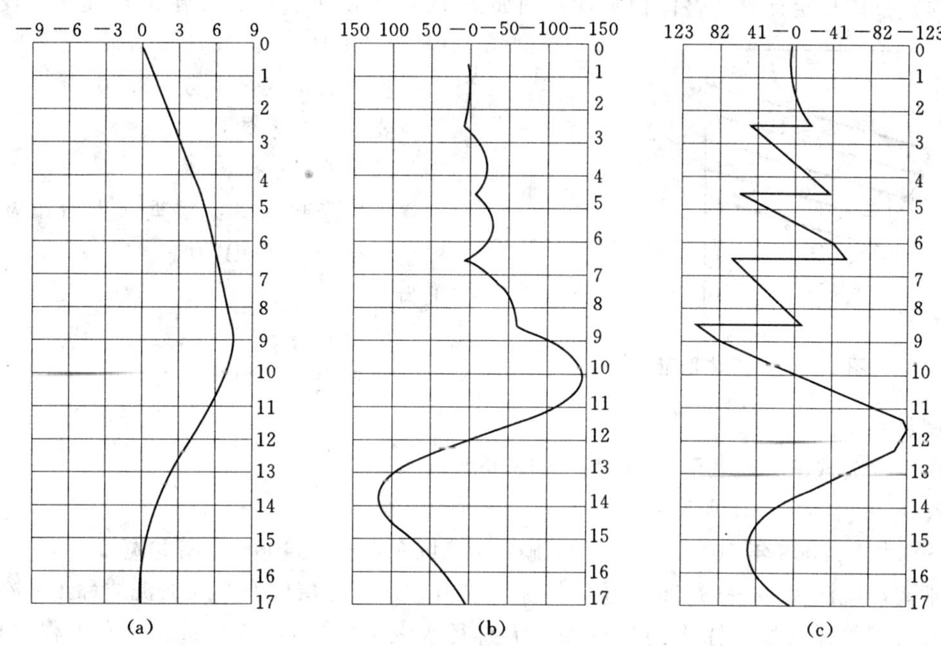

图 12-22　内应力分析图

(a) 位移图（最大值 7.1mm）；(b) 弯矩图（最大值 148.4kN·m/m）；(c) 剪力图（最大值 122.8kN/m）

(3) 桩锚承载力验算：根据《加筋水泥土桩锚支护技术规程》（CECS147：2004）计算桩锚承载力见表 12-9 和表 12-10。

表 12-9　　桩锚承载力验算

土层编号	土类	侧阻力（kPa）	端阻力（kPa）
①	杂填土	80.0	150.0
②	素填土	80.0	150.0
③	黏性土	100.0	150.0
④	淤泥质土	50.0	100.0
⑤	黏性土	100.0	150.0

表 12-10　　计算结果

编号	计算拉力设计值（kN）	截面受拉强度（kN）	抗拔承载力（kN）	最小值（kN）	计算结果
A1	55.1	442.9	1874.1	442.9	满足
A2	141.1	442.9	1874.9	442.9	满足
A3	198.4	442.9	1925.4	442.9	满足
A4	237.0	442.9	1506.5	442.9	满足
A5	204.9	442.9	1414.6	442.9	满足

（4）整体稳定计算：整体稳定计算图如图 12-23 所示。根据《建筑基坑支护技术规程》（JGJ 120—99）计算结果为：

整体稳定安全系数：3.20；

要求安全系数：1.30。

满足要求。

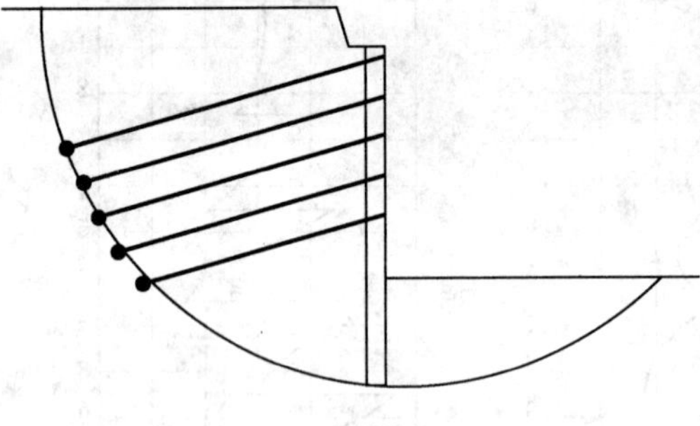

图 12-23　整体稳定计算图

（5）隆起计算：根据《上海市基坑工程设计规程》（DBJ 08—61—97），计算结果为：

抗隆起稳定安全系数为：45.78；

要求安全系数为：2.00。

满足要求。

由经验公式估算坑底隆起量为：－18.90mm。

7. 基坑实际监测及成果分析

该基坑于 2008 年 10 月 28 日开始施工，基坑东西长约 400m，南北宽 200m，基坑尺寸非常大，坑深为 12～13.5m，位于国家经济开发区，土层中有厚层淤泥质黏土，在天津是首次采用桩锚支护（锚指的是特殊的大直径水泥土锚桩），意义重大。本工程工期紧，若采用内撑方案，支撑造价非常高，支撑施工及支撑拆除工作量大，占用工期也很长，挖土不方便。设计水平支撑这种常规方法是本工程业主不允许的。该锚桩虽然不成孔，是钻进旋喷搅拌桩与注浆下钢筋不能一次完成，不会像常规成孔锚杆施工会产生管涌现象，但毕竟是在天津首次使用，基坑监测非常重要，其监测结果如图 12-24 所示。挖至－12.5m时的现场实景照片如图 12-25 所示。

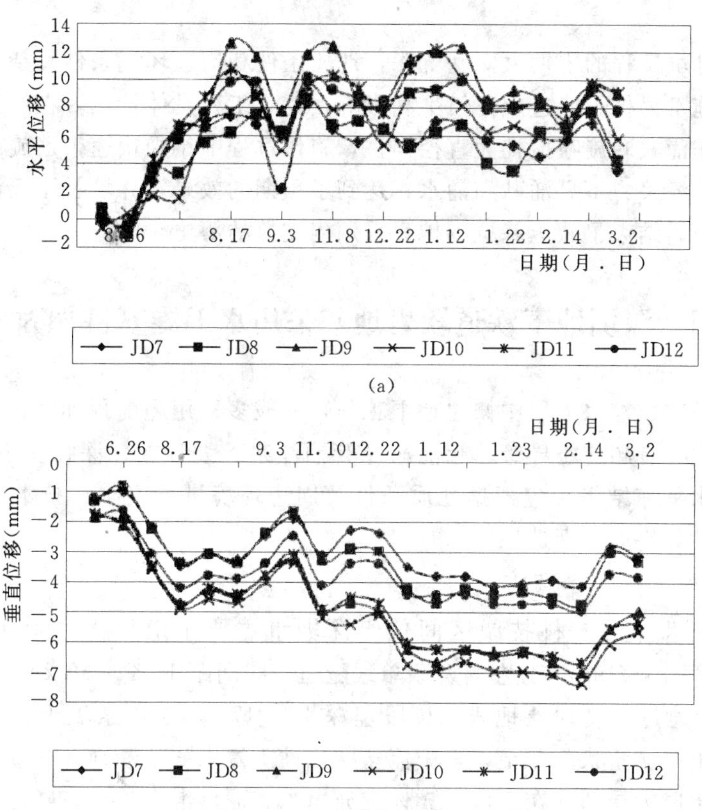

图 12-24 位移变化监测图

图 12-25 挖到－12.5m 时的现场实景

8. 小结

温州大厦基坑工程的规模大，基坑深，地质条件和周边环境条件复杂，特别是基坑东侧紧靠海河，施工锚桩不能造成任何不利影响。针对工程具体特点，在施工斜向水泥土锚桩时采取止水止涌式旳旋喷搅拌大直径锚桩，施作过程中小径快速带筋旋喷搅拌进退一次而锚桩只对土体灌浆，不见涌砂和涌水，达到了预期的效果，并填补了天津地区锚桩支护技术运用的空白，结束了软土基坑围护只采用内支撑的历史。

【工程实例4】 深圳地下铁道软岩地基采用水平旋喷桩加固

在软弱、松散、富水地层中修建地下工程，一般多采用超前预加固辅助工法。目前超前预加固方法主要有超前小导管、超前小导管预注浆、大管棚、深孔注浆、水平旋喷桩、水平搅拌桩和水平冻结等，应根据地质条件及周边环境进行安全、技术、经济对比和适用、成熟可靠性分析后合理选用。

1. 工程概况

深圳地铁深圳大学—科技园区间位于深圳市主要干道深南大道正下方，单线长1144.7 m，埋深10～19m，分左右两条单线隧道，线间距13.2～17.2m。其中SK3＋210～SK3＋315段通过不良地质地段，该段埋深15～17m，上覆素填土、粉质黏土、砾砂层、砾质黏性土、流塑状黏性土，其中流塑状黏性土侵入隧道断面3～6m。该地段土体自稳能力极差，土层中局部存在囊体，囊体内充填水和泥砂混合物，在隧道开挖过程中会毫无征兆地喷发，泥砂俱下，导致土体失稳，引起险情。

受环境制约，该地段不允许进行地表降水和注浆加固，洞内起初仅采用小导管加密注浆，但效果甚差，安全、质量、进度无法保证，一度处于停工状态。2001年10月22日，50多位地下工程界的专家、学者会聚深圳，联手“把脉会诊”，经过综合论证，建议优先选用水平旋喷桩并辅以小导管注浆加固的施工方案。目前工程已交付使用，达到了“安全、经济、快速、优质”的目标。

2. 水平旋喷桩加固机理及特点

水平旋喷桩是以高压泵为动力源，通过水平钻机钻杆、喷嘴把配制好的浆液喷射到土体内，喷射流以巨大的能量将一定范围内的土体射穿，并在喷嘴作缓慢旋转和进退的同时切割土体，强制土颗粒与浆液搅拌混合。待浆液凝固后，形成水平圆柱状水泥土固结体即水平旋喷桩，当旋喷桩相互咬合后，便以同心圆形式在隧道拱顶及周边形成封闭的水平旋喷帷幕体，起到防流砂、抗滑移、防渗透的作用。

水平旋喷桩具有以下特点：

(1) 可控性。水平旋喷桩的浆液局限在土体破坏范围内，浆液注入部位和范围可以控制，可通过调节注入参数（切削土体压力、固化材料注入速度与配比、注入量等）获得满足设计要求的固结体。

(2) 均匀性。喷射流在能量衰减前交汇，切削能量在碰撞点相互抵消，在此桩心到碰撞点距离大的地方，射流无能力切削土体，加固体均匀程度好。

(3) 成本低、效率高。由于限定注入范围，注入量大幅减少，水泥用量仅为 100～150 kg/m，施工速度比大管棚或深孔注浆提高 2～3 倍。

(4) 具有提高复合土体强度、防渗、抗滑、预支撑等多重效果。

3. 水平旋喷桩超前预加固方案

通过室内模拟试验、现场试验、理论分析以及专家意见，决定采用“以周边单层咬合水平旋喷桩加固为主（特别困难地段双层），以小导管注浆为辅，掌子面采用间隔水平旋喷桩”的超前预加固方案。

(1) 加固范围：采用 SIR22000 型地质雷达（美国 GSSI 公司）和洛阳铲相结合的方法，对开挖面前方地质进行超前预报，并据此结合地层界线确定周边水平旋喷桩预加固范围。一般情况下的加固范围为拱部 150°，对于流塑状黏性土侵入隧道下部的加固范围适当调整至 180°～270°之间。掌子面加固范围为开挖面上台阶核心土及弧形导坑内缘。其纵、横断面详见图 12-26 及图 12-27。

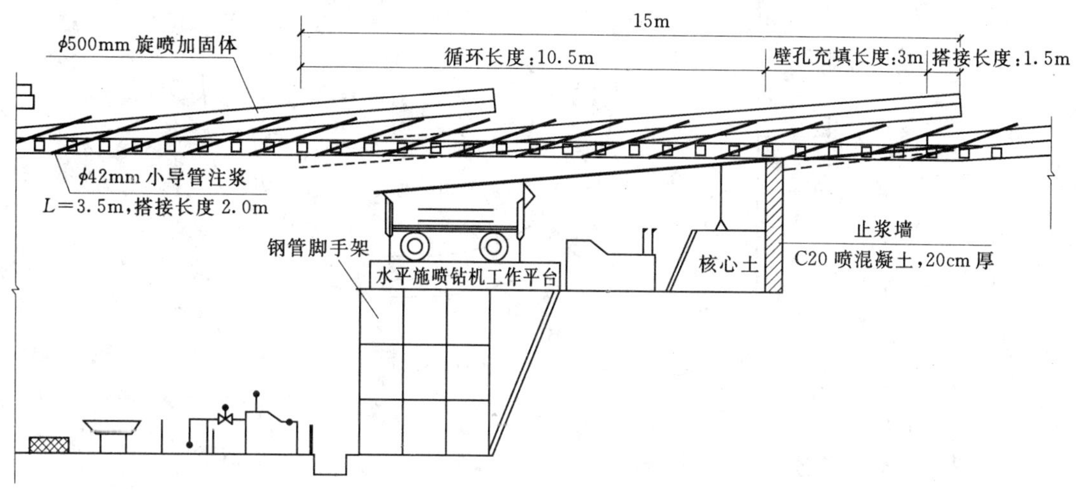

图 12-26 水平旋喷桩加固示意（纵断面）

(2) 主要设计参数：周边旋喷加固体的直径为 500mm，孔深 15m，考虑不设扩大工作室，为减少周边破桩工作量，桩尾 3.0m 范围只成孔而不旋喷成桩，实际成桩长度 12m，纵向搭接长度 1.5m。环向间距开孔处 0.33m，终孔处 0.4m，外插角 5°～8°（视地质及线路坡度而定），相邻加固体咬合厚度大于 10cm，施工一循环旋喷桩，开挖、初支进尺 10.5m。为减少前方土体滑移引起掌子面失稳，加剧结构变形和地表沉降，掌子面亦设置水平旋喷桩，桩间距 1～1.5m，桩长 $L=L_1+L_2+H\times\tan45°<1413$m（$L_1$：循环长度，10.5m；$L_2$：锚固长度，2m；$H$：上台阶开挖高度，3m；内摩擦角，15°。），取 15m。周边小导管注浆间距为 0.33～0.40m，长 3.5m，纵向搭接不小于 2.0m。对相邻旋喷桩加固体的咬合处，浆液采用 CS 双液浆，水灰比为 0.8∶1，水玻璃 1，体积比 1∶1，水玻璃浓度为 15～20。

4. 各工序技术要点

(1) 施工参数：

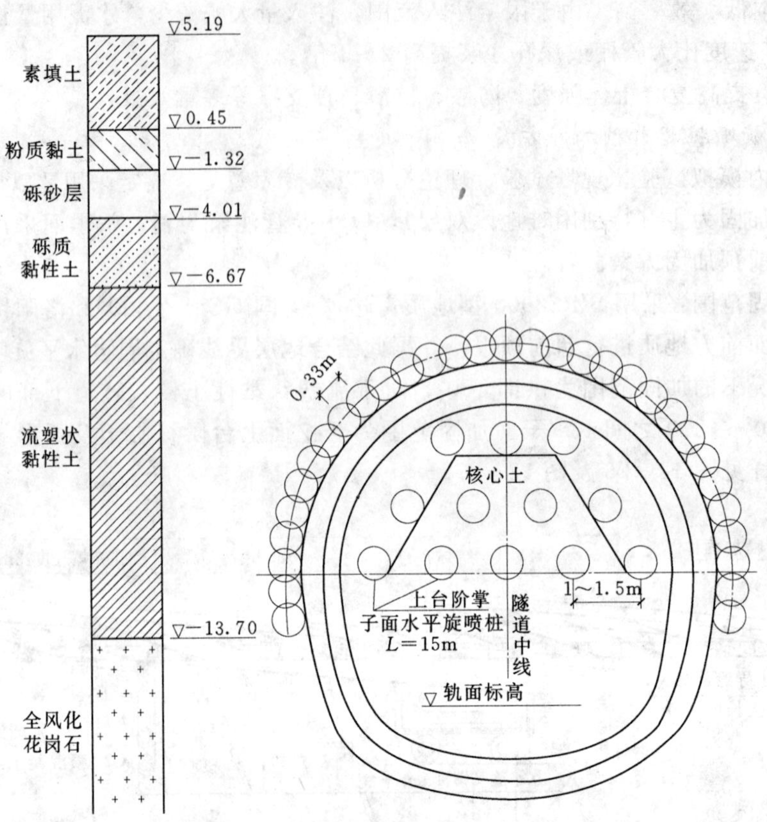

图12-27　水平旋喷桩加固示意（横断面）

1）钻杆钻进速度：125～135 m/min。

2）钻杆（轴）转速：120～70 r/min。

3）水泥浆配合比：0.17。

4）每延米水泥用量：75kg。

5）钻杆每节长3m，外径50mm，旋喷钻头外径90mm，单孔，孔径2mm。

6）旋喷压力：20～25MPa。

（2）施工准备：封闭上台阶和下台阶掌子面，喷混凝土厚度不小于20cm。精确测量中线、水平，搭设工作平台，平台上铺设竹夹板和枕木，将钻机、高压泵及其他机具一字排列就位。设置临时边沟及废浆池。

（3）浆液配制：浆液严格按设计配合比配制，充分拌和均匀，拌和时间不少于3min，水泥浆从搅拌机倒入贮浆桶前要经筛过滤，以防出浆口堵塞。

（4）钻孔及旋喷：按照"先周边、后掌子面"顺序进行旋喷施工，周边按照每次间隔一孔，孔位从下到上左、右交替进行。跳跃式成桩，两边强度平衡，可以减少因钻杆偏移造成桩间咬合率低的问题。

按设计外插角，分孔计算每根桩的偏角和仰角，利用三维坐标，使钻机精确定位。开孔时慢进，钻至1m后按正常速度钻至设计深度，当浆液从喷嘴喷出并达设计压力后开始旋喷，桩前端原地旋喷不少于 30s。为保证桩径和桩间咬合，弥补目前国内水平钻旋喷作业退进速度快的不足，采用复喷工艺（即退一次、进一次、再退一次，共计 3 次旋喷作业），以提高固结体的增径效果及咬合率。在桩前端受外插角的影响，为确保加固效果，前端旋喷时加大压力或降低喷嘴的旋转提升速度。当旋喷至孔口 3m 时停止，并立即退出钻杆，用棉纱塞堵孔口，以防浆液外泄。

（5）冒浆处理工艺：在旋喷过程中，往往有一定数量的土颗粒随着一部分浆液沿着注浆管管壁冒出。通过对冒浆的观察，可以及时了解地层状况，判断旋喷的大致效果和评定旋喷参数的合理性等。根据经验，冒浆量小于注浆量 20%～30%为正常现象，超过 30%或完全不冒浆时，应查明原因并及时采取措施。

当旋喷流量不变而压力突然下降时，应检查各部位的泄漏情况，必要时拔出注浆管检查密封性能。出现不冒浆或断续冒浆时，若系土质松散则视为正常现象，可适当进行复喷。若系附近有空洞，则可继续注浆或拔出注浆管待浆液凝固后重新注浆至冒浆为止，或采用速凝浆液使浆液在注浆管附近凝固。

冒浆量过大的主要原因是有效喷射范围内注浆量大大超过旋喷固结所需浆量，可采用提高喷射压力（喷浆量不变）或适当缩小喷嘴直径（喷射压力不变），加快提升和旋转速度等措施。

5. 旋喷加固效果

（1）试验表明，旋喷固结体直径为 40～70cm（地层越软弱，桩径越大），平均值满足设计要求。固结体强度接近 C10 素混凝土，桩间咬合率不小于 80%，形成了较好的拱壳支护，在开挖过程中（循环进尺 0.7m）能承受开挖线外土桩的压力，保证掘进安全。

（2）固结体周围土体得到了挤压，土体孔隙比减小，抗渗能力得到提高，初支渗水明显减少，为复合防水层及二衬施工提供了较好的外部环境。

（3）地表下沉和拱顶下沉得到有效控制。地表沉降减少 51%，洞内拱顶下沉减少 54%，在 SK3＋355 过煤气管处，采用周边双层旋喷桩和掌子面旋喷加固，按照“短台阶、小步距、快开挖、快支护、快封闭、快通过”的施工原则，并增设临时仰拱和加密锁脚导管及时进行背后注浆，在流塑状地层中控制煤气管下沉量仅为 26.9mm，保证了通过煤气管道的安全。

（4）在深圳大学—科技园区间流塑状黏性土地段，共施工旋喷桩 11000 延米，每根桩施工时间约为 2h，每循环时间为 3d，月掘进进尺 30m 左右，远远高于采用大管棚或深孔注浆的施工进度。采用水平旋喷桩每米增加费用 6000～8000 元，低于大管棚、深孔注浆和水平冻结诸法所需费用，具有很好的技术经济优势。

6. 小结

水平旋喷桩在我国应用和研究起步较晚，目前大多数还处于试验阶段，在施工工法、数值模型、理论研究和机械选型配套方面还有大量工作要做。随着我国地下工程的发展，水平旋喷桩的研究也将进一步深入，相信在不久的将来，水平旋喷桩在地下工程软弱地层中得到逐步推广。

【工程实例5】 天津天嘉湖基坑工程❶

1. 工程简介

天嘉湖位于天津市津港公路天嘉湖东侧，其形状为一个不规则的“L”形，周长约460m，面积约9500m^2，基坑深度为7.5m。基坑平面图如图12-28所示。

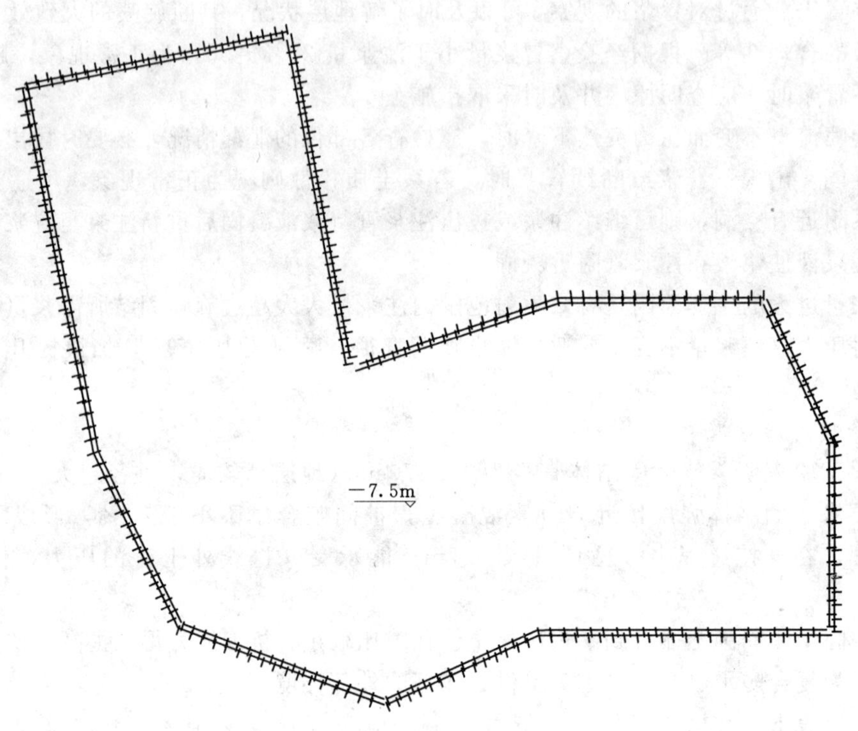

图12-28 基坑平面布置图

2. 工程地质条件

该工程场地地基主要土层为填土、黏土、粉土和淤泥质土。其工程地质勘察报告提供的本基坑支护涉及的各层土主要物理力学参数见表12-11。

表12-11　各层土主要物理力学参数

土层编号	土类	厚度（m）	重度（kN/m^3）	内聚力（kPa）	内摩擦角（°）
1	杂填土	1.30	18.80	15.00	9.90
2	黏性土	7.90	19.00	14.00	19.30
3	粉土	2.00	19.80	7.20	24.20
4	淤泥质土	4.00	17.90	17.00	8.10
5	黏性土	25.00	20.00	15.00	15.00

注　地下水位埋深2.00m。

❶ 本工程实例由李宪奎提供。

3. 基坑围护方案

基坑支护平面图如图 12－28 所示。支护方案及剖面图如图 12－29 所示。

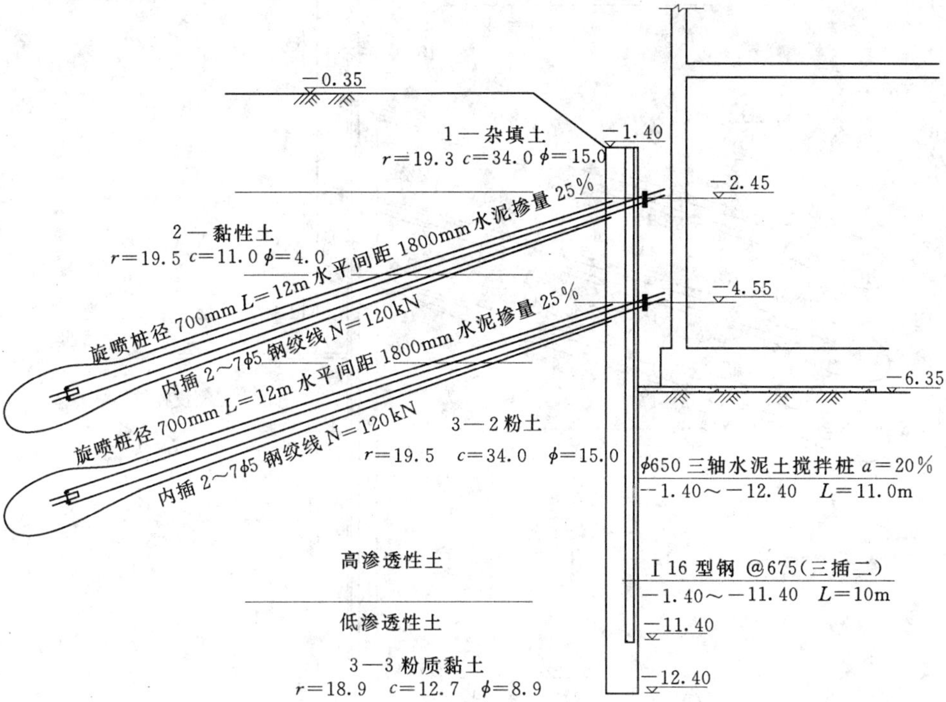

(a)

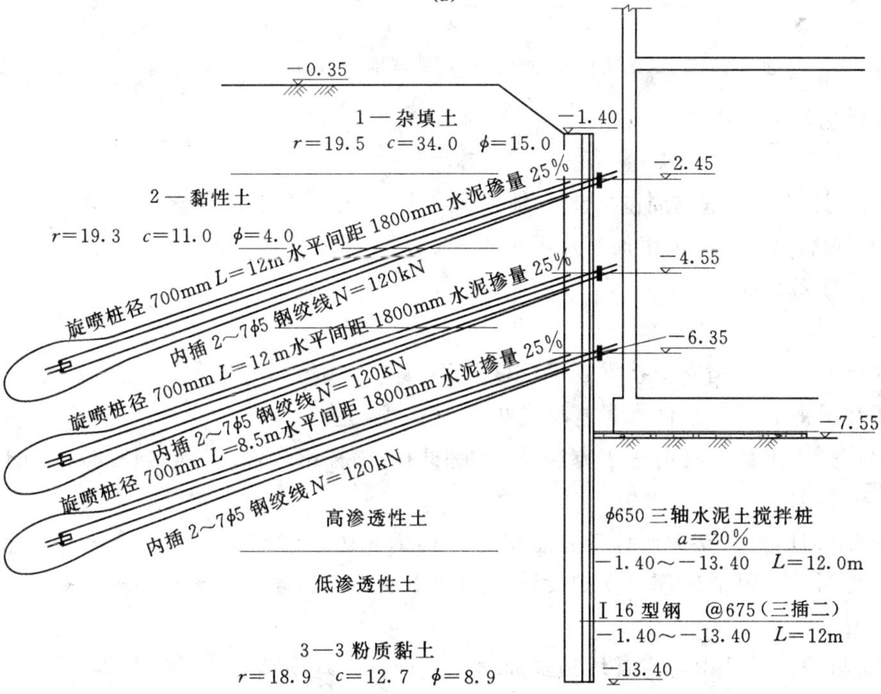

(b)

图 12－29（一） 基坑剖面图

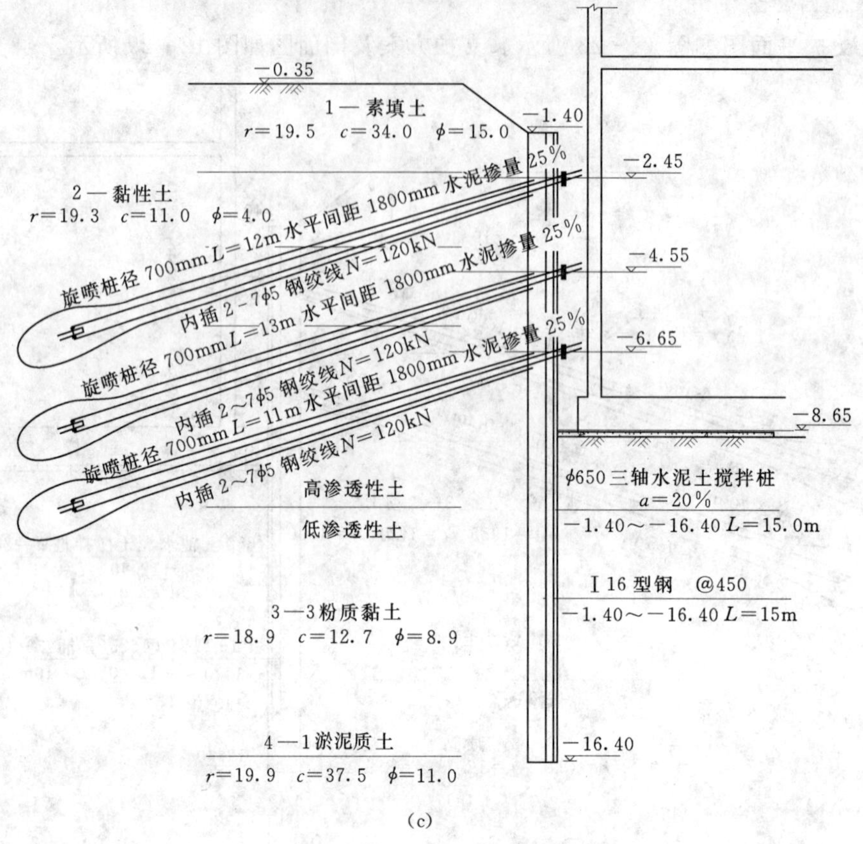

(c)

图12-29（二） 基坑剖面图

(1) 设计方案及依据。

1) 设计条件：

a. 支护设计时考虑基坑周围场地和地质条件设计为：采用加筋水泥土搅拌桩，加筋材料为10号工字钢。锚桩采用加筋水泥土桩锚。

b.《岩土工程勘察报告》。

2) 设计依据：

①《加筋水泥土桩锚支护技术规程》(CECS147：2004)。

②公司在沿海和沿江地区大量基坑支护工程实践经验。

③专利依据：土体锚杆的施工方法及其所采用的锚杆组合件（0144443.6）；挡土墙的成型方法（98125100.5）。

3) 支护结构形式：支护设计指导思想为：技术先进、经济合理、安全可靠、节省工期、减少环境污染、灵活处理。支护设计结构计算采用《加筋水泥土桩锚支护规程计算软件》计算。

4) 地面超载：设计中考虑基坑顶部地面超载设计段均布荷载20kPa；

(2) 基坑支护结构施工要点。

1) 加筋水泥土垂直锚桩施工要点。

a. 定位：启动旋喷搅拌机，并移到指定桩位、对中，当地面起伏不平时，应调整4个支腿的高低，使井架垂直度在桩的设计要求内。一般对中误差不宜超过2.0cm，搅拌轴垂直度偏差不超过1.0%。

b. 浆液配制：

(a) 严格控制水灰比，配合比为1∶1～0.75∶1。

(b) 水泥浆必须充分拌和均匀。

(c) 为改善水泥土强度性能，宜采用早强性普通硅酸盐水泥。

c. 送浆：将制备好的水泥浆经筛过滤后，倒入贮浆桶，开动灰浆泵，将浆液送至一次性旋喷搅拌头。

d. 钻进旋喷搅拌：证实浆液从钻头喷出，启动桩机旋喷搅拌头并向下旋转钻进旋喷搅拌，连续喷入水泥浆液，以防堵塞钻头。

e. 提升旋喷搅拌喷浆：浆液从钻头喷出后，启动桩机旋喷搅拌头向上提升旋喷搅拌，并连续喷入水泥浆液。

f. 重复d和e。

g. 水泥用量每立方米12%～18%，水泥土未凝固时插入钢绞线至设计位置。

2) 加筋水泥土桩锚施工要点：

a. 钻孔前按施工图放线确定位置，做上标记。

b. 钻孔机具选择应满足支护设计对设计参数的要求。

c. 水泥土桩锚桩，筋体采用2×ϕ15.2mm钢绞线，钻进角度为15°，严格按设计要求的钻进角度、桩长及桩径施工。

d. 筋体应放在桩体的中心上。

e. 自带锚定板的锚筋加入48h后，即可进行锁定。

f. 注浆材料采用强度等级为32.5的普通硅酸盐水泥净浆，水灰比1.0～0.7；水泥浆应拌和均匀，随拌随用，一次拌和的水泥浆应在初凝前用完。

3) 斜桩锚腰梁。

腰梁采用10号工字钢，上下两条焊接为一体，间距2m焊一块，尺寸为150mm×50mm缀板，锚头部位按垫铁板。

4) 张拉锁定。

a. 上锚桩腰梁、安装锚头、锚具。

b. 按设计要求的张拉值对斜锚桩的张拉锁定。

4. 位移分析

实测位移变化如图12-30所示。

实测结果表明：位移变化均在允许范围之内，符合要求。

天嘉湖施工现场实景如图12-31所示。

5. 小结

(1) 在施工前一定要认真分析施工中可能遇到的各种问题，针对问题作出相应处理措施并做好应急准备。施工中经常会出现一些不可预计的情况，在整个建造过程中，设计与施工必须紧密配合，并做到信息及时反馈，将施工方案调整为与实际情况最佳

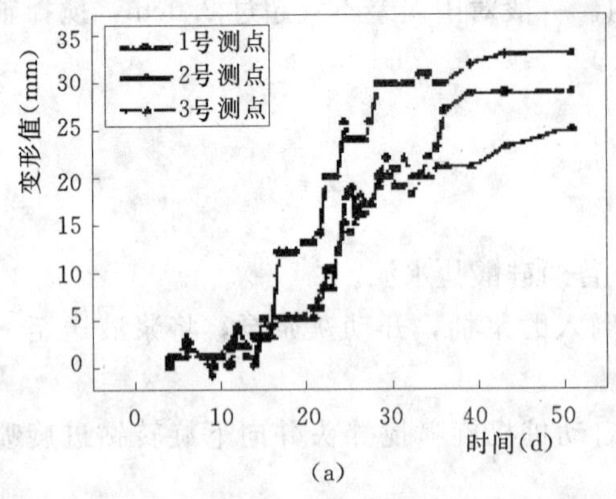

(a)

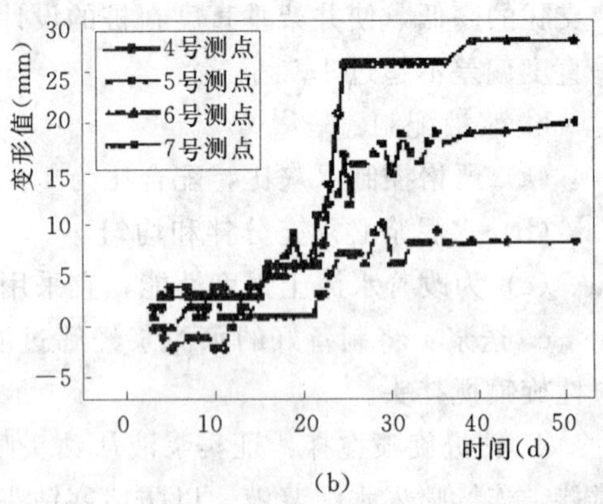

(b)

图12-30 基坑坡顶水平实测位移曲线

(a) 开挖前；(b) 开挖后

图12-31 施工现场实景

情况。

(2) 本工程在工期很紧的情况下，因地制宜，大胆采用了LXK工法的支护方案，与常规的同类方法比较，大幅度地节约了围护结构造价，缩短了工期，而且非常有利于其主体结构施工，为此，天津市各大建筑公司对本工程给予了很高的评价。专利技术的成功应用，更进一步证实了专利技术的可靠性、可行性。

【工程实例6】 天津欧铂苑地下车库基坑支护

1. 工程概况

本次围护为天津欧铂苑三、四期，包括10栋27～33层住宅及住宅楼间地下车库。建筑±0.000相当于大沽标高3.400m，现地表大沽标高为1.800m，相当于建筑标高－1.600m。1号、2号、7号、8号、12号、11号住宅楼为地下一层，基坑底建筑标高（含垫层）为－6.350m；南侧7号、8号、11号及12号楼间所围范围为地下一层，基坑底建筑标高（含垫层）为－6.850m；3号、4号、5号及6号住宅楼及北侧1号、2号、7号及8号楼间所围范围为地下二层，基坑底建筑标高（含垫层）为－10.350m；因此，1号、2号、7号、8号、11号、12号住宅楼基坑深4.75m；南侧7号、8号、11号及12号楼间所围范围基坑深5.25m；3号、4号、5号及6号住宅楼及北侧1号、2号、7号、8号楼间所围范围基坑深8.75m。

基础类型：地下车库部分为预应力管桩，住宅部分为钻孔灌注桩。

2. 基坑周边环境概况

拟建物东侧为规划路，该侧地下室外墙距用地红线20.30m；南侧为该建设单位开发建设的一、二期项目，该侧地下室外墙距二期13号楼桩基础最近约21.39m，距一期19号楼桩基础最近约16.83m；西侧为景丽路，该侧地下室外墙距用地红线20.00m；北侧为该建设单位未开发场地，场地开阔。拟建地块东南角为已建9号、10号住宅（均为一层地下室，且为桩基础）及配套公共建筑（浅基础），该侧地下室外墙距9号楼楼角最近约13.37m。拟建场地东侧待建规划路侧埋有市政污水管线，据建设方知，污水管线外皮距地下室外墙最近不小于11m，污水管井井盖上皮大沽标高3.500m，污水管自井盖算起，埋深7.20m；拟建场地东南侧9号住宅楼为地下一层（桩基础），据建设方可知，该住宅楼建筑±0.000相当于大沽标高3.500m，基础（含垫层）埋深6.60m。

欧铂苑地下车库基坑支护总平面图如图12-32所示。

该场地地处北辰科技园内，地貌类型属河流下游冲积海积平原，几经海陆变迁沉积了巨厚松散沉积物。场地现为荒地，经人工开挖填垫，地面标高0.80～3.43m。

3. 工程地质及水文地质情况

场区地层岩性自上而下描述如下：

①层：人工填土层（Q^{ml}）。

$①_1$层：杂填土。杂色，湿，松散状态，主要由砖块、石块、灰渣组成，局部夹生活垃圾。该层主要分布在场地南局部地段，层厚1.0～1.8m，底板标高0.13～1.32m。

$①_2$层：素填土。褐色，湿，软塑状态，由黏性土组成。该层在场地大部分地段分布，仅场地南部局部地段缺失。一般层厚0.5～3.0m，底板标高－0.85～2.24m。

②层：第一陆相层（Q_4^{3al}）。

$②_1$层：粉质黏土。黄褐色，可塑状态，向下渐软，土质不均，具水平层里，含锈染。层厚1.0～3.4m，底板标高－2.70～－0.39m。

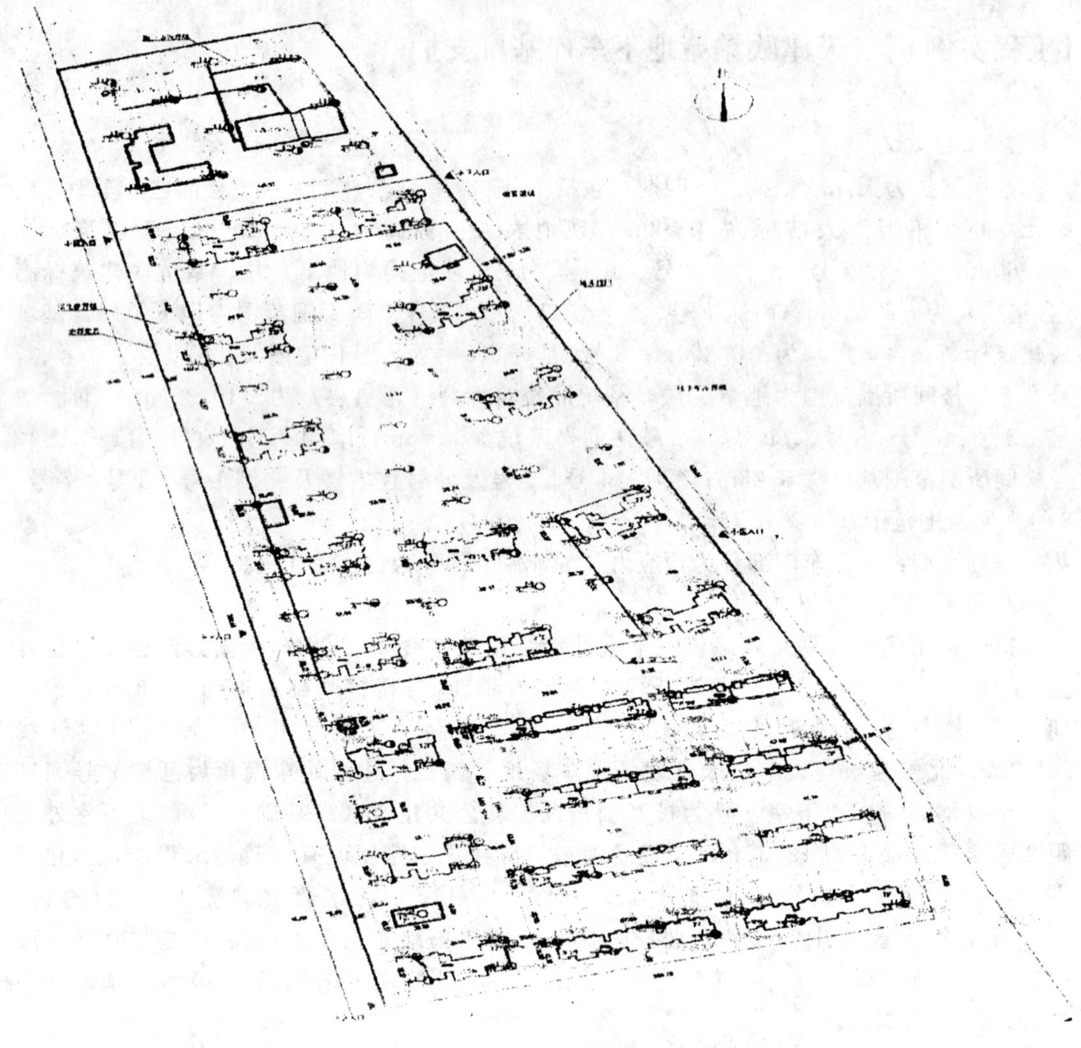

图 12－32　欧铂苑地下车库基坑支护总平面示意图

②$_2$ 层：粉土。灰黄—黄灰色，湿，稍密状态，土质不均，夹粉质黏土。该层在场地局部地段缺失。一般层厚 0.5～2.1m，底板标高－4.20～－1.86m。

③层：第一海相层（Q_4^{2m}）。

③$_1$ 层：淤泥质粉质黏土。灰色，流塑状态，土质不均，黏性较大。该层在场地内呈透镜状分布，部分地段缺失。一般层厚 0.6～3.5m，底板标高－5.72～－3.52m。

③$_2$ 层：粉质黏土。灰色，软塑状态，土质不均，局部夹粉土薄层。层厚 2.8～7.7m，底板标高－10.0～－7.48m。

③$_3$ 层：淤泥质黏土。灰色，流塑状态，土质不均。层厚 1.0～2.8m，底板标高－11.40～－8.86m。

④层：第二陆相层（Q_4^{1h+al}）。粉质黏土：灰黄—黄褐色，可塑状态，土质不均，局部夹少量粉土薄层。层厚 3.8～6.7m，底板标高－16.25～－13.92m。

⑤层：第三陆相层（Q_3^{eal}）。

⑤$_1$ 层：粉质黏土。黄褐色，可塑状态，土质不均，局部夹粉土薄层，含锈染。该层在局部地段缺失。层厚 0.9～4.8m，底板标高－19.88～－15.79m。

⑤$_2$ 层：粉砂。黄褐色，饱和，中密—密实状态，土质不均，夹粉质黏土薄层。该层呈透镜状分布，在局部地段缺失。层厚 0.7～5.3m，底板标高－23.21～－18.08m。

⑤$_3$ 层：粉质黏土。黄褐色，可塑状态，土质不均，砂黏混杂，含锈染。层厚 5.9～10.2m，底板标高－30.17～－26.56m。

⑥层：第二海相层（Q_3^{dmc}）。粉质黏土：灰褐色，可塑状态，土质不均，局部夹粉土及黏土薄层。层厚 1.5～4.4m，底板标高－32.91～－29.16m。

⑦层：第四陆相层（Q_3^{cal}）。

⑦$_1$ 层：粉砂。黄色，饱和，密实状态，土质不均。该层在部分地段缺失，一般层厚 1.3～3.0m，底板标高－35.41～－31.72m。

⑦$_2$ 层：粉质黏土。黄褐色，可塑状态，土质不均，局部夹粉砂薄层。层厚 2.1～10.1m，底板标高－42.71～－33.76m。

⑦$_3$ 层：粉砂。黄色，饱和，密实状态，土质不均。该层仅在场地北侧部分地段（B 区）分布，而在 A 区缺失，具体分区见勘探点平面布置图。一般层厚 5.8～9.1m，底板标高－43.68～－41.94m。

⑦$_4$ 层：粉质黏土。黄褐色，可塑状态，土质不均，局部夹少量粉砂薄层，含少量姜石。层厚 4.2～7.8m，底板标高－49.67～－47.12m。

⑧层：第三海相层（Q_3^{bm}）。

⑧$_1$ 层：黏土。灰褐色，可塑状态，土质不均，夹粉质黏土薄层。层厚 2.4～4.5m，底板标高－53.49～－50.56m。

⑧$_2$ 层：粉砂。褐色，饱和，密实状态，土质不均。一般层厚 1.5～5.2m，底板标高－57.24～－52.72m。

⑨层：第五陆相层（Q_3^{aal}）。

⑨$_1$ 层：粉质黏土。黄褐色，可塑状态，土质不均，砂黏混杂，含少量姜石。层厚 6.5～11.0m，底板标高－65.40～－62.52m。

⑨$_2$ 层：粉砂。黄色，饱和，密实状态，土质不均。一般层厚 1.5～4.0m，底板标高－67.94～－64.48m。

⑨$_3$ 层：粉质黏土。黄褐色，可塑状态，土质不均，砂黏混杂，含少量姜石。层厚 1.1～5.8m，底板标高－72.23～－68.09m。

⑨$_4$ 层：粉砂。黄褐色，饱和，密实状态，土质不均，夹粉质黏土薄层。层厚 5.0～6.0m，底板标高－75.24～－73.26m。

⑩层：第四海相层（Q_2^{3mc}）。

⑩$_1$ 层：粉砂。褐灰色，饱和，密实状态，土质不均，夹粉质黏土薄层。层厚 3.4～4.0m，底板标高－78.64～－77.46m。

⑩$_2$ 层：粉质黏土：灰黄色，可塑状态，土质不均，砂黏混杂，夹粉砂薄层。该层未揭穿，最大揭露厚度 9.6m。土层物理力学性质见表 12－12。

表 12－12　　土层物理力学性质表

土层编号	地层岩性	天然重度 γ（kN/m^3）	直剪固结快剪强度	
			内聚力 c（kPa）	内摩擦角 φ（°）
②$_1$	粉质黏土	19.2	16.5	15.1
②$_2$	粉土	19.0	17.2	16.3
③$_1$	淤泥质粉质黏土	18.6	15.4	12.2
③$_2$	粉质黏土	18.9	18.2	16.5
③$_3$	淤泥质黏土	18.5	11.6	10.5
④	粉质黏土	19.6	17.1	18.3
⑤$_1$	粉质黏土	19.3	17.1	18.6
⑤$_2$	粉砂	22.1	19.4	9.8
⑤$_3$	粉质黏土	19.5	16.7	17.2
⑥	粉质黏土	19.8	17.5	16.3
⑦$_1$	粉砂	22.0	18.4	11.7
⑦$_2$	粉质黏土	19.8	17.4	17.6
⑦$_3$	粉砂	21.8	19.1	12.4
⑦$_4$	粉质黏土	19.4	18.8	19.3
⑧$_1$	黏土	19.7	20.1	18.7
⑧$_2$	粉砂	20.6	21.4	11.6
⑨$_1$	粉质黏土	19.5	19.1	17.6

场地浅部各土层的承载力特征值见表 12－13。

表 12－13　　场地浅部各土层的承载力特征值表

土层编号	地层岩性	顶板标高（m）	层　厚（m）	承载力特征值 f_{az}（kPa）
②$_1$	粉质黏土	－1.50～2.28	0.5～3.5	110
②$_2$	粉土	－2.40～0.57	0.5～2.5	125
③$_1$	淤泥质粉质黏土	－3.99～－1.02	0.8～3.0	80
③$_2$	粉质黏土	－5.72～－2.22	2.7～7.7	105
③$_3$	淤泥质黏土	－9.68～－6.67	0.7～2.6	75
④	粉质黏土	－11.08～－8.32	3.0～6.6	120

续表

土层编号	地层岩性	顶板标高 (m)	层 厚 (m)	承载力特征值 f_{az} (kPa)
⑤1	粉质黏土	−16.97～−13.09	0.7～7.3	130
⑤2	粉砂	−23.51～−18.73	0.7～5.3	200
⑤3	粉质黏土	−23.30～−18.08	4.1～10.0	180
⑥	粉质黏土	−30.17～−25.33	1.5～4.6	170
⑦1	粉砂	−33.80～−28.63	1.3～3.3	260
⑦2	粉质黏土	−36.31～−31.33	2.1～10.6	200
⑦3	粉砂	−35.88～−33.33	5.8～9.1	280
⑦4	粉质黏土	−43.68～−41.94	4.2～7.8	220
⑧1	黏土	−50.01～−47.05	2.1～4.5	220
⑧2	粉砂	−53.49～−50.55	1.5～5.2	300
⑨1	粉质黏土	−58.23～−52.72	6.6～11.0	260

根据勘察结果，结合区域水质资料，本场区浅部地下水属潜水～微承压水类型，主要以大气降水及周围地表水体侧渗为主要补给方式，排泄方式以蒸发为主，地下水位动态主要受气候、地面水体的影响，无统一的地下水流场。天津地区多年年平均降水量为600mm左右。年降水量主要集中在7～9月，占全年降水量的70%～80%，年高水位期出现在8～9月，年最低水位期出现在4～6月，年水位变幅值为0.5～1.0m。地下静止水位埋深0.6～3.2m左右。地下水主要成分含量见表12－14。

表12－14　地下水主要成分含量表

孔号 \ 含量 \ 离子	$K^+ + Na^+$ (mg/L)	Ca^{2+} (mg/L)	Mg^+ (mg/L)	Cl^- (mg/L)	SO_4^{2-} (mg/L)	HCO_3^- (mg/L)	总矿化度 (mg/L)	pH值
15	702.1	115.5	122.2	948.3	535.3	515.6	2939.0	7.92
52	611.1	111.7	109.4	797.6	520.9	476.0	2626.7	7.89
98	866.5	247.9	206.5	1382.6	842.6	640.7	4186.8	7.41

4. 支护结构设计方案

(1) 该工程全部采用加筋水泥土桩锚支护。加筋水泥土锚桩支护原理与土钉墙支护原理相同，都是超前加固、主动支护、形成加筋低强度等级混凝土重力式挡土墙的原理。支护设计指导思想：技术先进、经济合理、安全可靠、节省工期、减少环境污染、灵活处理。基坑支护总平面图如图12－33所示，基坑支护剖面如图12－34所示。

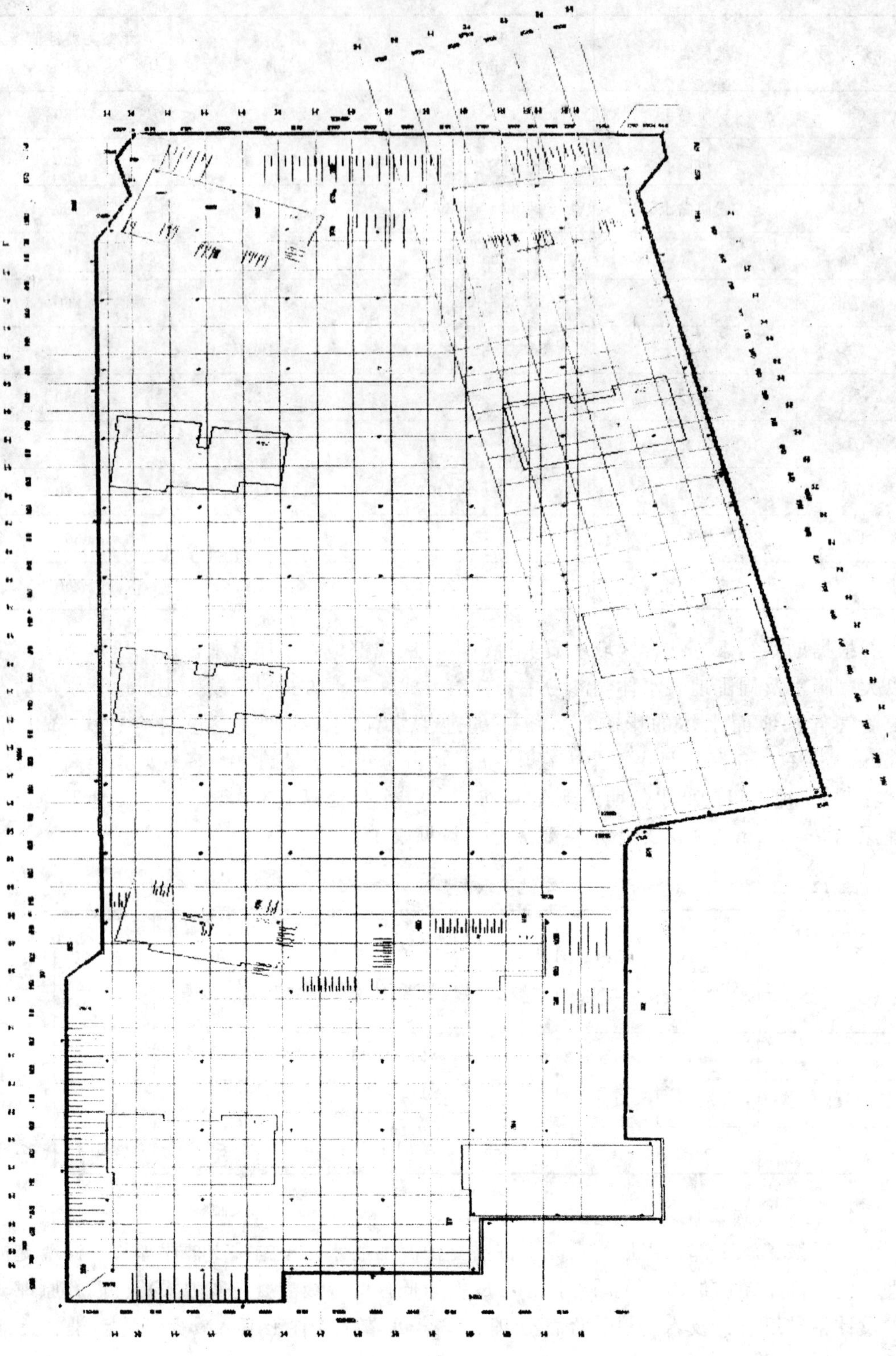

图 12-33　基坑支护总平面示意图

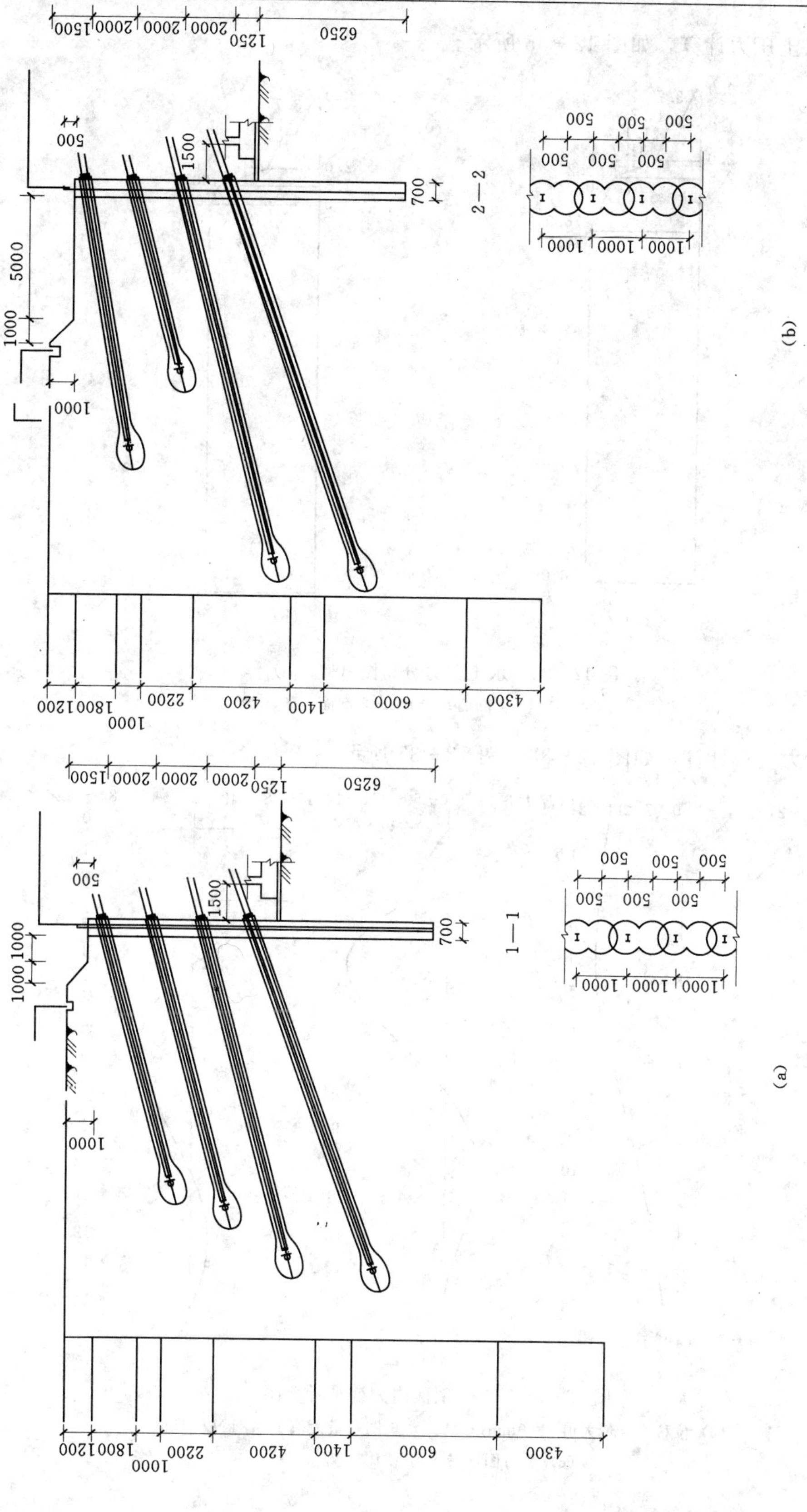

图 12-34 基坑支护剖面图

(a)1—1段剖面图;(b)2—2段剖面图

(2) 水土压力计算，如图 12－35 所示。

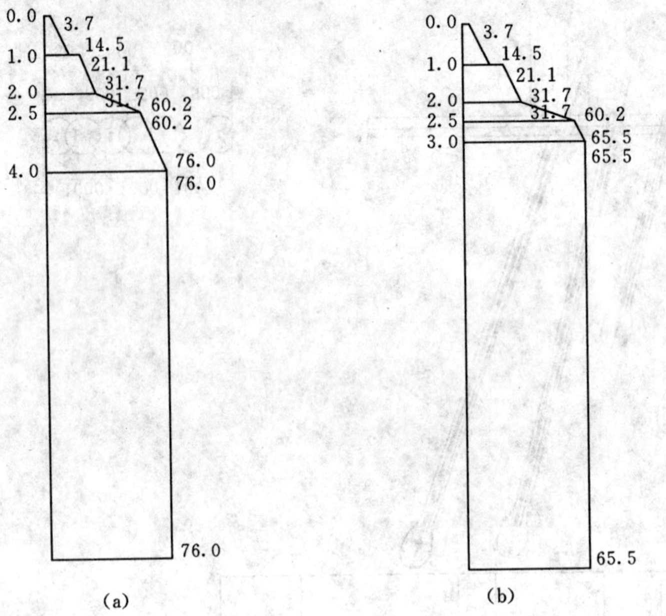

图 12－35　水土压力分布图（kN/m）

(a) 1—1 剖面；(b) 2—2 剖面

(3) 内力变形计算，如图 12－36、图 12－37 所示。

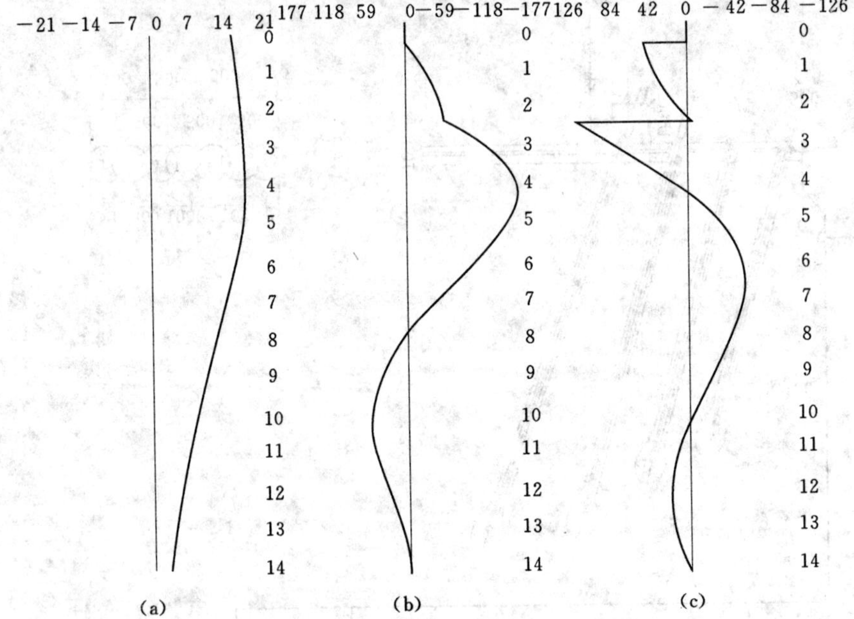

图 12－36　1—1 剖面内力变形计算图

(a) 位移图（最大值 18.0mm）；(b) 弯矩图（最大值 175.4kN·mm）；

(c) 剪力图（最大值 124.5kN/m）

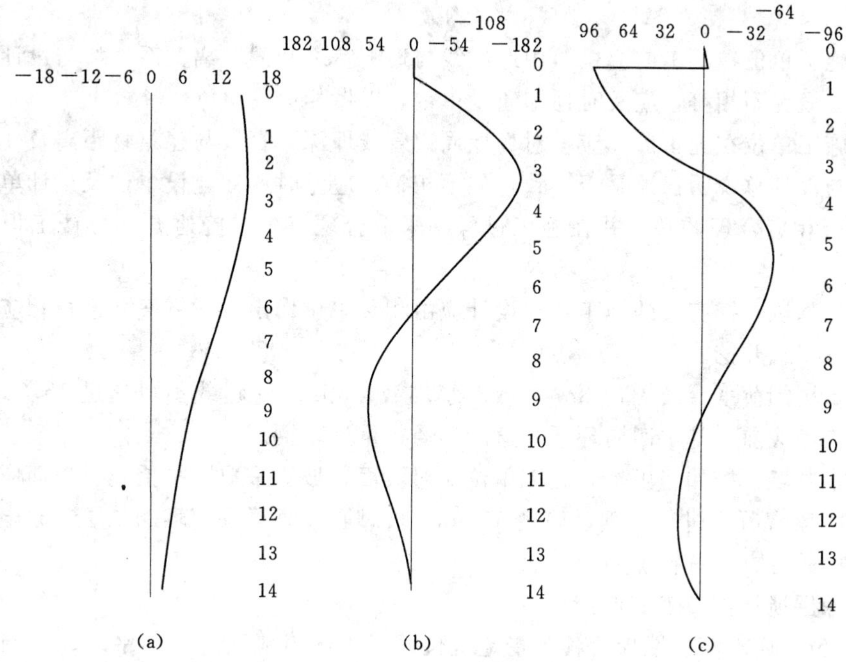

图 12-37 2—2 剖面内力变形计算图

(a) 位移图（最大值 17.0mm）；(b) 弯矩图（最大值 159.7kN·mm）；

(c) 剪力图（最大值 93.4kN/m）

(4) 地表沉降：1—1 剖面最大值为 33.2mm，2—2 剖面最大值为 15mm。

(5) 墙体强度计算：如图 12-38 所示，墙体强度均满足要求。

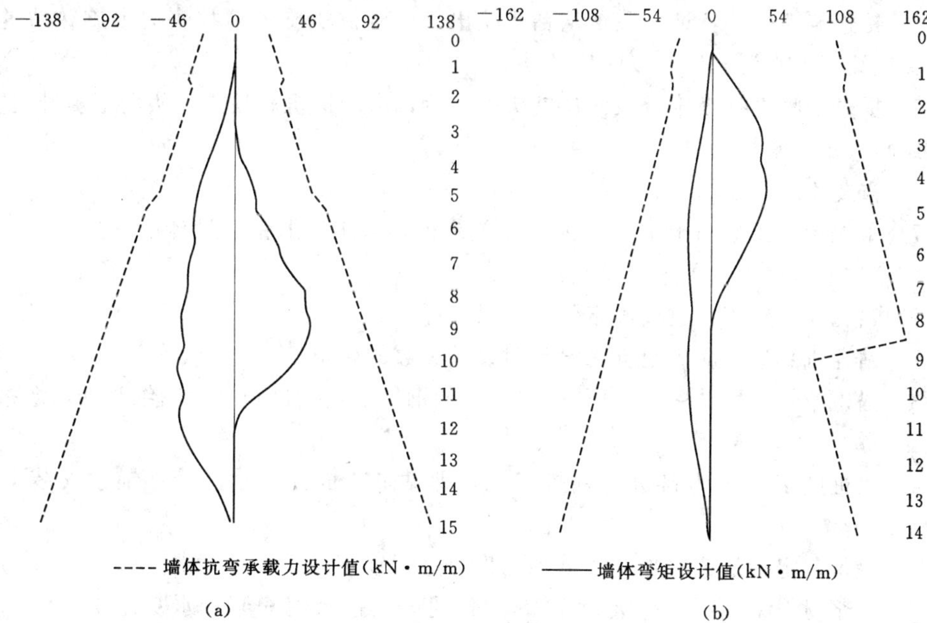

图 12-38 基坑支护墙体强度计算图

(a) 1—1 剖面；(b) 2—2 剖面

5. 施工要求

(1) 施工单位在施工前应核对用地红线与地下室之间的距离关系，如与设计总说明中拟建物周边概况不相符，应及时通知建设单位，以做相应变更。

(2) 施工单位在施工前，应核对场地周边管线埋深、管线与建筑物距离及9号楼基础埋深是否与设计总说明描述是否一致，如不相符，应及时通知建设单位及设计单位，对复合土钉进行相应合理调整。并在施工过程中采取合理有效措施避开9号楼工程桩及污水管线。

(3) 与基坑开挖有关的施工组织设计应由相关单位作出正式方案并进行相应评审，然后方可进行正式开挖。

(4) 基坑卸荷平台及周边3m以内严禁堆载，3m以外超载不得超过15.0kPa；在基础底板施工完成前，基坑四周环形车道严禁通行重型车辆。

(5) 本基坑开挖如遇雨季，施工单位应对坡面，坡脚采取防护措施，坡面应采用挂铁丝网抹C15素混凝土进行处理，厚度50mm。坡脚必要时可采用堆砌二层装砂土编织袋或水泥砂浆砌砖等方法进行加固处理。

(6) 深层搅拌桩施工要点：

1) 定位：启动深层搅拌机移到指定桩位、对中，当地面起伏不平时，应调整不宜超过2.0cm，搅拌轴垂直度偏差不超过1.0%。

2) 浆液配制：①严格控制水灰比，配合比为0.45～0.55：1；②水泥浆必须充分拌和均匀；③为改善水泥土强度性能，采用强度等级为42.5的普通硅酸盐水泥。

3) 送浆：将制备好的水泥浆经筛过滤后，倒入贮浆桶，开动灰浆泵，将浆液送至一次性旋喷搅拌头。

4) 钻进旋喷搅拌：证实浆液从钻头喷出，启动桩机旋喷搅拌头向下旋转钻进旋喷搅拌，并连续喷入水泥浆液，以防堵塞钻头。

5) 提升旋喷搅拌喷浆：浆液从钻头喷出后，启动桩机旋喷搅拌头向上提升旋喷搅拌，并连续喷入水泥浆液。

6) 重复4)、5)。

7) 水泥掺入比不小于15%，水泥土初凝前插入工字形钢至设计位置。

(7) 加筋水泥土锚桩施工要点：

1) 钻孔前按施工图放线确定位置，做上标记。

2) 钻孔机具选择应满足支护设计对设计参数的要求。

3) 锚桩筋体采用2～3根直径15.2mm的钢绞线，钻进角度以图纸为准，严格按照桩径施工。

4) 锚桩施工工艺为自进式锚桩工艺，即钻进、成孔、喷注浆、锚索安装一次快速完成。

5) 自带锚定板的锚筋加入48h后，即可进行锁定。

6) 注浆材料采用强度等级为32.5的普通硅酸盐水泥净浆，水灰比1.0：0.7；水泥浆应拌和均匀，泥浆应在初凝前用完。

(8) 张拉锁定要求：

1）施工锚桩腰梁、安装锚头、锚具。

2）按设计要求的张拉值对复合土钉进行张拉锁定，设计张拉值为100kN。

(9) 加筋水泥土桩及每道复合土钉达到强度要求后方可进行下一步开挖。

6. 基坑监测

(1) 监测的目的具体包括以下几点内容。

1）将监测数据与预测值相比较以判断前一步施工工艺和施工参数是否符合预期要求，以确定和优化下一步的施工参数，做好信息化施工。

2）将现场监测结果反馈优化设计，使支护结构设计达到确保安全、经济合理、施工快捷的目的。

3）将现场监测的结果与理论预测值相比较，用反分析法导出更接近实际的理论公式，用以指导工程施工。

(2) 监测内容。本基坑侧壁安全等级为一级，根据《建筑基坑工程监测技术规范》(GB 50497—2009) 规定，基坑工程监测项目的选择，应在充分考虑工程水文地质条件、基坑工程安全等级、支护结构特点及变形控制要求的基础上，考虑该工程特点，确定监测项目如下：

1）围护桩顶竖向位移监测。

2）围护桩顶水平位移监测。

3）锚索应力监测。

4）地下水位监测。

5）周边地表沉降监测。

6）周边道路沉降监测。

7）周边建筑物沉降监测。

8）土体深层位移（测斜）。

(3) 监测成果。以下分别对周边道路监测项目、围护结构监测项目、地下水位监测项目等分类总结。

1）围护桩顶水平位移、竖向位移监测。围护桩顶竖向位移及水平位移各监测点的重要参数整理成表12-15，从表12-15可以得出，围护桩顶各监测点变化规律，基本相同，主要特征有：

①各竖向位移监测点最大累计变化量均以下降为主，最大沉降量为 6.47mm。

②各水平位移监测点变化均为向基坑内位移，最大位移量为−9.4mm。

③在整个监测过程中各点虽出现过上下波动现象，但各点均未出现报警。

④底板形成后各点变化趋于稳定。

表12-15　　围护墙顶垂直及水平位移监测一览表

监测点号	监测内容	最大累计变形量（mm）	出现时间（年-月-日）
S1	竖向位移	—	—
	水平位移	—	—
S2	竖向位移	−0.50	2011-08-05
	水平位移	+2.00	2011-09-18

续表

监测点号	监测内容	最大累计变形量（mm）	出现时间（年-月-日）
S3	竖向位移	−0.95	2011-08-26
	水平位移	−4.50	2011-10-08
S4	竖向位移	−1.75	2011-09-15
	水平位移	—	—
S5	竖向位移	−0.95	2011-08-31
	水平位移	−1.20	2011-08-20
S6	竖向位移	−1.03	2011-08-10
	水平位移	—	—
S7	竖向位移	−0.60	2011-07-25
	水平位移	−4.90	2011-09-18
S8	竖向位移	−4.13	2011-09-21
	水平位移	−6.20	2011-09-12
S9	竖向位移	−1.47	2011-09-21
	水平位移	−8.80	2011-07-30
S10	竖向位移	−1.40	2011-07-05
	水平位移	—	—
S11	竖向位移	−1.23	2011-08-31
	水平位移	−6.70	2011-10-08
S12	竖向位移	−1.30	2011-07-30
	水平位移	−3.80	2011-10-08
S13	竖向位移	−2.90	2011-07-20
	水平位移	−7.30	2010-10-08
S14	竖向位移	−6.47	2010-09-21
	水平位移	−9.40	2010-09-18
S15	竖向位移	−4.00	2010-08-26
	水平位移	—	—
S16	竖向位移	−1.17	2010-09-15
	水平位移	—	—
S17	竖向位移	−1.25	2010-08-31
	水平位移	−2.70	2010-09-18
18	竖向位移	−0.30	2010-08-20
	水平位移	—	—
S19	竖向位移	−0.38	2010-08-05
	水平位移	−5.50	2010-08-10
S20	竖向位移	−0.97	2010-08-31
	水平位移	−3.50	2010-08-10
S21	竖向位移	—	—
	水平位移	−2.30	2010-08-20

2）周边地表、道路及建筑物监测。

①周边地表沉降：地表沉降各监测点的详细变化，如图 12－39～图 12－44 所示。从变化图中可以得出，地表监测点变化规律符合理论的预期，即：离基坑较近的点位沉降较大，越远则越小。地表沉降监测点变化均以向下为主，最大沉降量为－2.84mm。

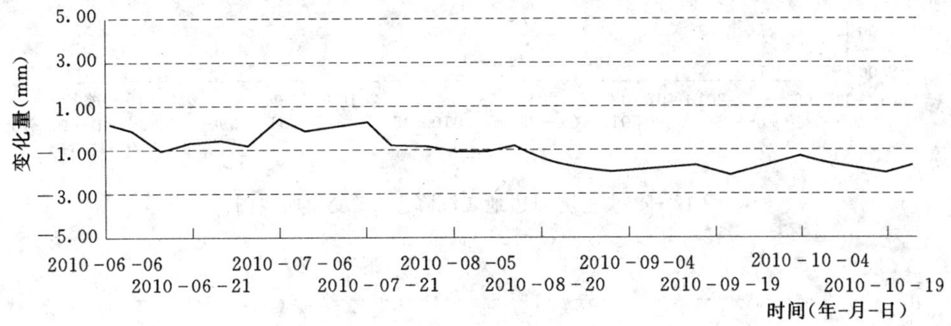

图 12－39 基坑周边地表沉降点 C2 变化曲线图

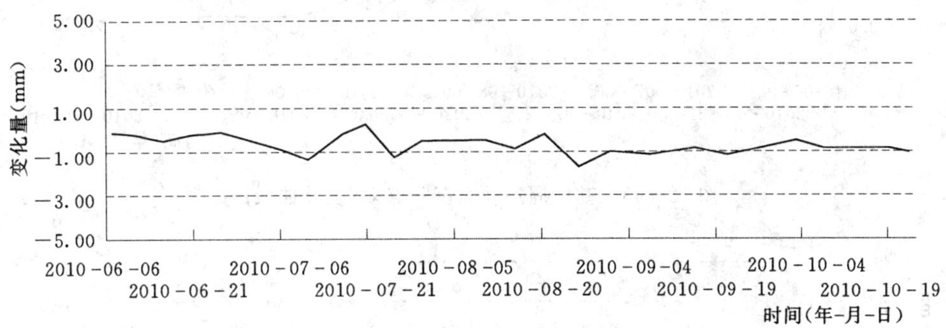

图 12－40 基坑周边地表沉降点 C3 变化曲线图

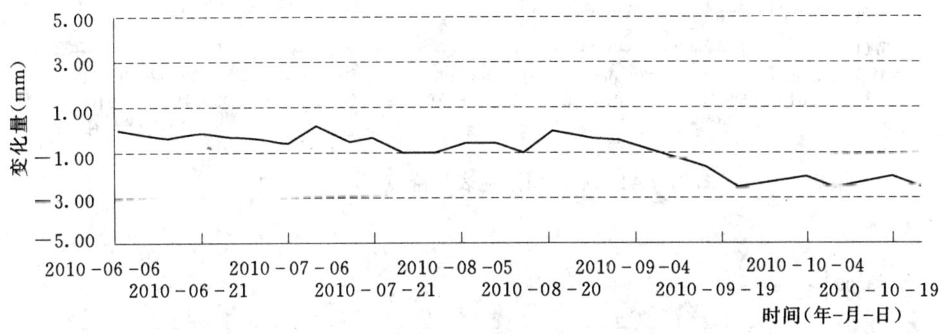

图 12－41 基坑周边地表沉降点 C4 变化曲线图

②周边道路沉降：道路沉降监测点的详细变化，参考图 12－45～图 12－50。从变化图中可以得出，地表监测点变化规律符合理论的预期，即：离基坑较近的点位沉降较大，越远则越小。周边道路沉降监测点变化均以向下为主，最大沉降量为－4.54mm。

道路沉降的变化规律，与基坑开挖深度、基坑距离远近、施工工况有密切关系：开挖深度越深，变化量越大；离基坑越近，变化量越大。

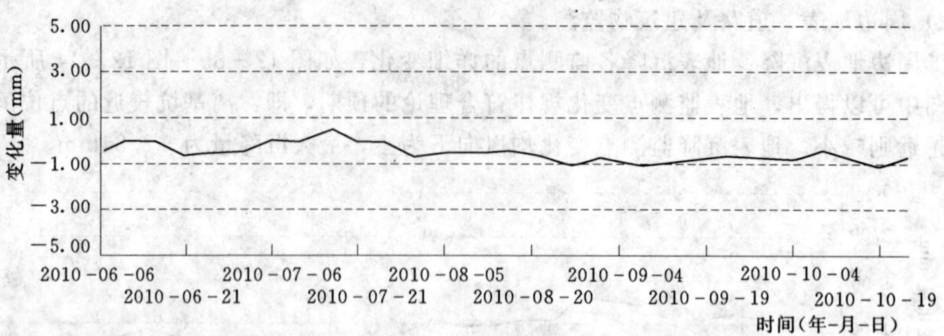

图12-42 基坑周边地表沉降点C5变化曲线图

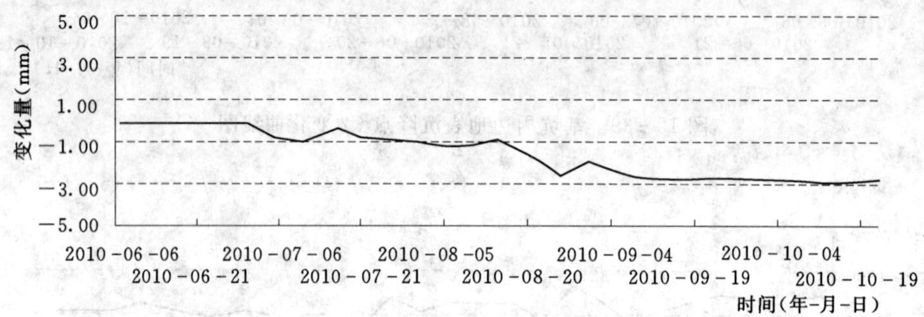

图12-43 基坑周边地表沉降点C6变化曲线图

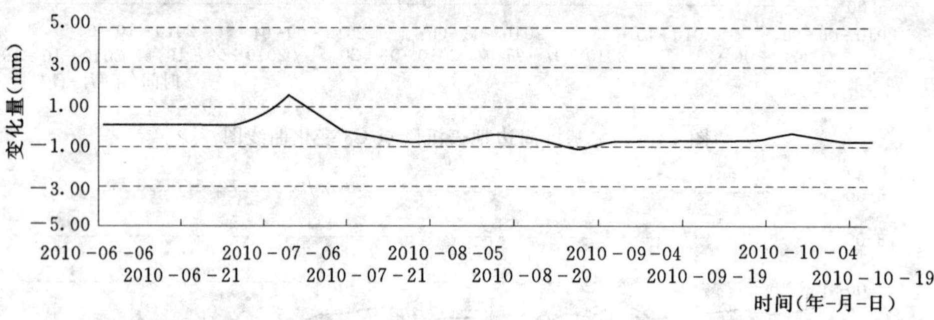

图12-44 基坑周边地表沉降点C7变化曲线图

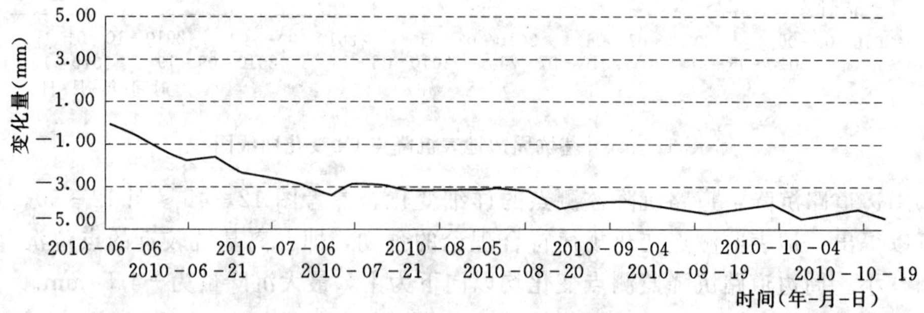

图12-45 道路沉降点D1变化曲线图

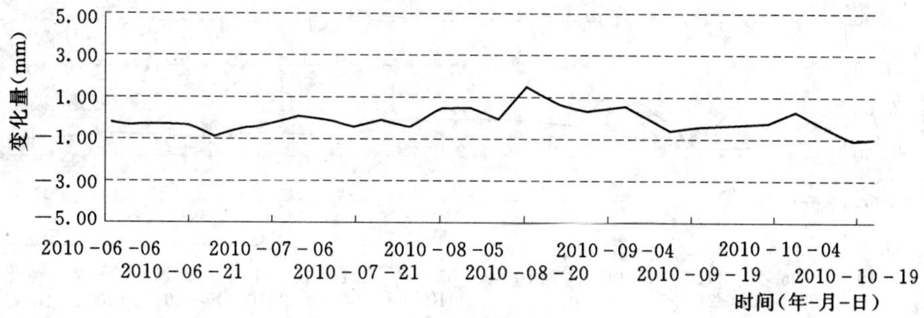

图 12-46 道路沉降点 D2 变化曲线图

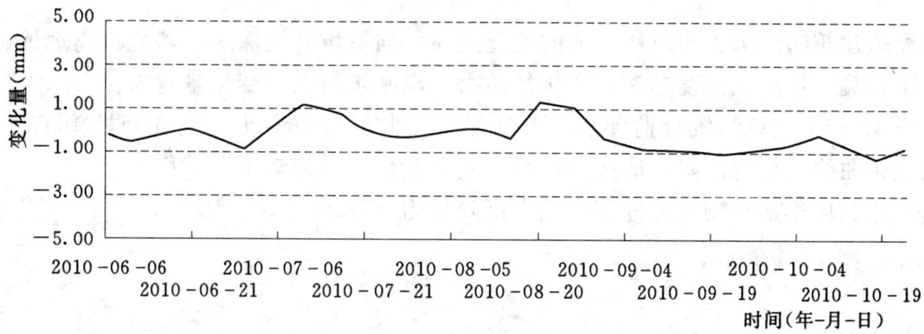

图 12-47 道路沉降点 D3 变化曲线图

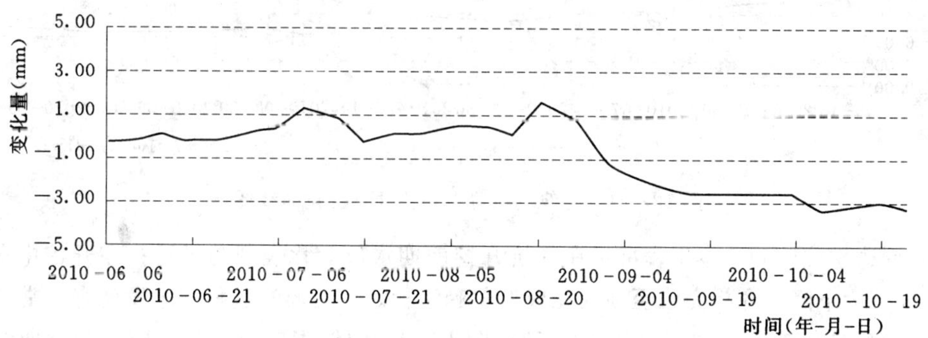

图 12-48 道路沉降点 D4 变化曲线图

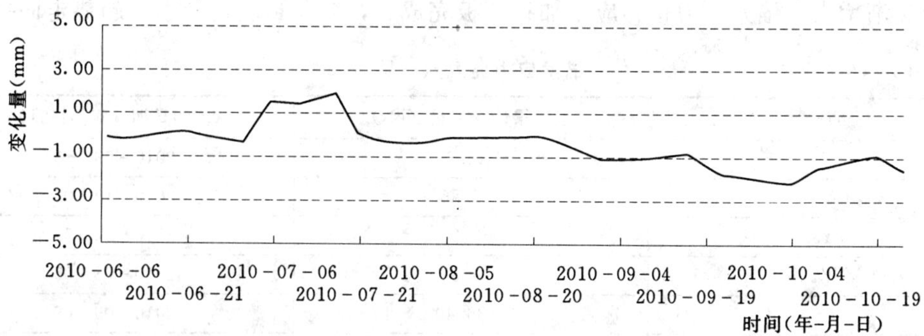

图 12-49 道路沉降点 D5 变化曲线图

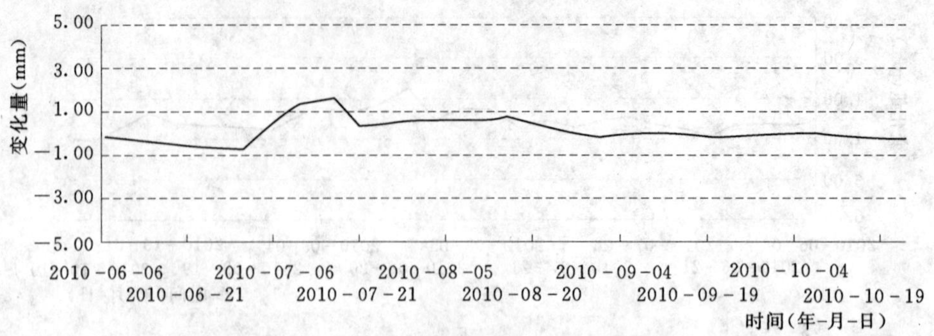

图 12-50 道路沉降点 D6 变化曲线

③周边建筑物沉降：建筑物沉降的变化规律，与基坑开挖深度、基坑距离远近、施工工况有密切关系：开挖深度越深，变化量越大；离基坑越近，变化量越大。

从图 12-51 建筑物沉降监测点 H1 沉降变化曲线可以看出：基坑开挖施工过程中，监测点变化曲线表现为沉降，底板完成后，变化量较小，趋势走向平稳。

本次监测周边建筑物沉降监测点最大沉降量为－7mm。

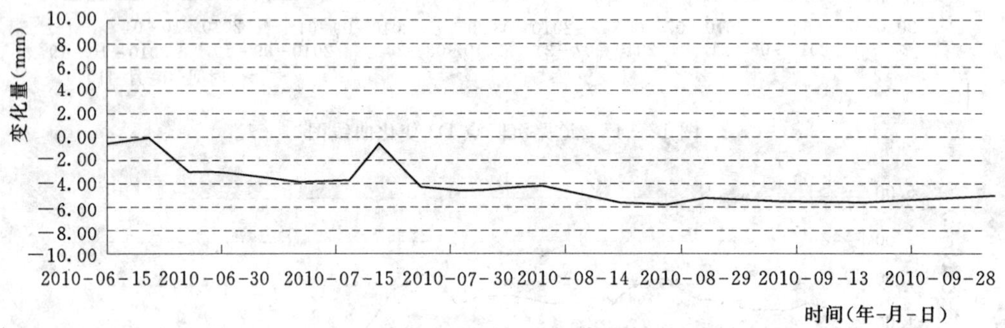

图 12-51 建筑物沉降监测点 H1 变化曲线图

3）周边水位监测：本工程项目在基坑开挖前期水位变化表现为平稳；在开挖中期，水位变化表现为下降；底板完成至顶板完成变化趋于稳定。在监测过程中未发现有异常变化。

4）锚索应力变化趋势：从图 12-52～图 12-57 中锚索应力监测点应力变化曲线可以看出：基坑开挖施工过程中，监测点变化曲线表现为上升趋势，这是由于土体的开挖，桩体受力逐渐增大，锚索应力也相应增加；底板完成后，变化量变化较小，趋势走向平稳。

表 12-16 **锚索应力监测点一览表**

点号	最大累计变形量（kN）	监测日期（年-月-日）
Y1	＋10.37	2010-08-15
Y2	＋5.86	2010-10-08
Y3	－0.28	2010-07-05
Y4	－4.86	2010-08-05
Y5	＋36.40	2010-09-09
Y6	－5.50	2010-10-08

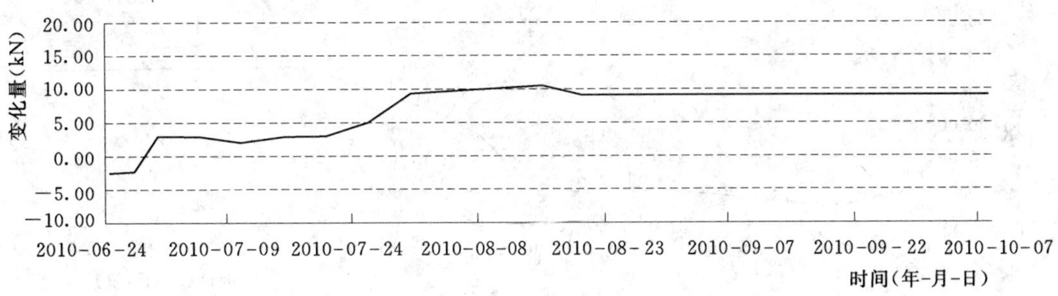

图 12-52 锚索应力观测点 Y1 变化曲线图

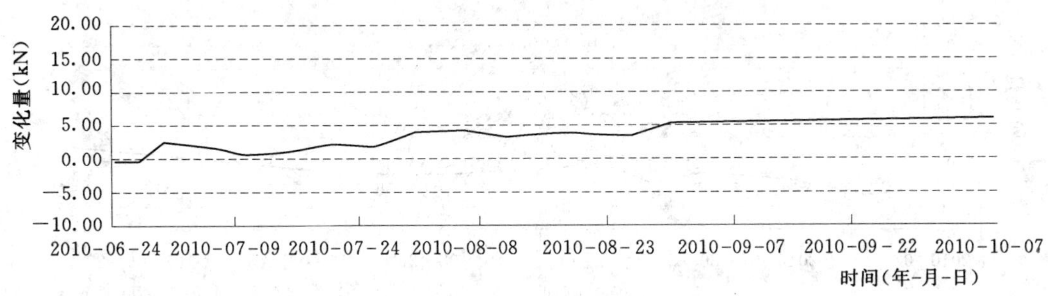

图 12-53 锚索应力观测点 Y2 变化曲线图

图 12-54 锚索应力观测点 Y3 变化曲线图

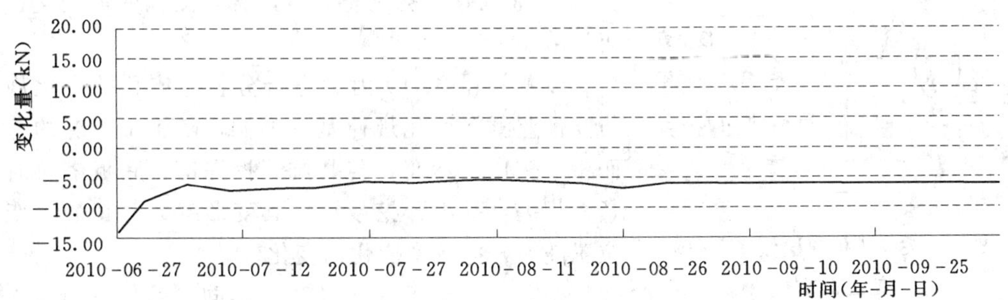

图 12-55 锚索应力观测点 Y4 变化曲线图

5）土体深层位移（测斜）监测：基坑土体测斜各监测孔的详细变化，请参阅图 12-58，向基坑内位移为正，反之为负。

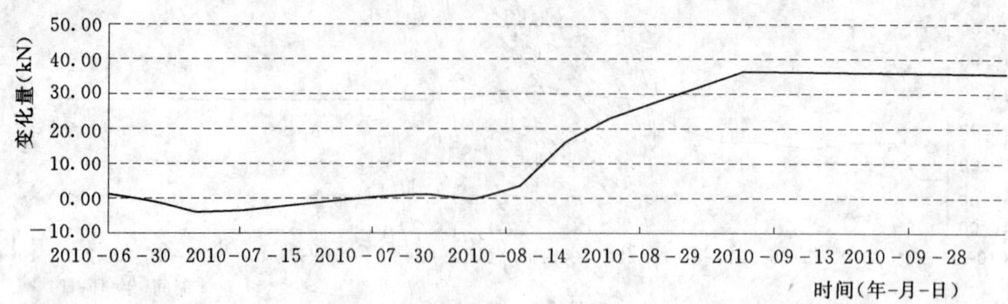

图12-56 锚索应力观测点Y5变化曲线图

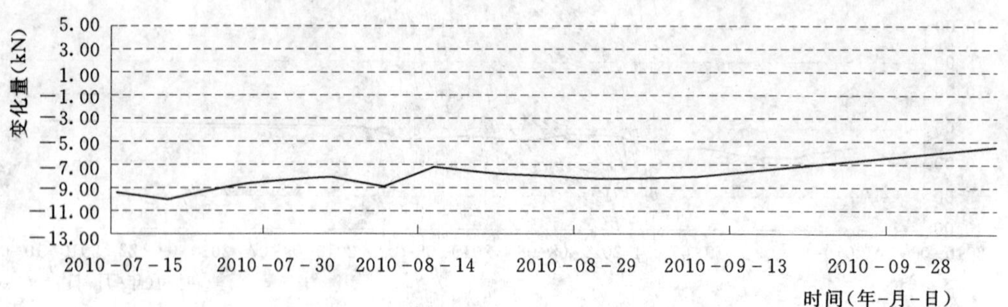

图12-57 锚索应力观测点Y6变化曲线图

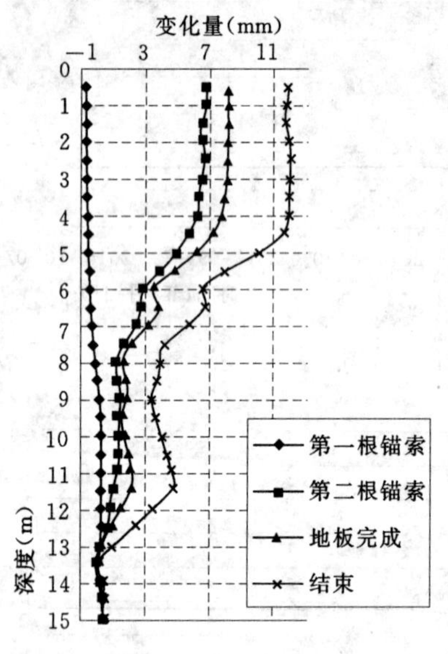

图12-58 土体深层位移CX10变化曲线图

从图12-58可以看出，土体测斜各监测孔位移变化规律，与基坑开挖施工工况有关，且变化规律基本相同，只是变化的幅度大小不同而已。主要特征有：

a. 土体测斜各监测孔之间变化规律基本一致。

b. 基坑进行围护结构施工阶段时，各个监测孔变化均在正常范围内。

c. 基坑进行开挖阶段时，各监测孔变形曲线呈向基坑方向位移趋势，各孔均未出现累计值报警情况。

d. 基坑底板浇筑完成后，各监测孔变形变化速率明显减小。

以测斜孔CX10为例进行分析：该孔的变化规律与其他监测孔变化规律基本相同，随施工工况的不同而相应变化，其变化与基坑开挖深度、底板浇筑时间紧密相关，基坑开挖越深，其变形越大，其最大变形位置随着开挖深度变化而变化。

按图12-58测斜孔CX10不同时间位移曲线，结合工况变化对曲线进行解释如下：

(a) 基坑进行围护施工及开挖表层土完成第一根锚索时，CX10监测孔变化在正常范围内，最大变化为+0.38mm，深度在-12.5m。

(b) 基坑进行开挖阶段时，CX10监测孔变化曲线呈向基坑方向位移趋势。当底板浇筑完成时，最大变化为＋8.13mm，深度在－1m。

(c) 基坑底板浇筑完成至顶板完成阶段，CX10 监测孔变化速率明显减小，至顶板完成最大变化为＋12.12mm，深度在－2.5m。

(4) 监测小结。整个基坑施工经过 3 个多月的施工时间，基坑围护工程顺利结束。通过监测工作，及时了解在施工中发生的细小变化，达到了信息化施工的目的。本次监测工作的数据真实、可靠，在这次监测工作过程中，取得了大量有用的信息。

1) 通过本次监测及时掌握了，整个工程项目基坑工程开挖全过程的变形情况，我们及时反馈相关变形监测信息给业主，达到了合同规定监测的目的。各观测项目变化范围如下：

a. 周边道路沉降监测：最大累计变化量为－4.54mm。

b. 土体深层位移（测斜）：最大累计变化量为＋12.12mm。

c. 地下水位监测：最大变化量为 4650mm。

d. 周边地表沉降监测：最大累计变化量为－2.84mm。

e. 围护桩顶竖向位移：最大累计变化量为－6.47mm。

f. 围护桩顶水平位移：最大累计变化量为－9.4mm。

g. 周边建筑物沉降：最大累计变化量为－7mm。

h. 锚索应力：最大累计变化量为＋36.4kN。

2) 从整个基坑开挖过程的监测资料反映，基坑北侧水平位移最大累计变化量达到了－9.4mm，观测后期垂直位移变化趋缓，虽然各项监测项目表明基坑及周边环境处于安全范围。

3) 本次工程各监测点的变形速率比较小，且变形速率比较稳定，从各测点的变化曲线也可以看出这点。

4) 本工程基坑开挖到回填结束过程中，对周边环境变形影响较小，未发现异常变化。

5) 本次监测工作方法适当，准确地反映了基坑和周边环境变形情况，所有资料真实准确。基坑的监测工作，可以根据实时的变形位移数据，分析、预测基坑及周边环境使用过程中的土体位移，采取有效措施，达到保护基坑和周边环境的目的。

6) 本次监测项目经过检查监测资料准确、可靠。在监测期间所使用的监测仪器均在有效期内，监测工作按监测方案进行。

7. 小结

监测结果表明：多排试加筋水泥土桩锚支护结构具有整体稳定性高和径向变形小的特点，对基坑变形控制具有相当好的表现，造价低廉、结构科学、安全可靠，是一种经济合理的地下空间支护结构形式。

第 13 章　深基坑支护技术工程造价分析

本章通过分析当前主要深基坑边坡支护方法的特点，分析了水泥土搅拌桩支护、地下连续墙加锚杆支护、挖孔护坡桩加锚杆、土钉墙、逆作法等几种支护方法技术经济方面的差异。在分析研究的基础上，提出了深基坑支护方法优选建议。但由于各地的定额差价较大，书中以上海、深圳两地的价格进行计算，供设计和施工工程技术人员参考。

近年来，为了满足高层建筑深基坑及建筑设计要求，充分利用地下空间，城市高层建筑的地下室越建越深。因而，高层建筑深基坑的开挖和支护便成了近年的热门课题，基坑的工程造价也居高不下。

从我国建筑业现状看，基坑开挖与支护也有一个发展过程，从放坡开挖、钢板支撑开挖、外拉锚配合护坡桩开挖、地下连续墙加锚杆、各种护坡桩加锚杆以及逆作法施工，到20世纪90年代发展起来的土钉墙支护加筋水泥土搅拌桩支护以及加筋水泥土桩锚支护等，这些方法在不同时期、不同地区、不同地质、不同工程中大多发挥了较好的作用，为我国建筑业发展做出了较大贡献。

深基坑开挖与支护是一个较复杂的系统工程，不仅涉及工程地质和水文地质，工程力学和工程结构，土力学与基础工程，还涉及工程施工与组织管理等，是融多种学科知识于一体的综合性科学。随着科学技术的进步，基坑支护技术也在不断发展、完善。尽管现行基坑支护方法很多，但是主要采用的有如下几种：地下连续墙、护坡桩支护结构、土钉支护、加筋水泥土搅拌桩支护、逆作法和加筋水泥土桩锚支护等。本章着重从技术经济角度分析这几种方法的价格差异以及优缺点。

13.1　工程造价预算编制的步骤

工程造价预算编制的步骤如下：

（1）熟悉设计图样和承包合同。

（2）了解施工组织设计中的有关内容。

（3）工程量的计算。工程计算是一项十分复杂而细微的工作，它的准确与否直接影响到预算的准确性。要严格按照定额规定和工程量计算规则，并根据设计图样提供的尺寸、数量、设备材料清单等资料进行计算，不得随意加大或缩小。

（4）确定单项工程单价和直接费查表 13－1 得到单项工程预算定额单价。例如掺入比为 15%的水泥土搅拌桩，查表 13－1 中定额 No. 1561 和 No. 1562 可得到它的预算定额单价值为 103.59 元/m^3。如果水泥土搅拌桩的工程量为 4000m^3，进驻施工现场两台机械（从表 13－2 可知，每台机械进出场费 4446 元/台）的话，则其定额直接费为：

$$103.59\text{ 元/m}^3\times 4000\text{m}^3+4446\text{ 元/台}\times 2\text{ 台}=423252.00\text{ 元}$$

表 13－1

上海定额中有关地基处理单项工程的预算定额单价

定额编号	项目名称	计量单位	总价	土建费用分析					打桩费用分析				人工		
				合价	人工费	材料费	制品费	机械费	合价	人工费	材料费	机械费	合计	土建	打桩
			元	元	元	元	元	元	元	元	元	元	工日	工日	工日
1170	加固基础　砂垫层	m^3	80.40	80.40	8.52	63.98		7.90	耗用黄砂 1662.6kg				0.7753	0.7753	
1172	加固基础　素混凝土加固 C15	m^3	181.56	181.56	22.76	148.78		10.02					2.0428	2.0428	
1173	清水道碴垫层	m^3	72.46	72.46	5.70	65.14		1.62	耗用碎石 1551.0kg				0.5150	0.5150	
1177	凿截钻孔灌注桩	根	59.99	59.99	12.75	3.50		43.74					1.1420	1.1420	
1178	桩顶挖土增加费　(深度 5m 内)钢混凝土方桩	m^3	4.40	4.40	1.31			3.09					0.1208	0.1208	
1179	桩顶挖土增加费　(深度 5m 内)钻孔灌注桩	m^3	9.63	9.63	2.85			6.78					0.2622	0.2622	
1180	井点抽水　轻型井点打拔一次	套	6029.57	6029.57	1112.0	2965.39		1952.18	耗用黄砂 46130.0kg				101.00	101.00	
1181	井点抽水　轻型井点	套/天	200.22	200.22		35.25		164.97							
1182	井点抽水　喷射井点打拔一次	套	25100.11	25100.11	4267.0	7672.05		13161.06	耗用黄砂 106810.0kg				387.56	387.56	
1183	井点抽水　喷射井点	套/天	544.47	544.47		18.75		525.72							
1189	场地机械填土碾压	m^3	1.27	1.27	0.21			1.06					0.0194	0.0194	
1190	挖土机挖土汽车运土　1000m 以内	m^3	7.39	7.39	0.52			6.87					0.0475	0.0475	
1191	挖土机挖土汽车运土　运距每增 1000m	m^3	1.69	1.69				1.69							
1192	现浇钢混凝土基坑支撑 C20	m^3	532.07	532.07	24.01	179.95	311.37	16.74					2.1120	2.1120	
1501	现场预制钢混凝土方桩 C30 12m 以内	m^3	612.31	487.55	26.52	194.97	247.28	18.78	124.76	25.09	8.80	90.87	4.3712	2.3455	2.0257
1502	现场预制钢混凝土方桩 C30 25m 以内	m^3	598.06	487.55	26.52	194.97	247.28	18.78	110.51	18.62	7.74	84.15	3.8507	2.3455	1.5052
1505	工厂预制钢混凝土方桩 #300　浆锚法 25m 以内	m^3	748.61	638.10	3.14	11.60	610.68	12.68	110.51	18.62	7.74	84.15	1.7932	0.2880	1.5052
1506	工厂预制钢混凝土方桩 #300　电焊法 25m 以内	m^3	822.92	712.41	3.14	11.60	684.99	12.68	110.51	18.62	7.74	84.15	1.7932	0.2880	1.5052

续表

定额编号	项目名称	计量单位	总价	土建费用分析					打桩费用分析				人工		
				合价	人工费	材料费	制品费	机械费	合价	人工费	材料费	机械费	合计	土建	打桩
			元	元	元	元	元	元	元	元	元	元	工日	工日	工日
1509	预制钢混凝土管法 16m 以内	m^3	1134.09	978.02	6.38	11.60	947.36	12.68	156.07	28.99	19.13	107.95	2.9291	0.5880	2.3411
1510	预制钢混凝土管法 24m 以内	m^3	1192.07	978.02	6.38	11.60	947.36	12.68	214.05	30.38	21.58	162.09	3.0421	0.5880	2.4541
1511	预制钢混凝土管桩 40m 以内	m^3	1204.44	978.02	6.38	11.60	947.36	12.68	226.42	30.47	22.02	173.93	3.0484	0.5880	2.4604
1517 修	压钢混凝土方桩＃300	m^3	798.59	712.38	3.12	11.60	684.99	12.67	86.21	4.80	3.12	78.29	0.6760	0.2880	0.3880
1518	打临时性钢板桩 10m 以内	t	287.14	287.14	47，16	102.20	35.61	102.17					3.9523	3.9523	
1519	打临时性钢板桩 20m 以内	t	355.78	207.56	14.32	86.28	106.96		148.22	20.04	15.18	113.00	2.9184	1.3000	1.6184
1520	打封闭钢板桩 20m 以内	t	597.43	207.56	14.32	86.28	106.96		389.87	38.44	62.81	288.62	4.4051	1.3000	3.1051
1521	拔钢板桩 10m 以内	t	99.40	99.40	31.40			68.00					2.7428	2.7428	
1522	拔钢板桩 20m 以内	t	129.08	12.31	12.31				116.77	16.70		100.07	2.5491	1.2000	1.3491
1523	就地灌注混凝土桩 C2010m 以外	m^3	283.63	216.28	17.52	175.53	13.50	9.73	67.35	10.10	17.17	40.08	2.4555	1.6400	0.8155
1525	就地灌注砂桩 8m 以外	m^3	143.12	90.86	10.16	72.53		8.17	52.26	6.50	17.28	28.48	1.5150	0.9900	0.5250
1541	钻孔取土 10m 以内	个	62.67						62.67	13.00	0.35	49.32	1.0500		1.0500
1542	钢混凝土桩接头工厂桩焊接	个	279.71	87.51	5.43		82.08		192.20	24.51	19.59	148.10	2.4800	0.5000	1.9800
1543	钢混凝土桩接头现场预制桩焊接	个	702.00	509.80	21.70	18.18	434.34	35.58	192.20	24.51	19.59	148.10	3.9800	2.0000	1.9800
1544	钢混凝土桩接头浆锚接桩	个	126.72						126.72	18.20	40.72	67.80	1.4700		1.4700
1548	钢混凝土预制定型短桩 8m 以内	m^3	772.72	772.72	31.19	9.56	644.59	87.38					2.7830	2.7830	
1549	钢混凝土预制定型短桩 16m 以内	m^3	905.64	905.64	25.69	11.11	772.94	95.90					2.2930	2.2930	
1550	打塑料排水板 10m 以内	m	5.24	5.24	0.23	3.80		1.21	耗用排水板 1.181m				0.0190	0.0190	
1551	打塑料排水板 15m 以内	m	4.49	4.49	0.23	2.98		1.28	耗用排水板 1.128m				0.0190	0.0190	
1552	钻孔灌注混凝土桩 ϕ600	m^3	535.43	349.86	17.30	256.47		76.09	185.57，	18.38	17.97	149.22	3.0140	1.5390	1.4750
1553	钻孔灌注混凝土桩 ϕ800	m^3	506.03	345.51	13.47	256.46		75.58	160.52	12.88	33.99	113.65	2.2320	1.1980	1.0340
1554	钻孔灌注混凝土桩钢筋笼绑扎	t	2506.97	2506.97	195.20	66.77	2110.6	134.40					16.500	16.500	

续表

定额编号	项目名称	计量单位	总价	土建费用分析					打桩费用分析				人工		
				合价	人工费	材料费	制品费	机械费	合价	人工费	材料费	机械费	合计	土建	打桩
			元	元	元	元	元	元	元	元	元	元	工日	工日	工日
1556	打桩场地铺碴厚度 20cm	m²	14.31	14.31	1.74	12.29		0.28					0.1594	0.1594	
1559	树根桩围护	m³	538.81	588.81	94.91	309.68		184.22	耗用水泥 800.0kg、碎石 1550.0kg				8.1600	8.1600	
1560	树根桩承重	m³	619.04	619.04	72.57	361.10		185.37	耗用水泥 960.0kg、碎石 1655.0kg				6.2400	6.2400	
1561	深层搅拌桩水泥掺量 12%	m³	90.18	90.18	7.17	54.07	0.84	28.10	耗用水泥 230.0kg				0.6020	0.6020	
1562	深层搅拌桩每增减 1%	m³	4.47	4.47		4.47			耗用水泥 19.2kg						
1563	粉喷桩水泥掺量每米 45kg	m³	93.69	98.69	9.65	51.58		37.46	耗用水泥 240.9kg				0.8000	0.8000	
1564	粉喷桩水泥掺量每米增减 5kg	m³	5.63		5.63				耗用水泥 26.8kg						
1565	压密性注浆钻孔	m³	10.61	10.61	4.36	5.67		0.58					0.3500	0.3500	
1566	压密注浆	m³	29.37	29.37	4.34	19.67		5.36	耗用水泥 80.0kg、粉煤灰 68.0kg				0.4000	0.4000	
1567	预制钢混凝土管桩送桩 (深度超 6m) 桩长 16m 以内	m³	167.68						167.68	26.82	23.25	117.61	2.1660		2.1660
1568	预制钢混凝土管桩送桩 (深度超 6m) 桩长 24m 以内	m³	219.16						219.16	25.18	23.25	170.73	2.0340		2.0340
1570	压桩电焊接桩接头工厂预制桩焊接	个	278.00	87.51	5.43		82.08		190.49	24.51	19.59	146.39	2.4800	0.5000	1.9800
1571	压桩电焊接桩接头现场预制桩焊接	个	700.29	509.80	21.70	18.18	434.34	35.58	190.49	24.51	19.59	146.39	3.9800	2.000	1.9800
11012	道路混凝土面层 20cmC20	m²	33.03	33.03	2.32	30.25		0.46					0.2106	0.2106	
11013	道路混凝土面层每增减 1cmC20	m³	1.55	1.65	0.12	1.50		0.03					0.0117	0.0117	
注 13	振动沉管碎石桩	m³	142.07	89.91	10.16	71.48		8.17	52.26	6.50	17.28	28.48	1.5150	0.9900	0.5250
注 13	振动沉管砂石桩	m³	150.45	98.12	10.16	79.86		8.17	52.26	6.50	17.28	28.48	1.5150	0.9900	0.5250

续表

定额编号	项 目 名 称	计量单位	总价	土建费用分析					打桩费用分析				人 工		
				合价	人工费	材料费	制品费	机械费	合价	人工费	材料费	机械费	合计	土建	打桩
			元	元	元	元	元	元	元	元	元	元	工日	工日	工日
注13	振动沉管水泥粉煤灰碎石桩	m^3	207.20	139.85	17.52	99.10	13.50	9.73	67.35	10.10	17.17	40.08	2.4555	1.6400	0.8155

注 表13-1中的附加说明：

1. 井点抽水分轻型井点和喷射井点两种，应根据工程具体情况和施工技术措施规定套用相应定额。每套有效长度：轻型井点为100m以内，喷射井点为50m以内。
2. 临时性钢板桩的租赁费：国产钢板桩1.80元/t，进口钢板桩3.00元/t。钢板桩按设计长度乘以各型号的质量以吨计算，拉森三号62kg/m；拉森五号100kg/m；国产拉森77kg/m；槽钢、钢轨按各种型号以质量计算。
3. 钻孔灌注混凝土桩的体积按设计长度（以设计桩顶标高至桩底标高）乘以设计横断面（孔径）面积×1.06（预留长度），预留长度不足2m的按2m计算。定额已考虑了10m空钻深度（指基础埋置深度），如空钻深度超过10m时，超过部分可另计空钻费（指打桩费）。作围护桩时，不增加预留长度，同时扣除了3m空钻费用，桩顶需加接围梁时，可计算1m预留长度。钻孔灌注混凝土桩不计算打桩场地平整费用。
4. 粉喷桩、树根桩、深层搅拌桩，按设计断面乘以长度计算。深层搅拌桩如发生桩顶上部空钻可另计空钻费（指打桩费）。压密注浆的注浆部分按设计加固土体体积计算，钻孔部分按设计钻孔深度以米计算，定额中注浆部分的水泥和粉煤灰用量与实际注浆用量不同时，可按设计要求用量调整。
5. 泥浆外运费（包括泥浆堆置费用）：80元/m^3（浦西内环线以内），其他均为60元/m^3。
6. 基坑钢混凝土支撑工程量按设计实体积计算。需做底模（隔离层）预埋铁件另行计算。
7. 就地灌注混凝土桩、砂桩按设计全长（包括桩尖及预留长度）乘以断面面积计算，多次复打桩按单桩体积乘以复打次数。
8. 钢筋混凝土打桩、打钢筋混凝土管桩、压钢混凝土方桩，定额中已包括送桩深度6m以内，若送桩深度超过6m，则按相应定额子目计算。
9. 基坑围护桩上部钢混凝土压顶，如为矩形梁，应按基坑钢混凝土支撑定额计算。如为混凝土路面则套用混凝土道路定额，设计配置钢筋时，应按规定另行计算。
10. 1m^3加固土体体积压密注浆中材料用量：水泥80kg，粉煤灰68kg。
11. 施工用水、电费差价的结算方法：

(1) 甲方付款，乙方退款情况：

退款额：水费＝用水量×0.70元/m^3；电费＝用电量×0.44元/(kW·h)；

(2) 乙方付款，甲方补差情况：

补差费：水费＝用水量×（实际支付单价－0.70元/m^3）；

电费＝用电量×（实际支付单价－0.44元/kW·h）。

12. 施工机械停置台班费，除合同有明确规定外，一般按规定的施工机械台班的（折旧费＋维修费）×50%＋人工费＋劳防福利费＋养路费计算，并列入直接费计取各项费率。
13. 定额中没有振动沉管碎石桩、振动沉管砂石桩和振动沉管水泥粉煤灰碎石桩（CFG桩）的定额单价。为此，套用No.1525和No.1523这些桩型定额单价。具体计算如下：

(1) 振动沉管碎石桩（按碎石用量1.9t/m^3计），套用定额No.1525计算1m^3碎石桩的单价为：

143.12元－(黄砂1.873t×38.4元/t)＋(碎石1.9t×37.3元/t)＝142.07元

(2) 振动沉管砂石桩（按砂、石材料用量2.1t/m^3计，其中砂：碎石＝4：6），套用定额No.1525计算1m^3砂石桩的单价为：

143.12元－(黄砂1.873t×38.4元/t)＋(碎石2.1t×60%×37.3元/t)＋(黄砂2.1t×40%×38.4元/t)＝150.45元

(3) 振动沉管水泥煤灰碎石桩（CFG桩），按C10强度考虑配合比，即水46kg，砂55kg，碎石402kg，石屑118kg，粉煤灰26kg，水泥50kg（合计697kg）；成型后桩的密度取2100kg/m^3计，则套用定额No.1523，计算1m^3CFG桩的单价为：

283.63元－(C20混凝土材料价174.77元)＋(CFG桩材料价98.30元)＝207.20元

其中，CFG桩材料价＝[(砂0.055×38.4元/t)＋(石子0.402t×37.3元/t)＋(石屑0.118×33.5元/t)＋(粉煤灰0.026t×42.2元/t)＋(水泥0.050t×210.0元/t)]×(2100/697)＝98.30元/m^3

（5）工程造价费用计算按定额所规定的计算顺序逐项计算，其中其他直接费率、综合间接费率和利润率分别进行计算。

1）施工 1m³ 水泥土搅拌桩的定额人工日数，从表 13-1 中查得其值为 0.6020 工日/m³。

2）1m³ 水泥土搅拌桩的定额直接费中材料费（因为水泥掺入比为 15%，所以从表 13-1 中查得其值为）：

$$54.07+4.47\times3=67.48\text{元}$$

于是，当水泥土搅拌桩工程量为 4000m³ 时，则人工补差费为：

$$0.602\text{工日/m}^3\times4000\text{m}^3\times2.4\text{元/工日}=5779.20\text{元}$$

而次要材料补差价费为：

$$67.48\text{元/m}^3\times4000\text{m}^3\times2.11\%=5695.31(\text{元})$$

同理可求得施工流动津贴费用。

若施工期间采购水泥的市场价格为 280 元/t，则要计入主要材料的差价费。此时主要材料补差价费为：

$$15\%\text{（掺入比）}\times19.2\text{kg}\times4000\text{m}^3\times(280-210)\text{元/t}=80640.00\text{元}$$

（6）计算单位工程量技术经济指标。

（7）预算的审批和执行。

地基处理工程中，施工机械的进出场费用见表 13-2，施工机械的台班费用见表 13-3。

表 13-2　　地基处理工程中施工机械的进出场费用　　单位：元

桩　　类	安拆费	场外运输费	合计
打预制混凝土方桩、板桩、管桩	2746	4713	7549
就地灌注混凝土桩、砂桩	3107	5699	8806
打钢板桩	2746	4713	7459
拔钢板桩	1263	4403	5666
压混凝土方桩	1807	11067	12874
打钢管桩	2746	4713	7459
钻孔灌注桩	2045	5161	7206
深层搅拌桩	1454	2992	4446
树根桩	1026	1683	2709
粉喷桩			3130
单独打塑料排水板			1390

表 13-3 施工机械的台班费用 单位：元/台班

费用项目		单位	单价（元）	105	106	107
				振动打拔桩机	振动打拔桩机	振动打拔桩机
				激振力（kN以内）	激振力（1kN以内）	激振力（kN以内）
				40	50	60
第一类费用	折旧费	元		655.92	807.29	958.66
	大修费	元		18.40	22.77	27.11
	维修费	元		101.01	125.00	148.82
	安装拆卸及场外运费	元				
第二类费用	人工	工日	22.16	2.50/25.40	2.50/55.40	2.50/55.40
	其他	元		132.05	165.08	198.08
养路费		元				
台班单价		元		962.78	1175.54	1388.07

13.2 水泥土搅拌桩支护工程计算实例

（1）工程名称：上海航空发动机制造厂50号冲压厂房深基坑拱形围护结构工程。

（2）建筑工程类别：按三类土建工程计。

（3）施工日期：2003年3月。

（4）水泥土搅拌桩的配合比设计：采用强度等级为42.5的普通硅酸盐水泥，水泥掺入比16%，另加1%水泥用量的水玻璃和0.2%水泥用量的木质素磺酸钙。

（5）水泥土搅拌桩的总体积量为17000m³，进驻施工现场4台机械。

（6）水泥采购市场价280元/t。

（7）计算内容：

1）水泥的总耗用量为：

G_1＝17000m³×19.2kg/m³×16%＝5222.4t

主材水泥差价费用＝5222.40t×（280－210）元/t＝365568.0元

2）水玻璃耗用量为：

G_2＝5222.4×1%＝52.224t

3）木钙耗用量为：

G_3＝5222.4×0.2%＝10.445t

4）水泥土搅拌桩预算定额单价（元/m³），查表13－1（定额No.1561和No.1562）知：

单价＝16%掺入比时的单价＋掺入水玻璃价＋掺入木钙价

＝［90.18元/m³＋4.47×4］＋［19.2kg×16×1%×0.4元/kg］＋

［19.2kg×16×0.2%×1.284元/kg］

$=108.06+1.229+0.789=110.078$ 元/m^3

5）水泥搅拌桩定额直接费中材料费的计算（元/m^3，查表 13－1 定额 No.1561）：

本工程情况的材料费＝（54.07＋4.47×4）＋1.229（水玻璃）＋0.789（木钙）＝73.968 元/m^3

次要材料补差费＝73.968 元/m^3 × 17000m^3 × 2.11％＝1257456 × 2.11％＝26532.32 元

6）总人工工日数计算（查表 13－1）：

总工日数＝0.602 工日/m^3×17000m^3＝10234 工日

7）按定额工程造价计算顺序表计算本工程总造价为 280.2824 万元（水泥掺入比16％，工程量 17000m^3），相当单价为 164.87 元/m^3，具体计算见表 13－4。

表 13－4　　水泥土搅拌桩（支护结构）工程造价计算实例（按三类土建计）

序号	项目名称	计　算　式	单位	数量	单价（元）	总价（元）
$一_1$	搅拌桩定额直接费（水泥掺入量按 16％计）		m^3	17000	110.078	1871326.00
$一_2$	施工机械定额直接费		台	4	4446.00	17784.00
二	其他直接费	（$一_1$＋$一_2$）×3.5％ 其他直接费率				66118.85
三	直接费小计	（$一_1$＋$一_2$）＋（二）				1955228.85
四	综合间接费	（三）×9％综合间接费率				175970.60
五	费用合计	（三）＋（四）				2131199.45
六	利润	（五）×利润率 6％				127871.97
七	开办费					—
八	人工补差费	2.4 元/工日×总人工 10234				24561.60
九	施工流动津贴	2.5 元/工日×总人工 10234				25585.00
十	主要材料补差	（280－210 元/t）×水泥 5222.4t				365568.00
十一	次要材料补差	材料费 1257456×2.11％				26532.32
十二	费用总价	(五)＋(六)＋(七)＋(八)＋(九)＋ (十)＋(十一)				2701318.34
十三	定额质监费	（三）×0.05％＋（十二）×0.3％				9081.57
十四	税金	［（十二）＋（十三）］×3.41％				92424.64
十五	工程总造价	（十二）＋（十三）＋（十四）				2802824.55
	单位（m^3）造价	（十五）÷17000m^3（元/m^3）				164.87 元/m^3

注　具体计算如前所述。

13.3　深圳赛格广场逆作法施工的经济分析

1. 赛格广场采用逆作法的必要性

逆作法原理上有非常独特的优点，但在实际中运用得并不是很多，主要是这种施工工艺对施工队伍的技术力量和组织力量要求比较高，对设计院的要求也比较高，相对风险较大。对大多数一两层地下室的建筑物其节约工期的优点并不突出。传统施工方法就比较便捷直观，人们比较熟悉，容易把握，给人的感觉更安全，因此无论从设计院、开发商还是施工单位都更愿意采用传统方法施工。但对于赛格广场工程采用逆作法就显得非常必要。

首先是施工场地的要求。赛格广场地处华强北商业区，人车流量都很大，红线用地只有 9600m^2，为保证使用时有充足的车位，地下室外墙线几乎与用地红线相重合，特别是在施工期不拆除的旧赛格电子配套市场距外墙边只有 80cm，根本没有预留施工场地，没有放坡的余地，也没有施工其他围护结构的空间，根本不可能采用大开挖的方式进行地下室施工。

其次是降水的要求。传统的施工方法都必须考虑降水工作，赛格广场地下室底板标高已达到－19.6m，在深圳这样的沿海地区，地下水位很高，长期抽水将对周围建筑引起不可估量的影响。同在华强北路的其他建筑，地下室只有两层，已有施工抽水引起周围建筑物开裂、路面下沉的先例。

第三是节约工期。用传统的施工方法施工赛格广场的 4 层地下室和土方，最保守的估计也要一年时间，一年时间可以建成 70 层的钢结构主体，如果上下同时施工，可以提前一年建成赛格广场，如果为此需要付出一些投资那也是非常合算的。事实上，采用了逆作法施工后，1997 年 1 月 12 日开始吊装第一条钢管柱，1997 年 5 月具备上下同时施工的条件，1997 年 10 月 8 日 10 层裙房钢结构就顺利封顶，1998 年 1 月 8 日裙房结构就全部封顶，直到 1998 年 4 月 20 日才完成地下室全部土方的开挖。土方完成一年后在 1999 年 4 月 8 日 70 层的赛格广场钢结构就全部完成了。如果用传统的施工方法，1997 年 1 月开始施工，加班加点可以在 1998 年 1 月完成地下室开始裙房施工，塔楼的钢结构最早要在 2000 年 1 月才可能封顶，会整整滞后 7 个月。根据国家颁布的行业标准《地下建筑工程逆作法技术规程》(JGJ 165) 采用逆作法施工。

2. 逆作法与传统法设计方案对比

逆作法采用自承重的地下连续墙作为维护结构并兼作地下室外墙，同时起到了很好的防水作用，只在挖孔桩施工时需要进行孔内降水，土方开挖时基本不需要降水，也减少了降水对周边建筑的破坏性影响。地下连续墙 0.8m 宽，深度在 25～30m 之间，沿地下室外墙边线施工，总长度 336m。连续墙表面粗糙，土方开挖完成后，渗水疏导后紧贴连续墙浇筑 0.2m 宽的混凝土衬墙，使外墙装饰简单，又解决了永久防水问题。

传统法施工，由于受到场地条件和地下室－19.6m 的深度限制，不容许采用自然放坡的大开挖方式施工，假设选用护壁桩结合两层锚杆的维护结构。336m 长的地下室外墙，再考虑必要的工作面宽度，预计需要 200 根直径 1.8m 的护壁桩，深度按 30m 计，工程量约 15260m^3；两层锚杆，每层 170 根，每锚孔深 25m，工程量约 8500m。地下室外墙按常规宽度为 0.6m，336m 长，19.6m 深，工程量 3950m^3；外墙下设承重桩，预计 32 根直径 1.6m，桩长 20m，工程量 1290m^3；外墙需要进行柔性防水，面积为 6585m^2；施工完成后土方回填，预计 3.7 万 m^3，总开挖置 15 万 m^3。降水方案假设采用深井抽水，预计沿基坑四周布设降水井 20 口，井深 60m，同时布设排水沟和集水坑，在桩基和地下室防水施工完成之前最短 5 个月进行机械抽水。

3. 赛格广场工程逆作法与传统法的工程造价对比

根据以上设计方案对比情况，根据1995～1996年度的深圳定额水平测算传统法的成本与逆作法实际的结算价格（合同约定依据1995～1996年度的定额水平计算）对比见表13-5。

表13-5 赛格广场逆作法与传统施工方法经济对比表

序号	项目名称	传统法预算价	逆作法预算价	备注
1	地下室外墙	395	1950	传统法外墙混凝土含钢筋1000元/m^3，逆作法为地下连续墙
2	护壁桩和锚杆	1475	—	护壁桩800元/m^3，锚杆300元/m
3	外墙承重桩	103	—	挖孔桩800元/m^3
4	工程桩	1900	2300	传统法少开挖－19.6m以上部分的空孔，从结算价中扣减
5	地下室土方和回填土	935	810	传统法15万m^3土方开挖，3.7万m^3回填，挖运综合单价按50元/m^3计
6	墙防水	33	85	传统法外墙柔性防水50元/m^2，逆作法做衬墙
7	地下室结构施工照明增加费	—	87	逆作法±0.00板封闭后，地下室结构施工照明费用，按人工费增加10%计，约30元/m^2，2.9万m^2共增加87万元
8	降水	150	—	降水井600元/m，抽水费140元/昼夜
9	合计	4991	5232	

注 以上表格中逆作法费用栏中凡未说明者均为实际结算价格。

4. 结论

由表13-5可以看出，在赛格广场项目中逆作法施工成本比传统法施工高241万元，小于对比项目总价的5%，完全实现了选择逆作法施工的初衷——即用比较小的投资代价缩短建筑工期，同时解决了施工场地狭窄的问题，又保证了周边建筑物的安全。事实上对于投资10亿元的赛格广场项目，不考虑早7个月投入使用所产生的经济效益，仅仅10亿元7个月的资金成本就超过3000万元。所以赛格广场项目选用逆作法施工工艺无论在技术上还是经济上均是成功的。

赛格广场项目选择逆作法施工工艺在经济上是成功的，主要原因在于施工场地狭窄、超深基坑导致传统法维护费用高昂；同时赛格广场是72层的超高层建筑，尽早开始上部结构施工带来了显著的工期效益。正是由于以上两点原因，全逆作法或半逆作法施工工艺在施工场地同样狭窄的上海的超高层建筑中也经常采用。

13.4 四种支护方案的技术经济比较

地下连续墙加锚杆、人工挖孔护坡桩加腰梁及锚杆、土钉支护、逆作法这四种施工方案在技术上都是比较成熟的，从本书对以上各种方法特点的分析可看出，在技术方面，这四种方案均是可行的，无大的技术难题。在工程实践中，这四种方法均已广泛应用于深基坑支护中，均为成熟的基坑支护施工方法。但是，各方法有其自身的优缺点：地下连续墙支护墙体刚度大，防渗挡土能力强，机械化程度高，适用于各种土质环境中施工；护坡桩支护墙体刚度大，强度高，施工工艺简单，无需大型机械设备；土钉支护对场地周围建筑物影响小，施工机具简单，施工灵活；逆作法用于市区建筑密度大，邻近建筑物周围环境对沉降变形敏感，施工场地狭窄，建筑场地面积大，层数在3层或多于3层的地下室结构施工是十分有效的。设计方案可在施工中依据反馈的信息逐渐完善。

地下连续墙施工费用混凝土量计算大约为0.22～0.25万元/m^3（含钢筋），施工速度较快，但需墙体混凝土达到设计强度后方能进行基坑开挖，因而工期较长，施工环境污染，工程造价又高。

喷射混凝土施工费用一般1300元/m^3左右；土钉费用与长度、承载力、土质条件有关，一般造价为5～20元/m左右；钢筋网按其用量和加工铺设费考虑，一般单层（直径8mm的钢筋40～60元/m^2）。喷射混凝土、土钉、钢筋网等三项综合，土钉支护大约为400～800元/m^2（支护面积具体到每个工程，视情况而定）。

人工挖孔护坡桩的造价一般为：桩径1.2m，每延米为900～1200元左右。该方法同时施工作业面大，但桩的强度需要达到设计要求后方能开挖，所以需要较长的养护时间。

逆作法综合施工费用以地下建筑面积计算，约2500元/m^2，工期一般为4个月，施工速度快，造价省。

经济性比较主要是施工费用和工期两个方面进行分析比较，以评价四种方案的经济性。按如下假定依据及条件对分别采用四种支护方案时，进行实际工程量、造价等估算（表13-6）。

（1）按一个基坑深10m，周长300m的工程计算工程量。

（2）四种方法施工基坑开挖工期相同。

（3）四种方法均不考虑基坑开挖抽水费用。

（4）地下连续墙方案其中墙体可作为地下结构墙，为在相同条件下对比。在后两种方案中列入地下结构墙的费用，且工期相同。

由上述情况分别估算的工程量、造价见表13-6。从表13-6中可以看出，在技术方案可行的条件下，关键是分析其经济性。从造价看，土钉支护造价大约仅为地下连续墙造价的30%～40%，约为人工挖孔护坡桩支护造价的40%～60%；而逆作法造价约为人工挖孔护坡桩支护造价的60%～70%。从工期上看，人工挖孔护坡桩和地下连续墙施工工期分别为土钉支护施工工期的1.8倍、1.2倍。因此综合性比较应该是土钉支护方案最优，它不但造价低，而且工期短。而逆作法，支护安全，造价低，工期比土钉支护稍长一些。

表13-6　四种支护方案主要参数及工程量、造价对比表

方案	地下连续墙加锚杆	挖孔护坡桩加锚杆	土钉支护	逆作法
主要参数及工程量	墙厚0.8m 墙身15m 混凝土量3720m^3 锚杆155根 （单层每根25m）	桩直径1.2m 桩间距1.5m 桩长度15m 桩根数155根 锚杆155根（单层25m长） 腰梁长300m	喷混凝土厚80～120mm 钢筋网直径8mm间距200mm 土钉长6～12m 加固面积3000m^2	墙厚0.8m 墙深12.5m 混凝土量3087m^3

续表

方案	地下连续墙加锚杆	挖孔护坡桩加锚杆	土钉支护	逆作法
单价及每米加固成本	墙体： 0.20万～0.25万元/m^2 锚杆：0.9万元/根 边坡周长每延米： 3.11万～3.40万元/m	挖孔桩1.45～1.80万元/根 锚杆0.9万元/根 （含腰梁费用） 边坡周长每延米： 1.60万～1.80万元/m	每平方米单价： 400～800元/m^2 边坡周长每延米： 0.40万～0.80万元/m	墙体： 0.20～0.25万元/m^2 边坡周长每延米： 2.58～2.8万元/m
地下结构墙附加成本		0.4m厚折合15m深 600元/m^3 边坡周长每延米： 0.36万元/m	0.4m厚折合15m深 600元/m^3 边坡周长每延米： 0.36万元/m	土方机械3.5万元 土方施工困难增加费8元/m^3
总成本	每米宽 3.11万～3.40万元 总计933万～1020万元	每米宽 1.96万～2.16万元 588万～648万元	每米宽 0.76万～1.16万元 228万～348万元	每米宽 2.58万～2.8万元 总计773万～846万元
工期	墙体：30d 开挖：45d 锚杆：30d 总：105d (90d)	挖孔桩：45d 开挖：45d 锚杆：30d 结构墙：20d 总：105d (135d)	开挖：45d 结构墙：30d （土钉支护墙施工不占独立工期） 总：75d	开挖土方：45d 楼板：15d 墙体：25d 底板：12d 总：97d

注 去掉开挖与锚杆施工的重叠工期。

13.5 加筋水泥土桩锚支护的工程造价

加筋水泥土桩锚支护因各地的差价不同，总的工程造价应按当地的预算定额进行计算，表13-7的工程单价可供参考。

表13-7 加筋水泥土桩锚支护的工程

序号	工程名称	单价（元/m）	序号	工程名称	单价（元/m）
1	水泥土搅拌桩	58	4	加筋用型钢	169
2	加筋用混凝土桩	120	5	加筋用钢筋笼	88
3	加筋用钢管	98			

13.6 结论与建议

在地质条件不十分恶劣和无特殊要求的情况下，四种支护方案均可确保基坑边坡稳定安全。从造价上看，地下连续墙最高，土钉支护最低；从工期上看，挖孔护坡桩最长，土钉支护最短，因此综合性比较应该是逆作法施工速度快，工程造价低，地下室总的工程造价约2200～2800元/m^2，在周边环境较差时采用，一般情况下可以采用土钉支护方案，它不但造价低，而且工期短。建议今后高层建筑深基坑支护优先采用逆作法和土钉支护技术。当基坑不深（二层地下室10～12m以内），土质较好，也可采用水泥土搅拌桩支护或加筋水泥土，桩锚支护也是工期短、造价低。

第 14 章　扩大支盘搅拌劲芯桩技术

扩大支盘搅拌劲芯桩技术是在劲芯加筋水泥土桩锚支护技术基础上进一步发展的一种地基处理技术，可作为建构筑物地基的加固与处理，目前已在不少工程中得到应用，现介绍如下。

14.1　扩大支盘搅拌劲芯桩原理

在加筋水泥土桩锚支护技术的基础上，开发出扩大支盘搅拌劲芯桩，又称“LXK 工法”AB 桩，其中 A 为混凝土等刚性桩，B 为扩大支盘搅拌桩。A、B 桩共同工作，承受上部荷载。A、B 桩结合可充分发挥劲芯与搅拌桩的各自优点，形成一种中间强度高、四周强度低的合理桩身结构，充分发挥了芯桩与水泥土搅拌桩各自的优势，其作用原理是先加固软土为水泥土再植入混凝土等刚性桩，因水泥土摩阻力高，可大大缩短混凝土桩长（图 14－1）。

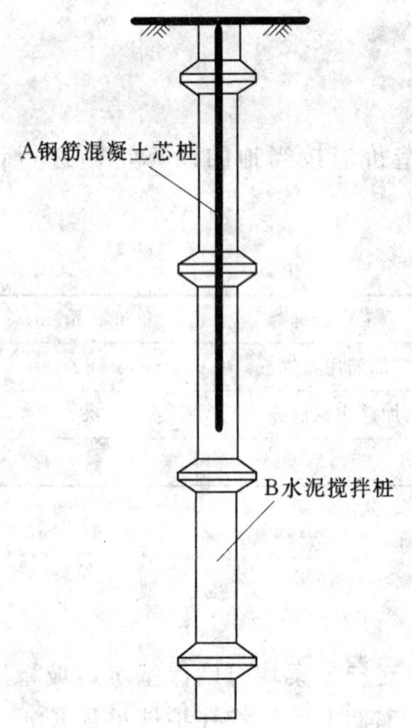

图 14－1　扩大支盘搅拌劲芯 AB 桩

劲芯 A 的作用是水泥土外芯桩之间的荷载发生了再分配：劲芯桩桩身应力在最大值位置后，随深度增加近乎成直线下降；而且桩端应力仅为桩顶应力的 20％左右，由此可见，在桩所承担的荷载中，桩侧摩阻力所占比例可高达 80％，仅有 20％左右的荷载传递到桩端。因此，可将复合桩看作为摩擦桩。劲芯与水泥土产生的侧阻力同原状土相比试验证明可提高 5～10 倍。劲芯主要承受摩阻力的作用。

1. 扩大支盘旋喷搅拌桩建筑地基加固处理技术

（1）常规搅拌桩一般是等圆直桶式，桩身没有扩大盘特点，无高压旋喷的功能，水泥用量少、强度低，质量很难控制，在软土地区（如上海等地）作为复合基础已受到限制。

（2）扩大支盘搅拌桩具有加固面积大、可变径的优点，在软土无含砂成分的淤泥质土中，可以加粉砂等成分及水泥浆液等注入土体，强行与软土搅拌混合后凝固成高强度搅拌桩。

2. 设计可调整承力盘在持力土层的位置

（1）通过调整承力盘在持力土层的上下位置，使扩大支盘旋喷搅拌劲芯水泥土支盘桩既可作为抗压桩，又可作为抗拔桩及挡土墙和锚杆使用。

（2）通过增减承力盘个数，可以满足承载力的不同复合地基要求，搅拌中插劲芯柱可以是混凝土桩、钢桩、预制桩等设计。

（3）可根据需要搅拌劲芯桩的劲芯可以是钢筋、钢绞线、敞口钢管桩、混凝土桩、预制桩及H型钢桩等，弥补了常规的搅拌法、旋喷法所形成的水泥土桩的桩体强度低的缺陷。

（4）扩大支盘旋喷搅拌劲芯桩，具有钻孔桩身强度高的特点，劲芯利用高强度的搅拌桩水泥土的侧摩阻力形成摩擦受力层。常规技术的混凝土桩，是利用周边低强度的软土作为侧摩阻力层，因软弱淤泥层如同“豆腐块”，在“豆腐块”中插针，根本无法达到扩大支盘搅拌劲芯桩技术所达到的效果，混凝土桩必须往下延伸几十米长才能满足设计要求。而扩大支盘旋喷搅拌劲芯桩技术，利用高强度的水泥土摩阻力大，一般比原状土强度高出10～20倍，因此同常规技术桩长相比，桩长可缩短一半就能满足设计要求。

3. 承力盘的作用

（1）形成多层端阻，提高承载力。

（2）支盘增大水泥土搅拌加固面积。

（3）可充分利用支盘体积上下各部位的承载力增强侧摩阻力。

（4）通过对桩底支盘及上部各盘的原状砂土化学灌浆。

（5）搅拌锤击强夯扩底使砂土固结为低强度等级的混凝土，使桩端持力层软土演变成盘状硬土。

（6）承力盘腔的几何形状可控。盘腔是“模具式成型”，其几何形状可控（图14-2），边界清楚，挤扩时盘腔周围土体被挤压密实，孔隙比减小。土体密实度提高，挤扩后盘环截面积扩大为桩身截面积的3～5倍。$F=PS$，与近似直径的直孔桩比较。承载力提高约80%。

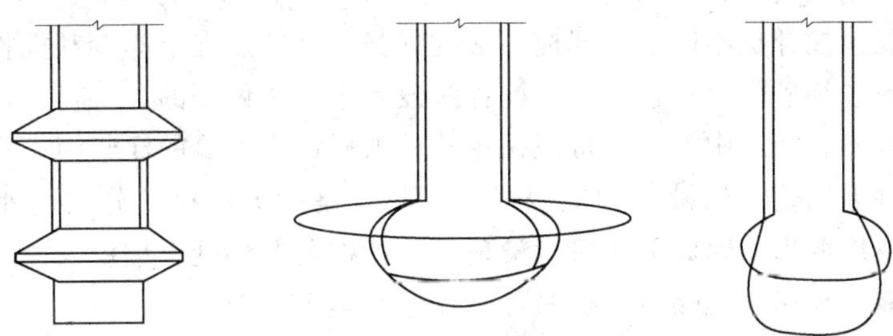

图14-2　承力盘腔的几何形状

4. 适用土层广

扩大支盘搅拌劲芯桩技术适用土层广泛（图14-3），以下土层均可应用该项技术。

1）可塑—硬塑黏性土、稍密—密实状态（$N<40$）粉土和砂土中。

2）黏性土、粉土和砂土交互土层。

3）强风化岩或残积土层的上层面。

4）密实状态（$N\geqslant40$）粉土和砂土、中密—密实状态卵砾石层的上层面，在软土淤泥质土可先做大直径搅拌桩，后插劲芯。

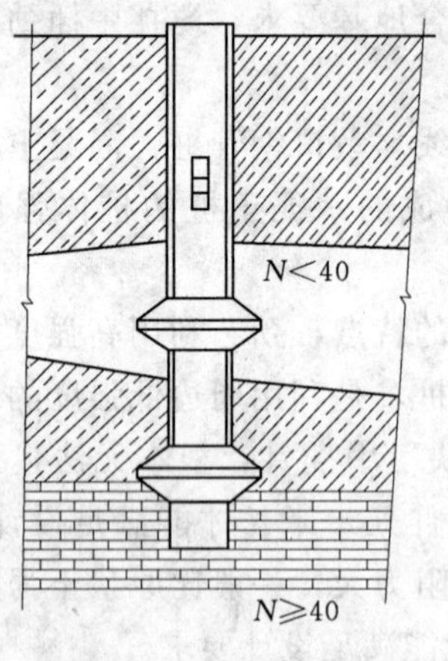

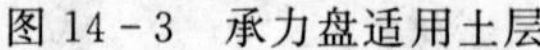

图 14－3 承力盘适用土层

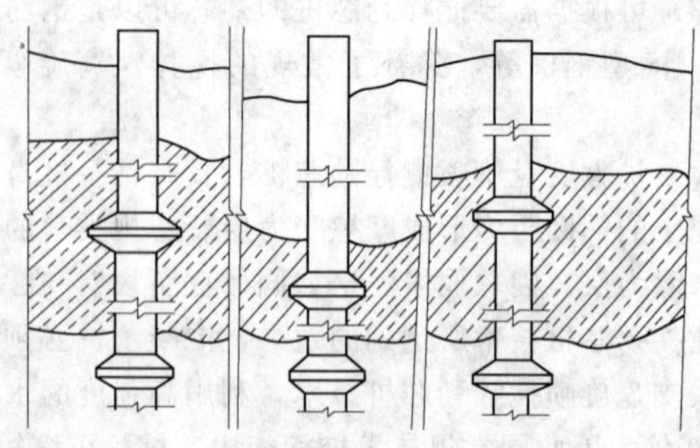

图 14－4 沉降小，形成“筏基”效果

5. 沉降小且均匀

同一持力土层中的各承力盘盘腔形状、大小相同。提供端承力相同，盘腔周边土体被挤密后缓慢回弹，会紧紧“抱住”随后浇灌的混凝土，挤扩是对周边土体进行预应力的过程。群桩时，盘周边土体受应力作用变得密实，形成“筏基”效果，沉降小，如图 14－4 所示。各桩承载力基本相同，离散度小，沉降均匀。

6. 支盘搅拌劲芯桩具有安全环保的特点

(1) 安全可靠。支盘搅拌劲芯桩具有钢筋混凝土钻孔桩及水泥土的作用和特点，把劲芯插入搅拌桩中组合在一起，效果明显，并克服了搅拌桩体质量不稳定的缺点，发挥了预制混凝土的材料性能。试验证明劲芯在水泥土中摩阻力承载力高于混凝土钻孔桩 30％，原因是钢筋混凝土桩同周边原状摩阻力是 30～50kPa，水泥土是 200～400kPa，可提供如此高的摩阻力是该搅拌桩不同于常规搅拌桩的优势，其特点在于本专利搅拌时添加特殊水泥、化学剂及粉砂细砂等材料，是常规搅拌法没有也无法做到的。

(2) 绿色环保。施工中没有像常规钻挖孔桩那样产生大量的泥浆污染和排放，搅拌桩充分利用地下砂土和化学浆液拌和凝固成加固体，是就地取材充分利用地下资源变废为宝。地下泥土不用取出，因此无泥浆污染现象，搅拌劲芯混凝土桩植入搅拌桩中，无泥浆现象。因此节能、环保、无噪声不扰民，是绿色的建筑基础工程。

14.2 支盘搅拌劲芯桩承载机理

1. 桩的计算

摩擦桩：在承载力极限状态下，顶端竖向荷载由桩侧阻力承受，桩基计算如下。

$$Q_{u}=\sum Q_{Bu}+\sum Q_{su}+\sum Q_{bu}+Q_{pu} \tag{14-1}$$

$$\sum Q_{Bu}=\sum Q_{B1u}+\sum Q_{B2u}+\sum Q_{B3u}$$

$$\sum Q_{su}=\sum_{i=1}^{\infty} Q_{sui}$$

$$\sum Q_{bu}=Q_{b1u}+Q_{b2u}$$

式中 $\sum Q_{Bu}$——总盘端极限阻力；

$\sum Q_{su}$——总极限侧摩阻力；

$\sum Q_{bu}$——总岔端极限阻力；

Q_{pu}——桩端极限阻力。

支盘搅拌劲芯桩计算图如图 14－5 所示。

2. 试桩 $P-S$ 曲线

近年来国内学者进行的搅拌桩荷载试验表明：破坏多发生于桩顶附近，水泥土被压碎。为了解决此问题，同时兼顾经济性，可把钢筋混凝土预制桩和水泥搅拌桩组合在一起，形成劲芯搅拌桩。劲芯搅拌桩是由水泥搅拌桩（湿法）和同心插入其中的钢筋混凝土桩芯组成，与 SMW 工法相比，SMW 插入型钢，而这里的劲芯搅拌桩插入钢筋混凝土预制桩。尽管实践效果明显，但作为一种新技术，仍处于推广使用阶段。以下对劲芯搅拌桩的 $P-S$ 曲线进行数学描述，分析该桩的极限荷载。

试桩处土质情况：软塑，厚 5.8m，$q_s=30$ kPa；e 粉质黏土，可塑，厚 3.2m，$q_s=52$kPa；$q_p=550$kPa，编号 1～11 各桩试验参数及试验结果如图 14－6 所示。

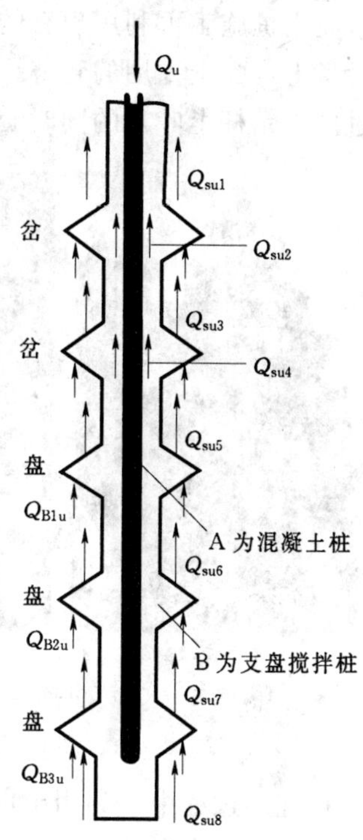

图 14－5 支盘搅拌劲芯桩计算图

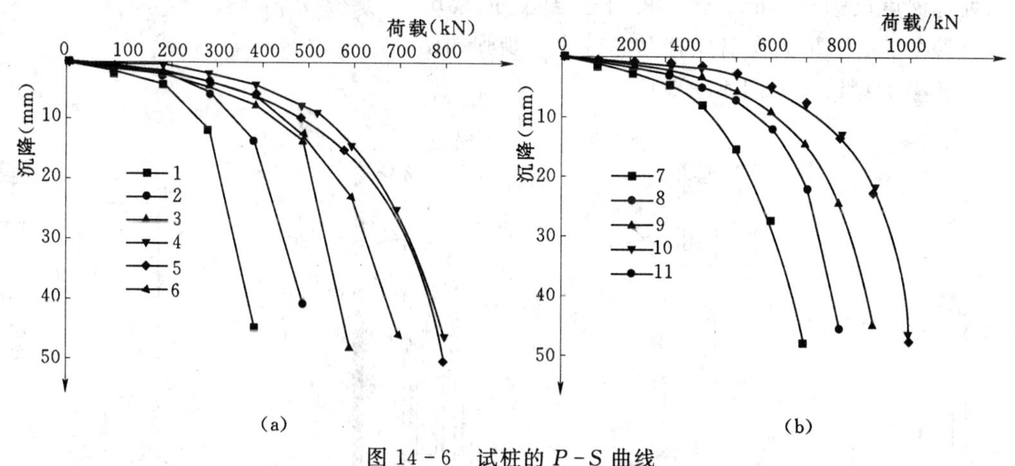

图 14－6 试桩的 $P-S$ 曲线

(a) 1～6 桩的 $P-S$ 曲线；(b) 7～11 桩的 $P-S$ 曲线

14.3 扩大搅拌劲芯桩施工的多功能机械和钻具

旋喷与搅拌扩大支盘水泥土搅拌桩是新开发的软土地基处理的新技术，它包含了常规水泥土搅拌桩、高压旋喷桩各自的优点，充分利用复合地基应力传递规律，并在攻克了常规搅拌桩的严重缺陷后，发明的一种新桩型和全新的施工方法及专用设备和钻具。扩大支盘水泥土桩施工可利用现有的常规水泥土搅拌桩成桩机械作为机架，或在沉管灌注桩等通用设备上，配上专用的管链钳式旋喷搅拌多功能钻头，采用同心双轴钻杆（图 14－7），通过内外钻杆上叶片的同时旋转而形成桩体。

图 14－7 管链钳式搅拌钻具大样

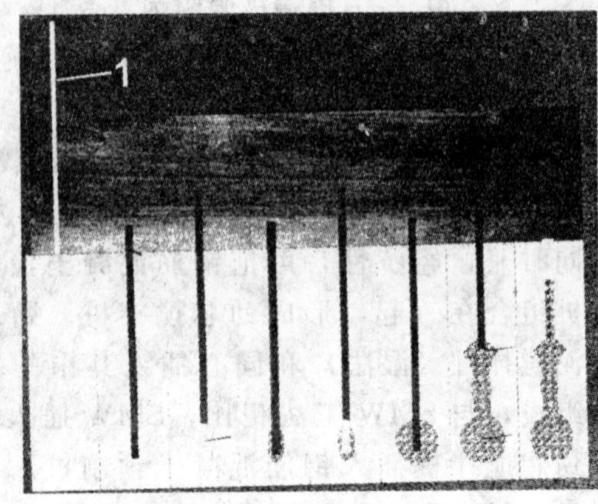

图 14－8 “LXK 工法”扩大支盘搅拌劲芯桩成形步骤

在施工过程中，利用土体的主被动压力差，使钻杆上叶片打开或收缩，桩径随之变大或变小，形成支盘桩。其他附属设备均与常规水泥搅拌桩一致。

目前该项技术已在多个大型项目中得到应用，原采用的四搅两喷现仅需二搅一喷，最大的处理深度已达到 20m。最大的桩径已达到 1.5m。

“LXK 工法”扩大支盘搅拌劲芯桩成形步骤如图 14－8 所示。

旋转多支盘钻头如图 14－9 所示。

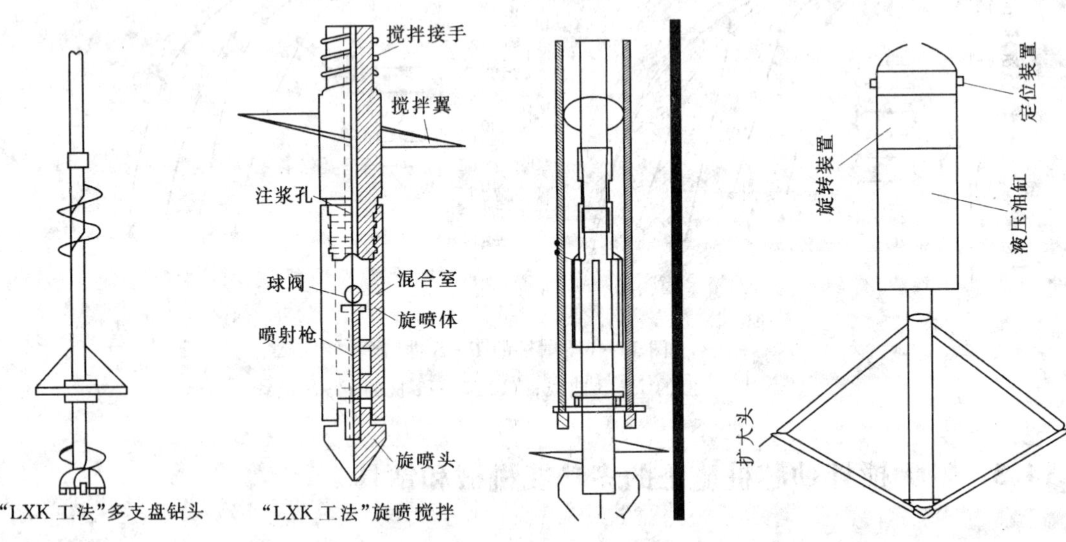

图 14－9 旋转多支盘钻头示意图

盘径检测器如图 14－10 所示。

盘径检查准确方便，水泥土支盘桩专用盘径检测器检验方法是一种直观有效的机械测孔法，其结构简单，检测直观准确，效率高、经济、快速可靠。旋挤钻机则可从仪器显示数直接获得承力盘直径。

“LXK 工法”竖向扩大支盘搅拌劲芯桩如图 14－11 所示。

在 1.5m 大直径搅拌桩中旋转挤扩制造大腔在腔内充填混凝土，如图 14－12 所示。

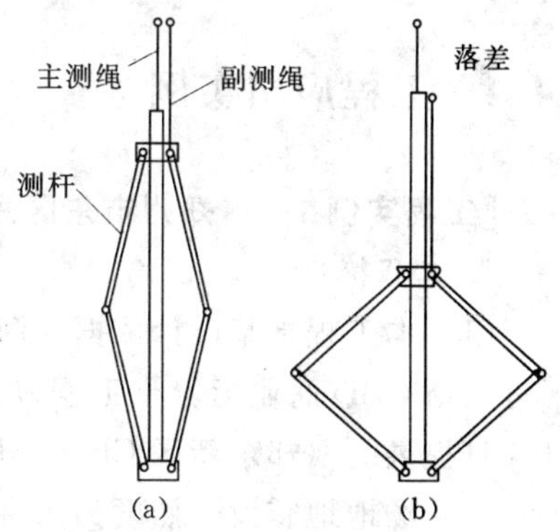

图 14－10 盘径检测器

(a) 回收状态；(b) 张开状态

图 14－11 “LXK 工法”竖向扩大支盘搅拌劲芯桩图

图 14－12 在 1.5m 大直径搅拌桩中旋转挤扩制造大腔在腔内充填混凝土

14.4 工程应用实例

[工程实例1] 郑州市东区丹尼斯商业步行街

1. 工程概况

(1) 本工程桩基设计依据为河南省郑州地质工程勘察院2005年9月提供的《郑东新区丹尼斯CBD商业街岩土工程勘察报告》及化工地质郑州地基基础测试中，2006年12月6日提供的《郑东新区CBD丹尼斯商业步行街（试桩）检测报告》。

(2) 场地地震设防烈度为7度（0.15g），设计地震分组为第一组，场地类别为Ⅲ类场地。地下水位埋深自然地面下1.50m左右。基础落在第6层粉土层。其地基承载力特征值f_{ak}为165kPa。

(3) 本桩基标高均相对称于±0.000（一层楼面板顶建筑标示）而定。±0.000所对应的绝对标高详见总图或现场确定。

(4) 本工程采用扩大支盘水泥土坑浮桩专利技术抗浮方案（专利号：2003101 1218，专利名称：扩大支盘水泥土桩的成型方法）。桩身直径500mm，支盘直径1000mm，桩顶标高−9.400m，桩底−21.400m，其中空桩桩长现场确定。有效桩长12.00m。水泥掺量桩身150kg/m。支盘200kg/m。

(5) 根据试桩检测报告并综合考虑检测时桩顶标高以上浮土对试验结果的影响，本工程单桩竖向抗拔承载力特征值为400kN。

(6) 施工单位应作出合理的施工方案，防止施工中出现地面塌陷影响周边建筑及道路管理。开挖时不得用机械挖桩间土以免产生断桩。施工过程中加强质量监督，确保桩的施工质量。

(7) 工程桩的质量检验应在注浆结束28d后进行，单桩承载力抗拔试验检验数量为桩总数的2%～3%。随即抽取。桩身质量检验按有关规范规程执行。

(8) 施工中应做好泥浆处理，及时将泥浆运出或在现场短期堆放后做土方运出。

(9) 施工中应严格按照施工参数和材料用量施工，并如实做好各项记录。

2. 试桩结果

扩大支盘搅拌桩试桩结果见图14-13和表14-1、表14-2。

表14-1 桩静荷载试验结果汇总表

工程名称：郑州东区南油大厦　　试验桩号：T1—3

测试日期：2006-11-25　　桩长：11.0m　搅拌桩径：500mm　支盘：800mm　加筋材料：钢筋

序号	荷载(kN)	历时(min)		沉降(mm)	
		本级	累计	本级	累计
0	0	0	0	0.00	0.00
1	160	120	120	1.68	1.68
2	240	120	240	0.86	2.54
3	320	120	360	1.14	3.68

续表

序号	荷载 (kN)	历时 (min)		沉降 (mm)	
		本级	累计	本级	累计
4	400	120	480	0.97	4.65
5	480	120	600	1.74	6.39
6	560	120	720	1.66	8.05
7	640	120	840	1.63	9.68
8	720	120	960	2.44	1212
9	800	150	1110	2.53	1465
10	880	150	1260	2.98	1763
11	960	180	1440	3.72	2135
12	1040	5	1445	4.20	2555

最大沉降量：2555mm；最大回弹量：0.00mm；回弹率：0.00％。

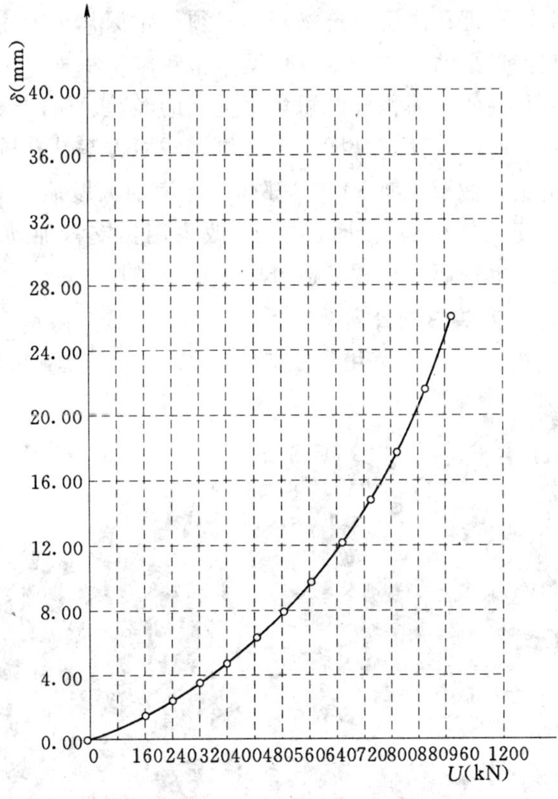

图 14－13　试桩 $U-\delta$ 曲线

表 14－2　　郑州东区丹尼斯商场桩基造价效益对比

核算指标	直孔灌注桩	多节三岔挤扩桩
单桩竖向承载力特征值（kN）	2500	3900
桩数（根）	1780	1141
单桩混凝土（m^3）	12.17	无
混凝土总方量（m^3）	21662	无
单方造价（元/m^3）	1065	5061
总造价（万元）	2307	1887
单方提供承载力（kN/ m^3）	205	303
减少桩数（根）		639
节约造价（万元）		420
节约率（%）		18.2

3. 经济效益分析

业主认为，珠海智顺岩土工程专利技术有限公司作为多支盘拌劲芯桩的研发和推广企业，在国内完成了众多支盘桩插入外带螺旋状肋条的钢管新型桩，它兼具现有各种桩型的优点，并解决了软土层钻孔桩在高层建筑物基础必须得钻深几十米才能满足设计要求及泥浆污染物问题，该新型桩只是钻孔桩一半的长度，多年施工积累了丰富的施工经验和科学数据，为多支盘搅拌劲芯桩的大面积推广积累了宝贵的经验。采用大直径深层旋喷搅拌桩而后郑州东区丹尼斯地下商城抗浮支盘搅拌劲芯桩，与原方案钻孔桩相比节约 1500 万元，与本工程和类似工程相比，缩短工期 50%。郑州东区南油大厦地上 30 层地下 2 层，原方案采用管桩，但因地层硬无法压到设计位置，修改采用扩支盘加劲水泥桩，不但解决难题，又满足了设计要求，也给业主节省了造价，加快了工期。

[工程实例 2]　深圳南头白领公寓

深圳南头白领公寓（图 14－14）采用了扩支盘搅拌劲芯桩技术，桩检测数据见表 14－3。

图 14－14　深圳南头白领公寓

表 14-3　　深圳南头白领公寓工程桩检测数据表

桩号	桩设计	最大荷载（kN）	累计沉降（mm）
1/P76	桩长 15m，桩径 50cm，3 盘	1200	24.42
1/P111	桩长 15m，桩径 50cm，3 盘	1200	19.19
1/P146	桩长 15m，桩径 50cm，3 盘	1200	22.87
1/P158	桩长 15m，桩径 50cm，3 盘	1200	18.62
2/P27	桩长 15m，桩径 50cm，3 盘	1200	27.26
2/P79	桩长 15m，桩径 50cm，3 盘	1200	24.29
2/P174	桩长 15m，桩径 50cm，3 盘	1200	26.05
2/P287	桩长 15m，桩径 50cm，3 盘	1200	18.88

[工程实例 3] 珠海宁海花园

采用扩大支盘搅拌劲芯桩与钻孔桩技术经济对比见表 14-4。

表 14-4　　珠海宁海花园技术经济对比表

对比项目	原方案钻孔桩	扩支盘搅拌劲芯桩	备注
桩径（cm）	800	600	
承力盘径（cm）		140	
承力盘数（个）		3	
有效桩长（m）	35	20	
特征值 T	34	34	
单桩混凝土方量（m^3）	115.4	钢线	
钢筋笼长度（m）	75	56	减少 25.3%
桩混凝土总方量（m^3）	124632	无	减少 26892 m^3
泥浆排放量（m^3）	373896	无	

在天津、杭州、上海等地区，扩大支盘搅拌劲芯桩技术应用较广，例如天津大连万达大厦、碧桂园、温州大厦、天嘉湖、杭州湿地公园喜来登大酒店、萧山综合大厦、上海临新港新区综合楼、上海五角场等工程，从经济效益上讲，节约费用约 1265 万元，节约率达 25%，并减少挖土造价，坑内空旷。

业主认为这一技术解决了天津、上海地区软土、淤泥质土锚杆不能应用的问题，填补了本地该工法技术的空白，扩大水泥土锚杆应用范围是在第一、第二代多支护承力盘搅拌劲芯锚桩的基础上进行了全方位的改进，明显改善了成桩的效果。

参考文献

[1] GB 50007—2011 建筑地基基础设计规范［S］. 北京：中国建筑工业出版社，2011.

[2] 中国建筑科学研究院. JGJ 120—1999 建筑基坑支护技术规范［S］. 北京：中国建筑工业出版社，1999.

[3] JGJ 79—2012 建筑地基处理技术规范［S］. 北京：中国建筑工业出版社，2012.

[4] 上海市勘察设计协会. DBJ 08-61—1997 基坑工程设计规程［S］. 1997.

[5] GB 50089—2001 锚杆喷射混凝土支护技术规范［S］. 北京：中国计划出版社，2002.

[6] CECS147：2004 加筋水泥土桩锚支护技术规程［S］. 北京：中国计划出版社，2004.

[7] 徐至钧，赵锡宏. 深基坑设计理论与技术新进展逆作法设计与施工［M］. 北京：机械工业出版社，2002.

[8] 郑坚. 采用土钉墙支护的深基坑险情原因及加固施工［J］. 建筑技术，2003（2）.

[9] 刘瑞朝，曾宪明，陈德兴. 某深基坑工程路面大范围沉陷事故分析［J］建筑技术，1998.

[10] 余波. 国家大剧院深基坑工程设计与施工技术［C］//中国建筑业协会深基础施工分会. 地铁隧道及深基坑设计与施工技术研讨会论文集. 2003.

[11] 曹名葆. 水泥土搅拌法［M］. 北京：机械工业出版社，2004.

[12] 曾宪明，肖峰，等. 黄土坑道喷锚网支护的抗爆性能（Ⅰ，破坏形态）［J］. 防护工程，1990，12（3）：20-27.

[13] 中国岩土锚固工程协会. 岩土锚固工程技术［M］. 北京：人民交通出版社，1996.

[14] 曾宪明，曾荣生，陈德兴，王作民. 岩土深基坑喷锚网支护法原理·设计·施工指南［M］. 上海：同济大学出版社，1997.

[15] 曾宪明，杜云鹤，范俊奇，等. 锚固类结构第二交结面剪应力演化规律、衰减特性与计算方法探讨［J］. 岩石力学与工程学报，2005（8）.

[16] 曾宪明，林大路，等. 新型复合土钉支护结构抗动载性能试验研究［J］. 防护工程，2009.

[17] 曾宪明，林润德，易平. 基坑与边坡事故警示录［M］. 北京：中国建筑工业出版社，1999.

[18] 曾宪明，李世民，林大路，肖玲. 复合锚固结构弱化效应研究［J］. 岩石力学与工程学报，2009（26）.

[19] 曾宪明，陈肇元，等. 锚固类结构安全性与耐久性问题探讨［J］. 岩石力学与工程学报，2004，23（13）：2235-2242.